新专业

U0181784

———————————— 想象，比知识更重要

幻 象 文 库 ─────────

智能机器时代

人工智能如何改变我们的生活

ULRICH EBERL

[德] 乌尔里希·艾伯尔 —— 著

赵蕾莲 —— 译

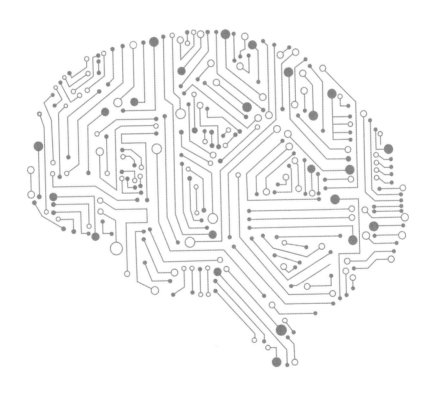

新 星 出 版 社　NEW STAR PRESS

"我坐在这里造人，按照我的形象。"

歌德，《普罗米修斯》

献给所有的创造，尤其献给我的妻子安吉丽卡(Angelika)，她成功地做到了这一点：赋予她亲手制作的每个手工娃娃和玩偶一种个性。

目录

共同学习 / 农田上自动驾驶的无人机、购物车和拖拉机 / 机器人作为鼹鼠 / 在养老院的电子帮手 / 像人，但又不完全像 / 一个打杂的机器人吗？ / 用于烹任意大利空心粉和熨烫衣服的手机应用软件 / 当人们难过的时候，机器人"佩普尔"（Pepper）会察觉 / 球形脑袋和抚摸用的毛绒枕头 / 三角形爱上圆形了吗？ / "机器人－折纸"（Roboter-Origami）和带机器人花朵的花园

导　言　在开端：我们的对手还是新的伙伴？

为那些钢制的助手吹响号角

看台上沸腾的氛围使人们回忆起当年古罗马皇帝统治时期古罗马斗士入场时的场景。数以千计的人在下面神情紧张、目不转睛地盯着那尘土飞扬的斗兽场，在那里，喧嚣轰动的比赛马上就要开始。有些人坐在那里，有一个木头屋顶保护他们；有些人被炎炎烈日炙烤着，然而，他们的好处是，距离比赛现场更近一些。他们来自国家的贵族阶层，男女老少齐观战。一种令人迷惑不解的声音混杂纷扰，弥漫在空气中，由英语、日语、韩语、汉语、意大利语和德语组成的语言碎片从各个角落渗透过来。斗兽场内一阵轻微的气旋卷起扬沙，从管子里溢出朝上的蒸汽，朝着棕榈树和远处圣加布里山（San-Gabriel Berg）连绵起伏的丘陵方向弥散开来。洛杉矶县（Los Angeles County）的这个地方按照古罗马树木果实的女神波莫纳（Pamona）命名，据说全世界独一无二的竞赛目前在这里举行。在众多障碍物前站着成群的记者、摄影师和裁判——他们也在耐心地等待。然而，各种交谈突然中断，戛然而止，现场变得鸦雀无声，在各个地方，智能手机和相机都朝上：斗士们来了！

波莫纳的菲尔普莱克斯（Fairplex）比赛场地前的巨型海报墙已

经宣告了这两天的英雄们。它们有强有力的名字，诸如"阿特拉斯"（Atlas）、"赫琉斯"（Helios）与"赫剌库勒斯"（Herkules）、"跑动的男人"（RunningMan）、"行走的男人"（Walkman）、"金属瑞贝尔"（Metal Rebel）。它们中也有人们耳熟能详的名字，如"弗洛里安"（Florian）、"乔尼"（Jonny）、"胡伯"（Hubo）、"列奥"（Leo）。还有的名字是神秘的，如"罗伯西米安"（Robosimian）、"绍尔芒"（Thormang）和"玛尔莫"（Marmo）。在接待区，人们已经开始钦佩部分机器人了，观众在那儿排起了长长的队伍，他们想就近观赏力量的炫耀——毕竟绝大多数斗士在秤上的重量在 150 克到 200 克之间。假如看台下面组织比赛的办公区域和举办赛马比赛那几十年一样，也对外开放，那么肯定会有一个或另一个粉丝冲向"赫剌库勒斯""金属瑞贝尔""胡伯""罗伯西米安"或者"玛尔莫"，去参加比赛。可是现在，观众只能满足于大声地为他们喜欢的选手呐喊助威，为它们在比赛过程中赢得的每一分鼓掌喝彩。

　　每个可以触摸比赛选手的人都知道，这些比赛选手很强壮，真的很强壮。触摸者用双手抚摸它们，但是，并非触摸上臂的二头肌或者大腿部的肌肉，因为它们没有这些组织。取而代之的是，绝大多数参赛选手都全身铠甲，腿部、上身和背部有金属板，还戴一个钢制的支架笼子，为了保护头部。它们有立体摄影机、天线和激光扫描仪，一个装电池的双肩包，很多粗大的液压管，从其骨盆处引出，就好像有人要给它们解剖一样。它们身上到处都有密集的、功率很强的电子发动机，尤其在手臂、腿部和胳膊的关节处。今天的比赛斗士就是机器人。

　　它们并不像在过去的古罗马大斗兽场那样彼此争斗或者对抗野兽。恰恰相反，它们应该证明，它们或者它们的后继者有朝一日能够拯救人类，比如，当抢险救灾时，当大楼倒塌时，当一切埋在瓦砾中时，当滚滚浓烟灌满各个通道时，或者当太强的辐射阻止人类踏入大楼时。

当时，对于"美国国防部国防高级研究计划局"(DARPA)[①] 而言，恰恰这种情形成为启动"机器人挑战赛"(Robotic Challenge)计划的诱因：为期三年的机器人大赛，这种大赛此刻于 2015 年 6 月在波莫纳举行奥林匹克竞赛式的决赛。[②]

假如当年投入机器人，它们会阻止日本福岛(Fukushima)核电站的爆炸吗？

2011 年 3 月 11 日，震级为里氏 9.0 级的强烈地震使日本福岛核电站的"成功科技"(Daiichi)核设施外部供电系统陷于瘫痪。40 分钟后，海啸引发的高达屋顶的巨浪淹没了核电站的核反应堆内部。由此，所有紧急发电机发生故障，停止运行。这是福岛核电站灾难的开始。燃烧棒的高温很快就导致冷却水蒸发，危险的氢气气体形成。在接下来的几个小时内，工人绝望地试图在大楼里打开阀门，以便使爆炸气体外泄。然而，当时核辐射强度已经太高了，以致他们不得不未处理完工作就撤退。

第二天下午，聚集的氢气在巨大的爆炸声中摧毁了核电站一号站大楼的屋顶。一团由烟雾和粉尘组成的深色的蘑菇云升入空中，并且迅速扩散——携带大量的核辐射。接下来，其他核反应堆也同样发生爆炸，大约一万五千人不得不被疏散。数年之后，他们中的绝大多数

---

① "美国国防部国防高级研究计划局"(DARPA, Defense Advanced Research Projects Agency)成立于 1958 年，是美国国防部下设的一个行政机构，负责研发应用于军事用途的高新科技。——译者注
② 参见 2015 年 6 月 "美国国防部国防高级研究计划局"机器人技术挑战赛的结果和视频资料：www.theroboticschallenge.org。

钢制机器人冠军赛：2015年6月，在"美国国防部国防高级研究计划局"组织的机器人技术挑战大赛中，全世界最好的机器人进行角逐较量，它们竞赛的科目有：汽车驾驶，打开房门，钻孔，拧阀门，或者爬越碎石。图为波士顿动力公司研制的一款阿特拉斯系列机器人——"跑动的男人"。

还住在临时住房里——他们永远都不能再重返他们的家园。

当时，倘若不派人员，而是派不太介意核辐射的机器人进入核电站的大楼里，那么，这场灾难的结果会有怎样的不同呢？"美国国防部国防高级研究计划局"的机器人大赛负责人吉尔·普拉特（Gill Pratt）推测说："当时，他们如果能及时打开阀门，并且采取一系列紧急措施，那么就不会导致爆炸。"

然而，要做到这一点，机器人就必须完成一系列工作。而在2011年，还没有任何机器人能完成这个规模的工作。它们必须打开门，上台阶，爬越碎石，清理障碍物，旋转打开并关上阀门，操作杠杆，抽出电缆线并且插进插座里，还要使用为人制作的工具：比如，用电钻在墙上打出很大的孔。

目前，在波莫纳，机器人恰恰必须掌握这些技能，完成这些工作，为了赢得"美国国防部国防高级研究计划局"举办的机器人大赛。更有甚者："我们甚至要求，它们使用机动车辆，以便首先渗透到危险地带。"普拉特说。除此之外，机器人还必须能够驾驶汽车，给油加速，刹车，然后下车，进入大楼，并且在大楼里完成一系列任务。而这一切都要通过与坐在远处大厅里的那些人合作来完成，机器人与人没有视线接触。工作人员在大厅里尝试着操控机器人——在此过程中，人与机器人的沟通不断受到干扰，因为，在发生灾难的情况下，普拉特说，"人们无法指望会随时有宽带无线联络"。

两百万美元的获胜奖金

机器人必须尽可能有把握地取得好的结果，灵活地适应有时令人感到惊讶的情况，并且在特定的时间内，赶在严峻的停电情况之前，完成规定的任务。"美国国防部国防高级研究计划局"为获得一等奖的机器人设立了两百万美元的奖金。获胜机器人应该在波莫纳的菲尔普莱克斯比赛场中，以最好的成绩越过障碍物。二等奖获得奖金一百万美元，五十万美元的奖金颁发给三等奖获得者。

　　"美国国防部国防高级研究计划局"当初创建的目的是为了迎接各种大型的挑战。1958 年以来，"美国国防部国防高级研究计划局"选择的座右铭就是："使不可能变成可能"。当时，美国致力于追赶苏联人在太空领域的领先地位。全世界最初的通信卫星和天气预测卫星也可追溯到"美国国防部国防高级研究计划局"的建设性倡议，比如，互联网的先驱"灵魂"（AppARNET），液晶显示技术、隐形技术和卫星导航便携式接收器"全球定位系统"（GPS）。2003 年，"美国国防部国防高级研究计划局"创立了机器翻译项目的竞赛。在此后的多年里，它为沙漠和城市道路交通中的自动驾驶设立了很多"大型挑战赛"（Grand Challenges）。

　　2015 年，来自世界各地的 23 个参赛队伍接受了机器人大赛的挑战：它们来自德国、意大利、韩国、中国香港、日本和美国。许多参赛选手几个月甚至几年之久地给他们的机器人拧螺丝、焊接，优化软件及其操作规则，以及计算机算法，培训其团队参加这次大型的比赛。绝大多数参赛选手来自顶级的工科大学和研究所，但是，有些公司至少也间接地参与了竞赛。因此，有七个参赛队伍相信"阿特拉斯"机器人的各种变体。"阿特拉斯"类人机器人是身高 1.8 米的庞然大物，它能像人一样直立行走。[①] 这款机器人由波士顿动力公司

---

①参见 2016 年 2 月机器人"阿特拉斯"的视频资料：www.youtube.com/watch?v=rVlhMGQgDkY。

(Boston Dynamics) 设计制造，这家公司最初为美国军方研发机器人技术。2013 年，波士顿动力公司被谷歌接手，朝着民用方向调整和打造。

其他参赛团队寄希望于日本川田工业株式会社（Kadawa）制造的模拟人的机器人，或者寄希望于自主研发的机器人，其中并非所有机器人都有两条腿。有些参赛选手坚信四条腿的机器人，它们能在崎岖的地带更好地保持平衡。还有的机器人脚上安装了轮子。"罗伯西米安"① 是美国国家航空航天局(NASA)设立在帕萨迪纳(Pasadina)城的 "喷气推进实验室"(Jet Prepulsion Laboratory)研发的机器人。面对这款机器人，人们根本就不知道自己是在什么身旁。当它坐在汽车里时，它就像一个智能猴子一样，紧紧抓住支柱，旋转着方向盘。如果它下车，就变得像一只小心翼翼的、黑色的高脚猫。然后，它突然翻一个跟头，坐下来，开始用举起的双臂摇着轮子，走到房门处。它灵巧地打开门，就像它灵巧地使用电钻一样。作为观众，我会不由自主地回忆起系列电影《变形金刚》(*Transformation*)中的主要演员不停地转变成新的、钢制的生物。

用机器人移情

世界上最好的机器人竞赛是否因此而让人感觉稍微有些阴森可怖呢？看台上的观察者是否感受到一种压抑，或者甚至害怕这种仿佛来自另一个世界的好斗的生命呢？有些人是否把眼前那个在这里踏步、穿过沙地的机器人看成来自遥远未来的、旨在毁灭人类的终结

---

① 参见 2015 年 6 月机器人 "罗伯西米安" 的视频资料：www.youtube.com/watch?v=cm6lnCHKlVc。

者呢?

不,我在观众的脸上根本看不到害怕的表情,而是恰恰相反。当他们谈论机器人时,他们会不由自主地说"嘿",就好像他们在谈论人一样。他们并不用"它"来称呼机器人,这样称呼机器是更恰当的。甚至机器人专家吉尔·普拉特都因为观众对机器人产生的好感而感到惊讶。这种好感缓慢地摇晃着奔向这些钢制的东西。无论机器人什么时候站在障碍物跑道上,人们都和它们感同身受:当一个机器人摔倒时,人们会发出叹息声。人们还为机器人成功完成的每一项任务而欢呼雀跃。普拉特承认,尽管当时观看比赛如此扣人心弦,但是这种观看给人的感觉是,"就像袖手旁观地观察墙壁粉刷色彩变干一样"。

比如说,有的机器人在缓慢地抬起手打开门把手之前,会束手无策地站在门前达几分钟之久。不少观众这时真想走下看台,去帮助那个可怜的家伙。当卡内基梅隆大学(Carnegie-Mellon-University)[1]研发的红色机器人"大猩猩"(后来获得铜奖)第一次尝试地地道道背着门板回家时,[2]观众席上没有传出阴险的嘲讽声,而是发出失望的、拉长音的"哦哦哦"。当大猩猩凭借自己的力量重新站起来时,这种失望的声音转变成欢呼声"哇"和"欧耶"。

本届机器人大赛第二名获得者是来自佛罗里达州(Florida)的机器人"跑步的男人"。在结束障碍物跑道项目时,这个"阿特拉斯"系列的机器人站在台阶上,将其钢制的双臂伸向天空,做出欢呼的姿势,

---

[1]卡内基梅隆大学是美国宾州匹兹堡的世界顶级研究型大学,创立于1900年。——译者注
[2]参见2015年6月机器人"红猩猩"的视频资料:www.youtube.com/watch?v=ObfO2nlL0KM。

还跳了一小段胜利的舞蹈。^① 这个时候，看台上的粉丝们也兴奋而有节奏地鼓掌。狡猾的"胡伯"是"韩国科学技术高级研究所"（KAIST）青年研发人员研制的机器人。它徒步并且双膝跪地滚动，在创纪录的44分钟内完成所有规定的任务。这款机器人因此获得所有人的好感，斩获二百万美元的最高奖金。^②

普拉特强调说："观众这种感同身受的移情能力让我对机器人的研发充满希望，因为，对于将来人与机器人的合作而言，的确需要很大程度的好感。"在波莫纳比赛场的展览会上，人们也能感受到参观者对有些像人一样发挥作用的机器的好感。在这次展览会上，许多公司展出了其最新的产品：有小的玩具机器人、电子仆人和自动化的军事侦察车。

这里的场面就像我们在年市上看到的景象一样。在一个角落里，孩子们伴随着乡村音乐，为机器人制订动作计划：搜集球，攀爬梯子，或者隔着桌子互相推搡。在他们旁边，有钢制的无头跑步机器人正在经历八小时测试。而在隔着一个帐篷远的地方，无人驾驶飞机正在进行特技表演。在一个展位上，参观者正在和星球大战机器人C3-PO和C2-D2的仿制品拍合照留念。而在另一个摊位旁，福音新教的基督徒试图与过往的行人谈论机器人时代的道德和伦理问题。

显而易见的是：这个题目触动了人们，而且，绝对不仅仅在加利福尼亚州的机器人奥林匹克比赛场上，而是在全世界各地。在日本东京的"国家未来科技创新博物馆"（Miraikan）中，我看到，参观者们

---

① 参见 2015 年 6 月关于机器人"跑动的男人"（RunningMan）的视频资料：www.youtube.com/watch?v=KgKfCCS1zeE。

② 参见 2015 年 6 月关于机器人"胡伯"（Hubo）的视频资料：www.youtube.com/watch?v=BGOUSvaQcB。

如何惊讶地看着那些类似人的机器人，它们与人极其相似，甚至达到了真假难辨的程度。这种情形正如波莫纳的参观者在"见面和问候"环节冲向"阿特拉斯"机器人一样。阿西莫（Asimo）是日本本田公司研发的令人尊敬而又依然年轻的机器人。它会走路、跳舞、唱歌和单腿跳，成为毫无争议的、吸引观众的"吸铁石"。

在德国也出现了类似的情况：2015年夏天，在柏林喜歌剧院（Komische Oper Berlin），机器人"米扬"（Myon）扮演戏剧《我的广场夫人》（*My Square Lady*）中一个尽管很笨拙但诙谐的主角。这部歌剧的目的是，探究是什么使一个人成为人。而在同一年的"汉诺威工业博览会"（Industriemesse in Hannover）①上，情况并不像这次歌剧演出那样具有哲学意味，而更多具有经济的严肃性：在这里，展出了协作的机器人，它们脱离了工厂里的保护栅栏，将来应该与人们合作，这成为许多展位上占主导地位的话题。

目前的趋势同时表明：对机器人的兴奋绝对不仅仅是对男性书呆子的兴趣，机器人接球、分发玫瑰或者作为在桌子上到处爬的大蚂蚁，受到男人和女人的围堵和追捧，而且，机器人喜爱者的男女比例比较接近。而在德国汉诺威"消费电子、信息及通信博览会"（CeBIT）的计算机展会期间，在有些日子里，女人的比例甚至超过男人。在弗劳恩霍夫协会（Frauenhofer-Gesellschaft）②的展位上，在一间玻璃墙搭

---

① "汉诺威工业博览会"（Industriemesse in Hannover）始创于1947年8月，经过半个多世纪的不断发展与完善，已成为当今规模最大的国际工业盛会之一，被认为是联系全世界技术领域和商业领域的重要国际活动。——译者注

② "弗劳恩霍夫协会"（Frauenhofer-Gesellschaft）是德国乃至欧洲最大的应用科学研究机构，成立于1949年3月26日，以德国科学家、发明家和企业家约瑟夫·弗劳恩霍夫（Joseph von Fraunhofer，1787-1826）的名字命名。该协会在德国有69个研究机构，总部位于德国慕尼黑。不同于"马克斯－普朗克研究协会"，该协会致力于面向工业的应用技术研究。——译者注

建的教室里，她们为机器人制作运动计划，使她们得以操控机器人完成一段奔跑。

与默克尔和奥巴马踢足球

在柏林工业大学 (Technische Universität Berlin)，小机器人"瑙"（ＮＡＯ）成功地做到，像变魔术一样，把英国女王伊丽莎白二世 (Queen Elisabeth II) 访问德国时招手致意的灿烂微笑展现在脸上。德国总理安吉拉·默克尔 (Angela Merkel) 访问日本时，日本人也很自豪地向她展示了机器人"阿西莫"。当默克尔想和机器人握手时，这个机器人卡住了。这个唯独习惯于鞠躬致意的日本机器人对默克尔握手的举动毫无准备。这款机器人毕竟把足球朝正在摄影的记者方向踢去，它在几个月前还和时任总统贝拉克·奥巴马 (Barack Obama) 高兴地踢过足球。机器人"阿西莫"以此明确地展示了，机器人最终也将向人类的这个领域深入。这也是 1997 年以来举办的"机器人世界杯足球赛"(RoboCup-Weltmeisterschaften) 的崇高目标：能够在 2050 年击败人类的世界杯足球赛的冠军。

然而，从目前的水平来看，机器人与这个成功的目标还相去甚远。在迄今为止的机器人世界杯足球赛上，包括 2016 年夏天在莱比锡举行的比赛，钢制的机器人选手更多只能跟在球后面跟跟跄跄地奔跑，根本不会漂亮地传球射门，也不会在团队比赛中用假动作骗过对方、带球突破。日本人浅田稔 (Minoru Asada) 是全世界最有威望的机器人研究者之一，也是机器人足球世界杯的创始人之一。他抿嘴微笑着说："但是，为了向前发展，人们必须树立更高远的目标，志存高远。"当计算机被发明的时候，世界上没有任何人会想到，它们中的一个会击败人类象棋世界冠军。然而，在 1996 年，美国的"国际商业机器公司"（IBM）的"深蓝"（Deep Blue）计算机恰恰就成功做到了这一点。时至今日，一个在智能手机上运行的、好的象棋程序就能击败人类的象棋大师。

虽然在此后面隐藏着计算机运算功率的极大增强，这些计算机预先计算并且评估象棋比赛走的每一步棋。但是，软件研发人员也取得了巨大进步：今天，图片识别、语言识别和简单文本的翻译已经成为日常生活中司空见惯的计算机程序。"国际商业机器公司"（IBM）的系统"沃森"（Watson）能领会自然语言中的文本含义。2011 年，在《谁会成为百万富翁？》这个节目更错综复杂的变体，即电视智力抢答游戏节目《危险边缘！》（Jeopardy!）① 中，"沃森"击败截至当时的人类冠军。在此期间，"沃森"已经能够帮助医生诊断癌症，帮助医药公司制作药品，或者帮助银行顾问向客户提供投资策略。

2016 年 3 月，具有学习能力的软件"阿尔法围棋"（AlphaGo）在错综复杂的围棋比赛中，以绝对优势击败了世界最优秀的围棋选手李世石（Lee Sedol）——而专家们在此前几个月还在预测，在 2025 年以前，机器人还无法取得这一成就。在经济应用中，具有学习能力的软件已经被研发到如此程度，以至于它能够以很高命中率预测，将来人们在互联网上首先购买哪些产品，原材料交易所的价格会如何变动，在接下来几周内，各个城市和地区会急需哪些能源。使用这种程序，

① 《危险边缘！》（Jeopardy!）是美国哥伦比亚广播公司于 1964 年问世的电视益智抢答游戏节目，有极高的收视率。该节目的比赛以一种独特的问答形式进行，问题设置的涵盖面非常广泛，涉及历史、文学、艺术、流行文化、科技、体育、地理、文字游戏等各个领域。根据以答案形式提供的各种线索，参赛者必须以问题的形式做出简短正确的回答。与一般问答节目相反，《危险边缘！》以答案形式提问、提问形式作答。参赛者需具备历史、文学、政治、科学和通俗文化等知识，还得会解析隐晦含义、反讽与谜语等，而电脑并不擅长进行这类复杂思考。——译者注

人们甚至可以提前预测修理。这些软件程序可以根据传感器数据和经验价值预测，哪些风车轮子、火车或者医疗设备不久会停止运行。目前不仅是谷歌，而是几乎所有大型汽车生产商都在研发无人驾驶汽车，这其实就是安装在四个轮子上的机器人。

有一半的工作处于危险中吗？

显而易见的是：智能机器的时代就在不远的将来，这个时代已经开始了。机器人实验室在各地产生，在中小学和大学。在相关的机器人和人工智能大会上，不再像以往那样有几百名而是数千名专家学者参加会议。在工厂和办公室，越来越多的机器取代了人，而且，不仅仅涉及单调乏味而机械的工作。

尤其对庞大数据的自动评估使迄今为止一直相信经验知识的人文学者忧心忡忡：无论是司法人员还是税收咨询官抑或是医生，他们都跟不上计算机算法软件的步伐，计算机算法软件可以在几秒钟的时间内，快速地仔细研究并评估数据库内登记的数百万的内容。这个发展趋势才刚刚开始。不仅仅是天气预报、交易所信息和体育新闻，就连需要编辑的文本将来都会越来越多地由"机器人－记者"即计算机算法软件来撰写。

牛津大学 (Universität Oxford) 的一项研究预测，[①] 在未来二十年内，单单在美国，就会有所有职业领域（涉及超过 700 个职业）的几乎一半职业受到机器人技术和人工智能的威胁，或者更笼统地说，受到数据化和自动化的威胁。在全世界范围内，这就涉及数百万个工作

---

①参见奥斯本 (Osborne) 与弗雷 (Frey) 合著的原文研究：《未来的就业》（*The Future of Employment*），2013 年 9 月出版：www.oxfordmartin.ox.ac.uk/downloads/academic/The_Future_of_Employment.pdf。

岗位。目前还存在争议的是，同时会有多少新的职业以类似的方式应运而生。

微软（Microsoft）研究院院长与技术院士艾瑞克·霍尔维茨（Eric Horvitz）因此与斯坦福大学（Stanford Universität）一起创立了一个长期研究项目："对人工智能的百年研究"（100-Jahr-Studie über Künstliche Intelligenz）[①]。该研究项目涉及人工智能的新技术发展会影响的所有领域：从对经济的影响到对民主和自由的危害，一直到在军事方面的滥用。人工智能问题的精髓是：人类所有生活领域都面临一场变革。更有甚者，这涉及我们认为不言而喻的事情的核心：我们是谁？我们想要什么？将来我们与智能机器还有什么区别？

截至 2040 年，运算功率是原来的一千倍

人工智能这项技术的技术驱动器是显而易见的：像照相机、激光或者雷达等这样的传感器会变得越来越小、越来越便宜。计算机的算法变得功率越来越强。管窥半导体工业的实验室表明，在未来 20 到 25 年内，微型芯片的运算功率、存储能力和交际能力会再次提高 1000 倍，而价格与今天的价格相同。在德国海德堡大学（Universität Heidelberg）"基尔希霍夫物理研究所"（Kirchhoff-Institut für Physik），研究人员甚至制作出了神经元芯片，它们就像人类大脑中的神经细胞和神经腱一样发挥作用，只是速度要快 1000 倍。

在未来几年或者几十年，具有某种智能的机器会越来越多地渗透到我们日常生活中。因此，现在到了该讨论这个问题的时候了：人工

[①] 参见关于"人工智能百年研究"（"100-Jahr-Studie über Künstliche Intelligenz"）网页：https://ai100.stanford.edu/ab。

智能的发展向何处去。本书恰恰就涉及这个问题：我们必须对什么情况做好心理准备？什么是与现实无关的、仅仅被渲染突出的幻境？综合性大学、研究实验室和工业领域的发展趋势是什么？涉及它们对社会和职业生活以及我们的日常生活领域的影响时，我们应该如何评价它们？智能机器在多大程度上构成一种威胁？或者毋宁说，智能机器是一种机会，它们还能及时地迎接我们所面临的多种挑战？

预计至2050年，65岁以上的人的总数会是现在的三倍。这意味着，全世界将有15亿人到了老年年龄，而今天这个数字是5亿人。在德国，到2060年，将有1/3的人超过65岁，1/8的人超过80岁，而百岁以上的人的比例会是现在的10倍。[①] 机器人、自动驾驶的机动车以及居家技术和交流技术会帮助老年人过上更好的、更自主的生活吗？工作场所的前景如何呢？数字化、智能数据分析和机器人技术会使工厂更灵活，并且由此帮助提高德国和其他工业国的竞争力，且确保我们的工作吗？

更智能的能源技术和更好的健康体系

或者我们让能源技术脱离煤炭、石油和天然气，我们干脆直接谈论可再生的能源：为了阻止气候变化，我们必须改造世界能源体系。而人们对可再生能源的组织很分散。兴旺的不是数千个中型和大型的发电站，而是数百万个小型的能源制造设备。为了尽可能高效率地运营它们，人们又需要通信技术和计算机智能。

①关于未来几十年的发展趋势，参见乌尔里希·艾伯尔(Ulrich Eberl)：《未来2050——我们如何在今天就已经创造未来》(*Wie wir schon heute die Zukunfz erfinden*)，贝尔茨与盖尔贝格(Beltz & Gelberg)出版社，2013年（第五版），以及2014年4月1日一份报告的视频资料：www.youtube.com/watch?v=oSAU_ZnayZU und in meinem Blog www.zukunft2050.wordpress.com。

同样的问题适用于迅速增长的城市——仅仅以亚洲为例，今天城市每天增加人口 10 万人。到 2050 年，在全世界范围内，生活在城市的人口数量几乎与今天全世界总人口数量相等。他们都需要智能操控的能源和交通系统，楼房技术和灯光、现代的教育机构和政治上发声的可能性——这一点也将会被组织。倘若没有相应的计算机和通信技术，这一点是不可能实现的。

那么，人工智能时代会带来什么后果呢？天平的砝码会更倾向于善还是更倾向于恶呢？因为它进犯了我们人类存在的核心，进犯了我们的理智和我们情感的智能，它因此而或许甚至会成为人类迄今为止经历的最大变革吗？

为了能够评价社会和经济影响，让我们先看看技术基础和趋势。让我们先看一眼以知识为基础的计算机算法、智能的数据分析、自动驾驶的机动车。当然，我们还要看看有学习能力的、合作的、有情感的和社会的机器人。这些机器人目前在日本、欧洲和美国的实验室问世。

或者诚如"美国国防部国防高级研究计划局"负责人阿拉蒂·普莱伯哈卡尔（Arati Prabhakar）在波莫纳的菲尔普莱克斯"机器人奥林匹克竞赛"的开幕式上所言："我们在未来将不再孤单。所有这些机器目前都在被研发，为了将来以多种多样的方式帮助我们人类。……女士们，先生们，启动你们的机器人吧。"

第一章　智能机器：它们会变得完全无所不在

并不温柔的觉醒

当我醒来时，第一个有意识的想法是："天空看上去是这个样子的吗？"到处都是刺目的白色，如此明亮，以至于我的眼睛被照得眩晕，我闭上眼睛。一阵很轻的嗡嗡声和一阵有穿透力的砰砰砰的声音渗透到我的耳朵里。

我再一次尝试着缓慢地睁开我的双眼。现在，我感觉，在毫无瑕疵的白色中识别了壁龛，里面有某些雕塑，但是画面模糊了。当我把目光转向右侧时，我发现一扇很大的全景窗户，它向我展现眺望一座绿意盎然的花园的景色。花园在相隔很远的后面变成一片阔叶木和针叶木组合的混交林。长凳，一个小池塘，还有来回散步的人们。

我惊愕地努力抬起头来——我到底在哪儿来着？嗡嗡声变得越来越大了，一个大约1.5米高的机器人看上去就像一个圆球，长着两只胳膊和一个圆滚滚的、但没有立体感的脑袋在我的床脚旁滚过去。它头上的显示屏上巨大的微笑变成了曲线和声音。

那砰砰砰的声音难道是我的心脏跳动的声音吗？它在干什么呢？机器人抽出一张小桌子，上面突然出现一种全息摄影图片：一个五六十岁的男人飘浮在空中，并且缓慢地旋转。腿、胳膊、胸腔和头部开始逐渐地亮起绿灯。然后，皮肤和肋骨消失了，内脏器官变得清晰可见。

"您的生命机能棒极了，再生作用成效卓著，"一阵轻柔的声音说。现在，我成功地做到了转过头去。在我那张床的左侧，笔直地站着一个高挑、漂亮的年轻姑娘。她身穿医生的白大褂，长发飘飘，眉眼有完美的曲线，脸上露出两个小酒窝。

"我这是在哪儿啊？"我惊讶地问道，我自己的声音听起来那么粗糙、沙哑，而且陌生。

她微笑着回答："在绿色峡谷康复中心。"

好吧，这离我的住所不到 20 千米。"发生什么事了？"

"这可说来话长。等医生们过来时，您会了解更多情况。"

她身上总有些罕见的异样感觉。她简直太完美了，太温柔，太友好。她的面目表情如此平静，几乎没有一处肌肉在抽搐。

"医生们？难道您不是……吗？"

"不是，我的名字叫萨曼塔·杨 (Samantha Yang)。我是类似人的机器人，属于'里斯科姆机器人'(Liscom Robotics) 第 R16 系列。我 24 小时照顾长期病人，对于医生们而言，我同时是医疗领域 (Medical Sphere) 的一个界面 (Interface)。"

这简直令人难以置信——这位年轻的女士是一款机器人？与那边另外一款球形的机器人一样？只不过萨曼塔与人相似到以假乱真的程度。她有完美的举止，她显然也能够进行一段真正的对话。如今究竟谁能够造出这些机器人呢？

一个新纪元的开启

当全世界的专家对于其工作领域的基本发展和趋势观点完全一致时，这就已经具有罕见价值了。我们权且不用考虑这个情况：笔者还咨询了日本、欧洲或者美国的顶级研究人员。更令人感到惊讶的是，这些本来很独立的思想家在描绘其未来的前景时使用了相同的话语和图像。然而，人们恰恰在积累经验，当人们尝试探究，在美国的"国际商业机器公司"（IBM）所称的"计算机的认知计算"时代，[①] 在未来几年和几十年，我们会遇到什么。

研究人员说，编程（即准确规定一台计算机或者一个机器人应该做什么）已经成为过去。今天和明天涉及的关键问题是：机器在越来越高的程度上拥有自我认知能力，并且能运用这种认知能力。它们应该更好地感知和评价它们周围的变化，并且根据这些变化得出结论。它们应该自主地学习、论述观点、计划并且行动——简而言之：解决问题，而事先没有任何人编写过所有细节的程序。

当然，今天的体系还远远没有达到拥有那些能力的程度，即本章开头和接下来几章中提到的机器人护士萨曼塔在未来的工作场景中所拥有的能力。但是，正像科学家，比如，"卡尔斯鲁厄计算机研究中心"（FZI，Forschungszentrum Informatik in Karlsruhe）主任吕迪格·狄尔曼（Rüdiger Dillmann）所坚信的那样："自动的、学习的而且协作的机器纪元已经开启。"这位 67 岁的狄尔曼自称为"德国机器人研究的原初基石"之一，他还是"卡尔斯鲁厄计算机研究中心"的发言人以及"卡尔斯鲁厄计算机研究中心"的"人类学计算机科学和

[①] 参见 2015 年 10 月美国的"国际商业机器公司"（IBM）关于计算机的认知计算的白皮书：www.research.ibm.com/software/IBMResearch/multimedia/Computing_Cognition_WhitePaper.pdf。

机器人技术研究所"(Institut für Anthropomatik und Robotik)的教授。[1] 他在大学期间学习电子科学时就已经集中精力研究生物控制论这个重点。30 年前，即在 1986 年，他以关于有学习能力的机器人的学术成果获得教授职位。

卡尔斯鲁厄恰好是研究机器人技术的合适场所。狄尔曼回忆说："早在 20 世纪 60 年代，这里的人们就开始研究机器人了。"如果说，当时还涉及刚开始上升发展的核心技术研究之所谓的主宰繁重劳动的操纵器，那么，现在，卡尔斯鲁厄的"人类学计算机科学和机器人技术研究所"实验室里的研究范围就更加广泛了：例如，今天，在卡尔斯鲁厄计算机研究中心的走廊上，有个行走的机器人"劳龙"(Lauron)在爬行。它看上去类似 1 米高的绿色竹节虫。而在几扇门之外的地方，研究人员正在教一辆汽车自动入库停车。在"人类学计算机科学和机器人技术研究所"，类似人类的家居机器人"阿尔玛尔"(Armar)正在服从它的研发人员塔米姆·阿斯福尔(Tamim Asfour)的每一道指令：它现在应该从冰箱里取出一罐苹果汁，清理洗碗机，或者观察人类擦桌子，然后模仿人类擦桌子的动作。

机器人与人共同的早操

在东京以北拥有一条生产线的日本光荣(Glory)[2] 株式会社证明，人类和机器人目前已经能够密切合作，尽管是在一种准确定义的范围内。在这家企业设立在埼玉县(Saitama)的工厂里，人和机器人正肩

---

①参见卡尔斯鲁厄类似人的机器人技术研究小组官方网页，附带"阿尔玛尔"("Armar")机器人视频资料：http://his.anthropomatik.kit.edu/65.php。
②日本光荣(Glory)株式会社是生产验钞机、清分机等设备的企业。——译者注

并肩地一起生产制作自动存取款机的元件。川田株式会社的 18 个所谓的"下一代"(Nextage)机器人虽然没有腿，但取而代之的是，它们有非常灵活的双臂，在椭圆形的、伸出很长的脑袋里以及能抓住东西的手里安装有照相机。

自从四年前被安装以来，这些用钢材制作的敏捷的工人就成为人类伙伴真正的同事。每个机器人都有自己的名字，它们甚至在早晨开始工作时同人类同事一起做早操。在这里，女人、男人和机器人每天协调地甚至同步地旋转胳膊，这就像提前被展现的未来一样发挥作用，仿佛象征着人与机器充满希望的、和谐的共同生存。[①]

日本研究人员石黑浩满怀信心地说："未来我们将生活在与机器人、机器人社会共处的共同体中。"这位日本大阪大学 53 岁的教授经常被称为"机器人技术领域的流行音乐歌星"。他使日本人对机器人技术的狂热达到登峰造极的程度。多年来，他以其"双生子机器人"(Geminoiden)在全世界引起轰动，[②]他援引"双生子"这个词的拉丁语 Geminus，称呼他创造的机器人。

这些类似人的机器人迄今为止大多被远程控制。它们是真人的完

---

①关于光荣(Glory)株式会社的报道，参见川田株式会社制作的未来机器人的视频资料：www.glory-global.com/groupinfo/news_releases/2012/1011.html。

②报道石黑浩研发的双生子机器人的文章和网页参见本书第十二章。此外，还可参见《科学》(*Science*)杂志 2014 年 10 月 10 日第 346 卷的标题故事，特殊话题："机器人的社会生活"("The social life of robots")，还有菲利克斯·里尔(Felix Lill)的论文："他的阴森恐怖的克隆产品"("Sein unheimlicher Klon")，刊于 2014 年 12 月 17 日的《时代周报》(*Die Zeit*)：http://www.zeit.de/2014/52/roboter-forscher-hiroshi-ishiguro。

启航迈进机器人社会：在日本企业光荣 (Glory) 株式会社的工厂里，人和机器人今天就已经肩并肩工作了（上图）。同样在日本，研究人员石黑浩 (Hiroshi Ishiguro) 在几年前就研制了一款类似人的机器人。这款机器人与他酷似，达到以假乱真的程度（下图）。

美复制品。人们从外面绝对看不见其内部的钢架、许多齿轮、螺丝、弹簧、液压装置和电机。它们的头发、眼睫毛、眼睛、嘴唇和牙齿都给人非常自然的印象。为了完美地迷惑人，科研人员用特殊硅胶制作它们的皮肤，其皮肤上也有小的汗毛和瑕疵。

2016 年夏天，石黑浩甚至制作了一个自己的"孪生兄弟"。他当时五岁的女儿非常喜欢与他的复制品玩耍。这位十分忙碌的研究人员还曾经把自己的电子克隆产品寄到苏黎世，进行学术讲座。他附上一份已经准备好的报告，而他自己还留在日本。这位机器人专家还在他的名片上使其孪生兄弟获得永恒意义：他让人在名片的一面印上他自己的照片，在名片的另一面印上其机器人孪生兄弟的照片。这款酷似他的机器人也留着长头发，与他有同样的面目表情。人们根本就无法辨认，谁是真人，谁是机器人。

我在后面的第十二章中会详细论述，石黑浩利用其机器人孪生兄弟，目的是更好地研究人类的举止及其与机器人的协作。此外，他想以此证明，人们可以将类似人的机器人投入很多领域。他强调说："一个类似人的机器人简直就是我们最自然的对立面。""我们被如此设计构造，以至于我们可以最好地与人互动，带表情、动作和语言。换言之，为了同酷似我们的机器人沟通，我们不需要遥控器。"石黑浩认为，医院、宾馆、博物馆、商店、车站、老年中心和学校，到处都是将来类似人的机器人有用武之地的领域。

酒店总服务台旁类似肉食鸟的恐龙和老年中心的帮手

其中有些情况已经变成了现实。2015 年 7 月，长崎（Nagasaki）一个休闲公园内的"海纳宾馆"（Henn-na Hotel）——从字面上翻译就是"稀奇宾馆"开张营业了。① 在总服务台旁坐着一个看上去像日本人的机器人女士，她坐在《侏罗纪公园》（*Jurassic Park*）中一个像肉食鸟的恐龙旁边，这只恐龙给人毛骨悚然的感觉，但是，它能像身旁类似人的机器人一样礼貌地说话。宾馆用人脸识别技术取代了房卡，自动行驶的小行李车把行李送到顾客的房间里。若干语音小组提供所有可能的服务，比如叫早服务。根据酒店经理的说法，这些创新的锦囊妙计不仅吸引顾客，而且还帮助顾客明显降低住宿的成本。

　　人们还需要机器人当博物馆的讲解员、纺织商店的售货员、老年中心的帮手和旅游文体活动组织成员，为了让中学生对技术和计算机专业感兴趣，尽管这常常还处于尝试阶段。除此之外，近年来，数百万或多或少智能的机器已经投入商业使用：在工厂里当焊接机器人、粘贴机器人和装配机器人，在私人家庭里当吸尘机器人、擦窗户机器人和割草机器人。机器人还在亚马逊的仓库里运输货物，在宇宙太空修理卫星，为农场主挤牛奶。②

　　洛尔夫·普菲弗尔(Rolf Pfeifer)强调说："机器人早就是我们自己人了。"他领导苏黎世大学人工智能实验室长达很多年，他与他的团队一起研制了一款最著名的机器人之一：酷似人的"机器人男孩

---

①参见关于"海纳宾馆"(Henn-na Hotel)的文章："日本的机器人宾馆：总服务台旁一条恐龙，机器负责分配房间的服务"（"Japan's robot hotel：a dinosaur at reception, a mashine for room serviece"），刊于 2015 年 7 月 16 日的英国《卫报》(*Guardian*)；www.theguardian.com/world/2015/jul/16/japans-robot-hotel-a-dinosaur-at-reception-amachine-for-room-service；还有菲利克斯·里尔(Felix Lill)的论文："请您说清楚！"（"Sprechen Sie deutlich!"），刊于 2015 年 9 月 10 日的《时代周报》(*Die Zeit*)；www.zeit.de/2015/35/roboter-henn-na-hotel-japan-nagasaki。
②当今机器人方面文章的良好汇编：www.golem.de/specials/robots und www.welt.de/themen/roboter。

儿"(Roboy)，它和人一样有肌肉和肌腱。[1] "在未来肯定会有更大的多样性，有智能体系完整的生态体系。它会使我们的生活更轻松。"最后由市场来决定，那些体系会是成功的，这位69岁的机器人先驱这样认为。他在苏黎世退休后接受了大阪大学的教授职位，他还到上海开设过讨论课。[2]

他说，未来许多智能体系看上去不像机器人。"今天我们其实就已经有了这种机器人。您只需要想一想自动驾驶汽车和导航仪，想一想在股票交易所的软件交易员，或者想想语言识别软件'西里'(Siri)[3]。"目前在亚洲甚至能买到会说话的电饭煲。

物理学家和未来研究者加来道雄(Michio Kaku)[4]预言："未来看上去将会像充满魔幻力量的迪士尼电影描绘得一样。""我们将与家具和茶壶说话"，计算机芯片和通信芯片将如此便宜，以至于它们可以被安装到所有可能的东西里。比方说，它们可以身穿衣服监控我们的健康状况，或者在发生交通事故时报警呼叫救护车，在救护车到来之前下载关于病人经历的全部报告。

---

[1] 所有著名机器人网页，按照名字、投入使用的领域、生产厂商和国家编排顺序：www.roboticstoday. com/robots/robots-a-to-z/a。

[2] 参见洛尔夫·普菲弗尔(Rolf Pfeifer)报告对开本："与机器人共同生活——下一代智能机器"("Living with robots—the next generation of intelligent machines")(2014年)：http://telecomworld.itu. int/wp-content/uploads/2014/12/RolfPfeiferFinalSlides08122014-web.pdf。

[3] "西里"(Siri)是苹果公司研发的智能语音控制功能。它可以令iPhone 4S及以上手机(iPad 3以上平板)变身为一台智能化机器人，用户可以通过手机读短信、介绍餐厅、询问天气、语音设置闹钟等。——译者注

[4] 加来道雄(Michio Kaku)：《未来的物理学：我们未来100年后的生活》(Die Physik der Zukunft: Unser Leben in 100 Jahren)，罗沃尔特(Rowohlt)出版社，2012年（第六版）。

我们面临机器人无处不在的时代

2015 年夏天，在西雅图举行的"国际机器人技术与自动化大会"(ICRA)[①] 上，达妮拉·鲁斯 (Daniela Rus) 坚定地宣告，机器人无处不在的时代到来。[②] "国际机器人技术与自动化大会"(ICRA) 是指"电气与电子工程师学会"(IEEE)[③] 的自动化国际大会，来自全世界综合性大学、研究所和企业的 3000 名专业人士属于该国际大会。该国际大会属于这种会议最大规模的专家聚会。全球机器人技术领域所有知名的重要内容都出现在这种国际会议上。达妮拉·鲁斯是波士顿 (Boston) 附近著名的麻省理工学院 (Massachussetts Institute of Technology, MIT) 的教授，她同时还是该校计算机科学与人工智能实验室主任，她是第一位做到这一点的女性。

她用"无处不在的机器人"这个概念联系到计算机专家马克·魏泽尔 (Mark Weiser)。他早在 1990 年（当时互联网还处于小儿科阶段）就预言"无所不在的计算机技术"。他当时的观点是，计算功率将随处可见，而且隐藏在物体中：智能手机 (Smartphones) 和平板电脑 (Tablets) 以及衣服上的智能商标，还有手关节上便携式的微型计算机。马克·魏泽尔当年的预言今天已经变成现实。鲁斯预言："下面就轮到机器人了。"她在此联想到了认知体系，它们看上去符合人们对机器人的想象，她还想起看不见的电子助理系统和对话系统。这些是对

---

① ICRA 的全称是 International Conference on Robotics and Automation，这是机器人技术领域最有影响力的国际学术会议之一。——译者注

② 参见 2015 年夏天西雅图"国际机器人技术与自动化大会"(ICRA) 网页：http://icra2015.org。

③ "电气与电子工程师学会"(IEEE, the Institute of Electrical and Electronics Engineers) 的前身是成立于 1884 年的"美国电气工程师协会"(AIEE) 和成立于 1912 年的"无线电工程师协会"(IRE)。前者主要致力于有线通信、光学以及动力系统的研究；后者是国际无线电领域不断扩大的产物。1963 年，AIEE 和 IRE 宣布合并，"电气与电子工程师学会"(IEEE) 正式成立。——译者注

我们的日常生活影响最大的、最广泛的工艺，这些最广泛的工艺恰恰就是那些在我们眼前消失的东西，因为它们被完美地编织进我们的环境中，以便融合它们。

从达妮拉·鲁斯到洛尔夫·普菲弗尔和吕迪格·狄尔曼，再到石黑浩，所有这些专家的说法都使一个问题再清楚不过了。撇开在美国、欧洲和日本不谈，在全世界，专家们一致认为，目前，直接存在着对人类原初最独特的巴士底监狱，还进攻了理智、认知能力、自主学习、制订计划和行动。智能系统、可视的和不可视的机器人越来越给我们的日常生活打下烙印，变成我们周围世界的一部分，或者甚至与我们一起生活在一个机器人的社会中。

但是，为什么偏偏就在现在呢？计算机和机器人已经存在 50 年了，为什么偏偏现在机器进行智能飞跃呢？

第二章　关于昨天和未来：我们为什么偏偏现在站在时代的转折点上

好上一千倍

我目不转睛地、毫不掩饰地看着那位站在我床边的、时髦漂亮的机器人女郎，假如旁边站着真人护士，我是绝对不敢这么做的。她头部柔和而流畅的动作，她令人迷惑的逼真的皮肤，还有她那像真人一样水灵灵的大眼睛……

我一直以为，在技术突飞猛进的发展过程中，我在某种程度上一直处于时代的高端水平上。可是，这位类似人的机器人令我惊愕。我无论如何要了解生产制造这款机器人的公司！里斯科姆机器人公司(Liscom Robotics)？我从未听说过这家公司。

我刚要向她打听这家公司，她之前说过的一种知识突然像闪电一样闪过我的大脑。她说过，她24小时不间断地照顾长期住院患者。我理解的对吗？突然有一个大硬块儿卡在我的嗓子里，在我提出问题之前，我不得不先吞咽一下，"长期住院患者？萨曼塔……我在这儿多久了？"

她温柔地回答："三十年七个月零两天。"

我腾地坐起来！我感觉浑身发热，血液向头上涌。

"2020 年 2 月，您被人为地置入昏迷状态。但是，您的机体康复在八个月前才开始……"她的声音有些模糊不清。萨曼塔的确同情地俯身看着我，还是我仅仅在幻想？

她又说了什么，我根本就没有感知，因为，我的记忆突然恢复了。我不再感觉发热了，而是感觉很冷。2020 年 2 月，难道这就不是在昨天才发生的吗？我当时正开着一辆新的电动汽车，在开往实验室的路上，我完全依赖辅助系统：保持行车轨道助理、碰撞提醒器、带识别行人功能的刹车助理、稳定性控制、停车和启车自动控制，以及当时拥有的一切功能。

与平时一样，我的思绪依然在工作上。偏偏就在我沿着河边陡峭的、弯道很多的道路行驶的时候，我的智能手机响了起来。我不知道是谁在打电话。这真的是我在这一刻最不关心的事，因为，所有报警系统突然像发疯一样启动了。

当时道路已经结冰，我本来必须清楚这一点的，因为我前面的汽车溜车打滑了。可是，我当时反应太慢了。我惊恐地去踩刹车，可是，刹车装置根本就没反应。简直什么反应都没有。行车动力调节和刹车助理发挥的作用仿佛不存在一样。几秒钟后，马路边上的灌木丛敲打我的风挡玻璃，我看向深渊。我回忆的最后内容是，我当时在问自己，谁会把这个情况告诉我的妻子和我的小女儿……

我的小女儿……三十年了！可她当时只有十岁！也就是说，她现在已经四十岁了！

"我的妻子和女儿怎么样了？"我呻吟着问萨曼塔。

"您的家人明天会来。探视日期确定的是明天。"她这样回答。她一边瞥眼看我，一边又补充说，"她们经常来这里。"这个类似人的机器人难道还能读懂人的心思吗？

尽管发生了这一切，不知为什么，我感到了些许的轻松。她们经常来这儿，到这里，我的床榻旁，在我这个陷入昏迷的患者身旁。30年了，我的天啊！明天我就能看见她们，和她们说话了！这让我感到既高兴又紧张。为了分散自己的注意力，我看着另一个机器人，在我看来，它就像长着两个胳膊的圆球，始终展示旋转着的全息摄影图片。

我预感到什么，那个作为透明的、20厘米高的、飘浮在空中的小人物就是我吗？我稍微瞥一眼他，脸上布满皱纹，比以往更加羸弱。但是，对于一位60多岁、卧床30年的人来说，这已经不错了。

"2050年？我们真的已经到2050年了吗？"我自言自语地嘟囔着。

在球体机器人的大脑袋上显示出一个巨大的笑容，她身边的萨曼塔也微笑着说："是的"。

我朝全息摄影图片方向点头，它变得更加细节化，显示了我的循环系统，直到我躯体的最后分支部分。"在这30年里，肯定发生了很多事情。我推测，这是源自诊所云文档（Cloud）的一段体内液态实况（Live-Streaming）展示，对吗？"

小机器人圆脑袋上的微笑图咧着嘴微笑着，从这位乐天的家伙的某一个扬声器里传出一句："绝对正确！这些数据来自医疗领域。"

"这肯定需要庞大的数据比率。"

萨曼塔回答："根本就不多。假如我们现在测量您身上的数据，比如测量血管，那么，我就能向医生提供来自身体内部的3D图像，每秒钟100个千兆亿，在真正的时间内，或者直到分子的形象构成。"

我目不转睛地看着她，张大了嘴巴。"您是指无线的？通过无线电吗？每秒钟100个千兆亿，比我们2020年创造的最好的还要好。"

这位类似人的机器人不停地证实，我不停地说："萨曼塔，我认为，您应该稍微向我介绍一下过去几十年的技术发展。"

什么使革命变得可能？

一切都从一种似乎简单的思考开始。"机器会思考吗？" 1950 年，英国天才数学家和密码分析师阿兰·图灵 (Alan Turing)[1] 在一篇专业论文里以这个问题开始。据说，这篇专业论文激励鼓舞了几代人。[2] 在第二次世界大战期间，图灵在破解纳粹德国"恩尼格玛"(Enigma) 公司的密码机过程中发挥了重要作用。他完全意识到，"思考"这个词到底意味着什么，人们对此可以进行争论。

他用一个简单的测试取代了其颇具哲学意味的问题。[3] 在这个实验中，一个人类的提问题者通过屏幕与两个谈话伙伴闲聊，他看不见这两个谈话伙伴。谈话双方一方是人，另一方是机器。两个人都试图让提问题的人坚信，它们其实就是人。结果，后来，参与测试的人说不清楚，谁是谁；而机器最终通过了测试。因此，阿兰·图灵建议，赋予机器人与人平等的"思考能力"。

---

①阿兰·麦席森·图灵（Alan Mathison Turing ，1912–1954）是英国著名的数学家和逻辑学家，被称为计算机科学之父、人工智能之父，计算机逻辑的奠基者。他提出了"图灵机"和"图灵测试"等重要概念。他曾协助英国军方破解德国著名的"恩尼格玛"(Enigma) 密码机（又称"哑谜机"），帮助盟军取得了第二次世界大战的胜利。——译者注

②参见阿兰·图灵的原文发表："计算机编程的机器与智能"（"Computing Machinery and Intelligence"），参见《思想》（*Mind*），1950 年第 49 期：http://www.csee.umbc.edu/courses/471/papers/turing.pdf。

③参见德文维基百科中的图灵测试：https://de.wikipedia.org/wiki/Turing-Test。

1990 年，在阿兰·图灵的学术论文发表 40 年后，美国社会学家休·吉恩·洛布纳(Hugh Gene Loebner)写了一份按照他的名字命名的有奖征文启事。该奖项应该颁给首先通过图灵测试的计算机程序。在最初由图灵构想的测试中，人与机器用书面文字沟通，奖金为25000 美元。在另一个版本的类似形式中，参赛者不得不加工图像、语言和录像等多媒体内容，"洛布纳奖"甚至奖励十万美元。[①]

迄今为止，这笔奖金还没有被颁发给任何人。自告奋勇地参加"洛布纳奖"竞赛的最好体系出现在 2015 年，参赛选手罗泽(Rose)想与评委对话，据说是一位来自黑客区域的、30 岁的安全咨询员。但是，在几分钟后，评委成功地发现，罗泽"并不是人"。因为，虽然它的回答包含大量聪明的思想，但有时候它并不巧妙地回避问题，多次使用同样的文本结构，并未有意义地回答简单的日常生活问题。在罗泽的身后躲着一个由程序员布鲁斯·维尔考克斯（Bruce Wilcox）研发的"聊天系统"(Chatbot-System)，即一个自动的聊天系统[②]。当时，人们还根本没有预测到，会存在一种与人的智能势均力敌的机器。

在 60 年前：给其发明者盖印的第一个程序

然而，自从阿兰·图灵发表那篇学术论文以来，人们无疑已经取得了巨大的进步。自从 1956 年以来，"人工智能"(Künstliche Intelligenz，缩写 KI 或者在英语中为"Artificial Intelligence"缩

---

① 参见"洛布纳奖"(Loebner-Preis) 的官网主页：www.loebner.net/Prizef/loebner-prize.html。
② 谁要想自己尝试聊天软件罗泽，请参见：http://ec2-54-215-197-164.us-west-1.compute。amazonaws.com/speech.php。也可以在以下网页的评论专栏里找到同罗泽交流的有趣的例子：https://nakedsecurity.sophos.com/2015/09/22/a-sassy-chatbot-named-rose-just-won-a-big-test-of-artificial-intelligence。

写 AI[①]）这个概念得到推广普及。当时，美国科学家约翰·麦卡锡（John McCarthy）在新罕布什尔州（New Hampshire）的达特茅斯学院（Dartmouth College）[②]召开学术会议时，给会议起了这个名字。在这次大会上，研究人员首次讨论计算机超越纯粹数字运算范畴的任务，诸如，分析文本、翻译语言或者玩游戏。

在第一次人工智能大会上，电子工程师阿瑟·塞缪尔（Arthur Samuel）展示了最大的惊喜：这位兴奋的皇后跳棋玩家曾经为美国的国际商业机器公司（IBM）大型计算机编写过程序，他可以用该程序玩皇后跳棋。起初，该程序只了解皇后跳棋所允许的跳法，因此，它与塞缪尔对弈时总是输棋。

然而，塞缪尔让另外一个程序在背后一起运行，与他了解的下棋策略相适应，该程序每走一步棋时都评估可能性，看看棋盘上现在的棋局会导致输棋还是赢棋。于是，塞缪尔就产生了一个天才的念头：他让计算机跟它自己对弈，然后再看看，这些可能性是否准确，或者是否应该改变程序。他让计算机一次又一次地反复对弈。在此过程中，计算机额外学习，并且完善其预测的准确性。

后来发生的情况在今天看来似乎是不言而喻的，而在 1956 年仍然是一种轰动：计算机变成如此出色的皇后跳棋玩家，以至于塞缪尔再也没有赢它的机会。他这位皇后跳棋比赛的大师被击败了。一个人教自己的机器学习东西，在此过程中，机器通过不断的学习最终变得比自己的老师还出色，真是青出于蓝而胜于蓝！这在人类历史上还是第

[①]参见关于人工智能的研究人员、成果和应用：http://aitopics.org/。网上最广泛的汇编由"人工智能成就协会"（AAAI）组织编写。

[②]达特茅斯学院（Dartmouth College）成立于 1769 年，是美国历史最悠久的世界著名学院之一，也是闻名遐迩的私立八大常春藤联盟之一，坐落于新罕布什尔州的汉诺佛小镇。——译者注

一次。

从那时起，人们相信，机器也能像人一样完成智能工作。"机器的学习"突然成了所有人谈论的概念。后来的诺贝尔经济学奖获得者赫尔伯特·西蒙（Herbert Simon）早在 1957 年就已经大胆预测，在十年之内，就会有计算机成为世界冠军。1997 年，美国的"国际商业机器公司"（IBM）研发的"深蓝"（Deep Blue）计算机真的在遵守比赛规则的前提下，击败了当时的世界冠军加里·卡斯帕洛夫（Garri Kasparow）。虽然这距离赫尔伯特·西蒙的预言四十年，但他在原则上是正确的。在国际象棋比赛中，计算机最终也能戴上王冠。然而，在这方面，在严格的意义上，"深蓝"并非学习系统，而只是一种非常快速的系统。这台高效率计算机由于极大提升的运算能力，在每秒内能够评估两亿个象棋棋局。

曾经预测计算机会获得世界冠军的社会学家赫尔伯特·西蒙，自己马上就证明，计算机甚至能解决以往需要高智商的数学家才能解决的问题：在 20 世纪 50 年代，他就和一位计算机研究者一起研发了一个程序，该程序能够用数学方法证明几十个逻辑定理。

因此，其结果是，除了运算数字以外，逻辑学成为计算机的领域。逐渐地，总是出现新的所谓专家软件系统。计算机用这些系统尝试，完成最千差万别的任务，比如，通过运用"如果—那么的规则"帮助医生诊断："如果病人流鼻涕，而且嗓子疼，咳嗽，但仅仅发低烧，那么患者得轻度感冒的可能性就更大，而并非危险的病毒性流感。"

但是，我们也不能排除反弹。科学家们不久前就断言，在许多应用情况下，根本就不可能投入使用这些建立在规则基础上的系统。令他们感到痛苦的是，其中就包括所有比运算数字、证明数学定理或者下棋省力得多的工作，比如，理解语言，在图片中迅速识别根本内容，或者读手稿。

如同在人类大脑中一样学习和训练

如果人们想教计算机学习认识一棵树，那么向计算机描绘树干和树枝的外观是不够的，因为船桅杆也有树干和树枝。冬天树枝会掉很多叶子，以至于树叶也不适合充当区分的标志。我们轻而易举就可以找到很多这样的例子，人们用规定好的规则根本就无法取得进展。因此，在20世纪70年代，许多研究人员非常沮丧地离开了人工智能领域。媒体撰写评论文章，资金资助项目被压缩或取消。今天，当人们回顾这段时期时，会称之为"人工智能的冬天"。

从此以后，人工智能的发展总有起伏变化，有时候会出现新的大肆渲染、极力炒作，然后，炒作又消失了。但是，到了20世纪80年代，神经元网络革命性的新构想开始迅猛发展——2006年以来，进一步迅速发展——商业成功历史的数字也在增加。用最简练的话表达，神经元网络以大脑中神经细胞、神经元的工作原理为标准：在神经元网络中，好几层人工的神经元以错综复杂的方式彼此联系，以便处理信息。[①]

这些神经元网络具有学习能力，因为网络联系的强度可以发生不同变化，也有反馈的可能。后面的原则相当简单：一旦一个联系反复被使用，其联系强度和意义就随之提升——在人类大脑中同样如此。如果我们足够频繁地学习，红灯意味着"停！危险！"那么，每当我

---

①本书第四章会进一步详细解释神经元网络。想深入了解这个问题的读者可参考以下入门介绍：www.neuronalesnetz.de。

们看见红灯时，这个联想就会立刻出现。

这些神经元网络尤其适合识别图形，不必有人为它们编写程序，它们应该依据图形的哪些精确特征判断这些图形。比如，在一个训练阶段，如果人们向它们展示树木、猫或者汽车的无数照片，它们立刻就会把不熟悉的图片识别为树、猫或者汽车。

同样，人们也可以用口头表达的话或者文字训练，它们接下来可以识别语言错误或者手稿。这些功能今天被用于导航系统和智能手机的语言识别系统，邮局分拣部门的书信分类，或者医疗诊断体系中。

然而，这绝不意味着，人工智能的所有问题都因此迎刃而解了。一个神经元网络可以识别一个图形，但是，它完全不知道，这个图形对于一个人的日常生活而言意味着什么。除此之外，这个老生常谈的说法一直奏效，不仅适合传统的计算机，还适合机器人："人觉得难的，计算机觉得容易。"打开房门、接球、跑步、躲避障碍，这些属于身体健康的人最轻松的任务，但是，对于计算机而言就成了最难的任务。

然而，相反的情况恰恰是正确的。工业机器人掌握大量技能，对于人类而言，它们又是一种痛苦。例如，它们每天工作24小时不会觉得疲惫，安装沉重的汽车门或者焊接精确到毫米的焊接点，甚至都不会抱怨一声。

机器人莎基（Shakey）：半个世纪的先锋

但是，50年来，科学家们一直在尝试，让机器人这些钢制的帮手走出干净的工业环境，并且把它们推进到人们的日常生活中。在指导思想上成功做到这一步的第一台机器人1965年被研制出来：位于美国加利福尼亚州蒙罗公园 (Menlo Park) 的斯坦福研究院的研究人员，在这一年组装了全世界范围内第一台移动的、部分自动化的机器人。它可以借助轮子和电池自动地活动，通过照相机和声音与碰撞物探测器，它探测其环境，而且还通过无线电与一台核心计算机保持联系。

科研人员首次为"莎基"研发了用于导航的计算机算法，它们今天还被投入使用，比如，用在火星探测器"漫游者"(Rover)上。机器人凭借这些用于导航的计算机算法绘制太空图形。它通过这些图形运动，并且以这些图形为标准，确定方向。除此之外，科研人员还为机器人"莎基"研发了图像分析程序，它们特别好地使棱角变得可视，还研发了解决问题的计算机算法，机器人可以借助它们，绕开障碍物，或者能够实施一些更错综复杂的行动。

2015 年，在西雅图"国际机器人技术与自动化大会"上，斯坦福的研究人员皮特·哈尔特 (Peter Hart) 在纪念机器人"莎基"研制五十周年纪念活动上这样说[①]："我们用机器人'莎基'做了很多以前从未尝试的工作，尤其在会同机器人技术和人工智能方面。我们必须认识到，通向我们伟大愿景的道路多么漫长而艰辛：一个普遍可以投入使用的电子仆役。总而言之，我们取得的成绩远远小于我们的期望，但是远远超过我们当时认识到的水平。"

因为，只有当我们在回顾过去的时候，我们才清楚地认识到，以皮特·哈尔特以及他当时的头儿查尔斯·罗森 (Chales Rosen) 为首的科研人员当年都取得了怎样的成就。"莎基"以其硬件元件和软件

[①]参见 2015 年西雅图"国际机器人技术与自动化大会"(ICRA)上纪念机器人"莎基"研制五十周年纪念活动，附有视频资料：http://icra2015.org/conference/shakey−celebration#!shakey_0005_x640 sowie Vortrag von Peter Hart：www.youtube.com/watch?v=_ZlHxHjnVHs。

计算机算法成为接下来 50 年所有自动化机器人的典范。微软创建人比尔·盖茨(Bill Gates)和保罗·艾伦(Paul Allen)正是受到机器人"莎基"的启发。同样受到启发的还有阿瑟·C.克拉克(Arthur C.Clarke)。1968 年，他与导演斯坦利·库布里克(Stanley Kubric)在电影《2011 年：太空中的奥德赛》(*2011：Odyssee im Weltraum*)中以计算机 HAL 9000① 塑造了一个危险的机器人的智能原型。但是，机器人"莎基"与计算机 HAL 9000、《星球大战》(*Star Wars*)中虚拟的机器人以及非常现实的机器人"阿西莫"一起，分享一种特殊的荣誉：2003 年，匹兹堡(Pittsburgh)的卡内基梅隆大学机器人荣誉殿堂揭幕典礼不久，它就被纳入这座全世界最有影响的机器人荣誉大厅里。

在机器人"莎基"以后，出现了许多其他机器人的里程碑：1998 年，美国"艾罗伯特"(iRobot)机器人公司的机器人"帕克波特"(PackBot)的研发启动。这种研发由于其连续的驱动，甚至使得机器人能够攀登楼梯，而且如此强劲，以至于它们能够克服几米高的跌落。这类机器人配备有照相机、麦克风和其他传感器，它们经常由军方使用，用于探测爆炸物，或者由警察使用，比如在遇到劫持人质的时候。它们也是 2011 年探测日本福岛核电站受损的核反应堆大楼的第一批机器人。

---

①计算机 HAL 9000 是科幻电影《2001 太空漫游》中出现的一台计算机。——译者注

"阿西莫"、"洛姆巴"（Ｒｏｏｍｂａ）、"沃森"和机器人中的"猎豹"

2000 年，在研发 15 年之后，日本本田公司展示了第一台机器人"阿西莫"(Asimo)：它身高 1.3 米，与一个 10 岁的男孩子身高差不多，但是，这款机器人体重 50 千克，应该明显比 10 岁的男孩子重。但它身穿非常薄的太空服，可以行走、跳跃、小跳，并且能做出一个快乐的孩子的表情。"阿西莫"是世界上第一台类似人的机器人。

2002 年，美国"艾罗伯特"(iRobot) 机器人公司将吸尘机器人"洛姆巴"投放市场，终于有可以广泛应用的机器人针对私人家庭使用。在最初的各种类型中，这款机器人就能躲避障碍，独立地找到肮脏的和有灰尘的地方，并且返回充电装置，当它必须重新充电的时候。美国"艾罗伯特"机器人公司迄今已经销售 1000 万台这款家用机器人。

2010 年以来，机器人的研发迅猛发展——在机器人技术领域和人工智能领域都是如此。2011 年，苹果公司将语言识别软件"西里"(Siri) 作为智能手机的个人助理投放市场。在同一年，"沃森"计算机软件首次击败电视智力抢答游戏《危险边缘！》(*Jeopardy!*)。美国的"国际商业机器公司"(IBM) 的科研人员研发并优化了"沃森"软件五年，直到"沃森"能够分析两亿页的文本内容，包括维基百科上对网络文本内容的分析。这些年以来，"沃森"已经由此发展成一个独立的商业团队，美国的"国际商业机器公司"(IBM) 为它投资超过 10 亿美元，以便将"沃森"投入医疗分析和话务中心或者银行。在本书的第五章中，我会详细讲这个问题。

2012 年，美国波士顿动力公司展示了"猎豹"(Cheetha)，这是全世界最快的机器人：这款四条腿的机器人每小时能够奔跑 45 千米，它会小步跳跃，甚至能躲避障碍物。这样算来，它甚至比奥林匹克运动会 100 米和 200 米世界冠军与世界纪录保持者尤塞恩·博尔特(Usain Bolt) 跑得还快。但是，"猎豹"还没有赶上在短时间内甚至达到时速 120 千米的真正的猎豹[1]。

同样在 2012 年，日本的光荣株式会社和冈田(Kawada) 公司赢得日本"下一代工业"奖。它们之所以受到表彰，是因为它们将"下一代"(Nextage) 机器人投入工业制造中。2013 年，波士顿动力公司制造了第一批"阿特拉斯"机器人，用于未来发生灾难时的援助。2015年，德国库卡集团(Kuka)、艾波比集团公司(ABB)[2] 和日本的发那科公司(Fanuc)等企业在汉诺威工业博览会上展出第一批助理机器人。它们没有在迄今为止工厂常见的保护区域，而是可以直接与人合作，一起工作。

美国、欧洲和日本价值数十亿的研究计划

全世界许多国家的政府同时促进机器人的研发："美国国家科学基金会"(National Science Foundation in den USA) 每年投入大约两亿美元，进行人工智能、机器的学习和机器人技术等方面的研发。欧盟也在其"2020 年地平线项目"(Programm Horizont) 框架内进行相应的研究。该项目下分一百多个子项目，每年耗资大约一亿欧元[3]。此外还有"人类大脑项目"(Human-Brain-Projekt)（我在本书第六章中会详细讲解）作为欧盟委员会的大型项目。到 2023 年，该项目应该

---

①参见机器人"猎豹"的视频资料：www.youtube.com/watch?v=chPanW0QWhA；还有"猎豹"在跨越障碍时的视频资料：www.youtube.com/watch?v=_luhn7TLfWU。
②艾波比集团公司(Asea Brown Boveri, ABB)是德国电力和自动化技术的全球龙头企业。——译者注
③参见关于"2020 年地平线项目"的 BMBF 手册：www.bmbf.de/pub/horizont_2020_im_blick.pdf。

借助计算机，模拟并且仿制人类的大脑。该项目的科研人员希望，该研究项目不仅明显地推动医学发展，而且还会明显推动机器人技术的发展。除此之外，日本政府也投入类似金额，进行科学和技术研发项目，它们应该借助计算机和智能计算机系统，服务于灾难救助和保护，为老年人服务，帮助扩建城市，打造"智能城市"。

日本首相安倍晋三(Shinzo Abe)甚至于 2015 年 5 月要求日本全国的公司，大力推进计算机的使用，使计算机遍布"经济和社会的每个角落"。他想借助机器人革命，使得日本企业在机器人领域的销售额在目前每年大约 50 亿美元的基础上增加两倍。日本企业如发那科公司(Funuc)、安川电气公司（Yaskawa）、川崎公司(Kawasaki)就占领了德国、美国和韩国企业以外世界市场的很大一部分。中国拥有大约 600 家机器人公司，在机器人技术领域正在迅速崛起。

但是，日本首相想超越所有人：安倍甚至想利用 2020 年的"东京奥林匹克运动会"，为他设想的机器人革命服务。2014 年，安倍在考察光荣株式会社设立在札幌县的工厂时说："我想在 2020 年也召集全世界的机器人到日本去，以便它们在一种机器人奥林匹克运动会的形式上，展现其技术能力。"他补充说："我们下决心，把机器人打造成我们经济增长战略的一个支柱。"

第一个驱动因素：摩尔定律（das Mooresche Gesetz）引向智能手机里的超级计算机

毫无疑问的是：我们的的确确身处机器人时代。现在，时间对于机器人和具有以人为标准的智能计算机已经成熟。然而，今天以及在接下来几十年中，什么会推动发展呢？运算速度的大幅度提升以及大量存储数据是大力促进以下发展的重要因素：使这些系统能够得以实现。

在 20 世纪 60 年代，机器人"莎基"还不得不以 192 千比特的存储量运行；今天，美国"国际商业机器公司"（IBM）研制的计算机"沃森"在 2011 年电视智力抢答游戏节目《危险边缘！》（*Jeopardy!*）竞赛中已经拥有 16 万亿比特。这是"莎基"的 8300 万倍，同时包含世界最大图书馆即华盛顿美国国会图书馆的全部图书信息。更有甚者："莎基"每秒运算 12000 次；"沃森"在许多运算柜子里拥有 2880 个动力 7 型信息处理机，每秒钟运算大约 80 万亿次。这是原来的 67 亿倍，有非常明显的提升。

最终，所有这一切都建立在"摩尔定律"的基础上。该定律是英特尔（Intel）芯片公司创始人之一戈登·摩尔（Gordon Moore）于 1965 年 4 月表达的，也就是在"莎基"被研制那一年[①]。这说明，在手指甲那么大的微型芯片上，每隔 18 个月到 24 个月，晶体管即电子元件的数量就会翻一番。这个数值是运算能力和芯片存储能力的一个重要因素。

第一个英特尔微型处理器 4004 在 1971 年拥有 2300 个晶体管。20 年以后，80486 英特尔微型处理器已经拥有 120 万个晶体管，又过了 20 年，美国"国际商业机器公司"（IBM）研制的动力 7 型信息处理

---

①关于摩尔定律的背景信息请参阅尼克·恩斯特（Nico Ernst）的文章："被宣布死亡者萎缩的时间更长"（"Totgesagte schrumpfen länger"），刊于 2014 年 10 月 24 日《德国高莱姆网》（Golem.de）：www.golem.de/news/moore-s-law-totgesagte-schrumpfen-laenger-1410-110075.html. 还有戴特莱夫·伯尔歇尔（Detlef Borcher）的论文："摩尔定律 50 年：论信息处理器的展示和芯片的错综复杂性"（"50 Jahre Moores Gesetz:Von der Performance von Professoren und der Komplexität von Chips"），刊于 2015 年 4 月 19 日五十周年纪念的《海泽网页》（*Heise online*），www.heise.de/newsticker/meldung/50-Jahre-Moores-Gesetz-Von-der-Performance-von-Prozessoren-und-der-Komplexitaet-vonChips-2612257.html。

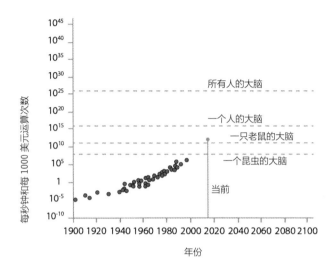

运算功率的增长
（从 1965 年到今天，符合摩尔定律）

无法阻挡的增长：根据未来学家瑞·库尔茨维尔（Ray Kurzweil）的说法，每隔一年半到两年，一台价值 1000 美元的计算机的功率就会翻一番。1965 年以来，这符合"摩尔定律"。然而，发展并没有止步：2035 年到 2050 年，计算机将达到人类大脑的运算能力。

器已经拥有 12 亿个晶体管。这意味着，在 20 年内，增长数量为原来的 1000 倍。但是，生产这种微型芯片的成本费并没有明显增加。或者换一句话表达：人们花同样的钱，在 20 年后买回来为原来 1000 倍的存储器和运算功率。

　　我们每个人都可以在自己的上衣口袋里钦佩这种效果：今天最好的智能手机每秒钟运算大约 1000 亿次，几乎与 20 世纪 90 年代中期最好的超级计算机一样快。同样，费用降低了 10000 倍。今天的智能手机也只需要当年超级计算机电子功率的 1/10000 倍到 1/100000 倍。因为全世界每年销售大约 10 亿部智能手机，我们可以毫不夸张地说，目前大约几十亿人随身携带计算机，它们几乎与 20 年或者 25 年前的超级计算机一样高效率，而当年只有寥寥数人拥有计算机。

比原子还小的电子元件

这样一种发展还会持续多长时间呢？为了把 20 亿电子元件安装到今天智能手机的微型信息处理器上，硅芯片上最精细的结构只有大约 20 纳米长。英特尔半导体公司已经报道了 10 纳米的芯片。这相当于一根人类头发直径的 1/5000。微型芯片上一个单个的电子元件明显小于最小的流感病毒。

有些半导体研究人员已经开始致力于研究芯片更小的距离，即 5 纳米。到 2020 年至 2025 年，传统的"摩尔定律"才会碰到一种物理学的界限，因为，那时候，单个的电子元件才达到小于原子的规模，这会导致电子元件中的电流无法再受到良好的控制。除此之外，会更难扩散在数据处理过程中产生的热量。

因此，2016 年春，英特尔和三星等亚洲、欧洲和美国的微型芯片大企业宣布，在未来的规划中，它们将首次不再以"摩尔定律"为标准，而是更多以可移动设备（手机）的应用以及微型芯片的多样性和对此必要的传感元件为标准[1]。

然而，这绝不意味着，在 21 世纪 20 年代微型芯片就不再具有更强的功率了。因为，科研人员还储备着很多诀窍。这样，全部运算功率不再必须在二维的、平坦的硅芯片上进行。人们将会像在人类的大

---

[1]参见 M. 米切尔·沃尔卓普(M.Mitchell Waldrop) 的论文："'摩尔定律'已经不适用芯片"("The Chips are down for Moore's Law")，刊于 2016 年 2 月 9 日的《自然》(Nature)；www.nature.com/news/the-chips-are-down-formoore-s-law-1.19338。

脑中那样，进入三维空间，例如，把多个层次重叠堆放，自下而上地配备电子的相互连接。这虽然要求非常错综复杂的制作工艺，但是，面对纯净的存储芯片，人们已经做到这一点了，即通过一些减少热量的新理念。对于微型信息处理器即数据处理的芯片而言，这应该也能发挥作用。

人们还可以使用纳米存储细胞，它们不会把信息当成电子负荷存储，而是当成对一种电阻的改变储存起来。这些存储器比今天的存储器更小、更快，尤其更高效率地使用能源。所谓的自旋电子（又称磁电子）元件能够通过突然改变电子的磁力瞬间而不是通过电流完成运算过程。这样恰恰会节省大量能源。除此之外，海德堡的科研人员还研发了神经元芯片，它们直接用电子的方式模仿人类大脑的思维过程：在这些芯片里，学习过程比在今天那些想通过模拟接近人类大脑的超级计算机还要快几百万倍。此外，这些神经元芯片在高效率使用能源方面也比传统的计算机要好得多。本书第六章会详细讲解这些神经元芯片。

即便人们会以所有这些新方法碰到边界，科研人员也还有其他锦囊妙计，比如，不再采用今天作为绝大多数计算机芯片基础的硅材料，而使用其他材料。他们在实验室里研制光学计算机，这些计算机可以推算"光"。他们同样研发一些系统，这些系统把新的碳材料图表甚至遗传分子当成基础。科研人员还开始设计量子计算机，它们目的明确地使用量子物理学的定律。一台传统的计算机以比特来计算，它们要么用数字 0 或者数字 1；而在量子计算机中，比特很有可能同时是 0 和 1，或者是 0 或 1。虽然人们不能再用传统的方法来运算，但是，如果人们处理得足够聪明得当，那么人们可以同时处理数千个甚至数百万个数据，对于破解密码或者识别图形来说，这是非常理想的。[①]

第二个驱动因素：一个好上 1000 倍的无线通信

计算机的通信能力也在不断增强，每秒钟能够承载数据的数量在增加，无论是通过电缆、光纤，还是通过无线电。在迄今为止常见的第三代手机网络（UMTS）中，数据比率可以从每秒钟的几个兆节即几百万比特，一直到最大 42 个兆节。在正在安装的第四代手机网络（LTE）中，每秒钟可以达到 100 个兆节，一直到最大的 1000 个兆节。科研人员计划，为在下一个十年投入使用的第五代手机网络安装每秒钟 10 个到 50 个千兆节，也就是说，每秒钟处理 100 亿到 500 亿个信息单元。这大概比今天的无线局域网（WLAN）快 1000 倍。然而，这些有线网络将来也会被扩建增容到每秒钟处理几千兆节。[②]

为了进一步明确说明，我们列举一个简单的例子：人们使用第三代手机网络（UMTS）时，将一部 800 兆节容量的故事片下载到智能手机上，需要几分钟。面对同样的下载任务，如果人们使用第四代手机网络，那么只需要一分钟。如果人们将来使用第五代手机网络，那么会在一秒钟内完成下载同样故事片的任务。但是，前提条件是，人

[①]关于量子计算机及其对人工智能的影响，可参考托姆・西蒙奈特（Tom Simonite）和沃尔夫冈・施蒂勒（Wolfgang Stieler）的论文："在量子的跳跃上"（"Auf dem Quantensprung"），刊于 2015 年第 2 期的《美国麻省理工学院技术杂志》（*M.I.T. Technology Review*）：www.heise.de/tr/artikel/Auf-dem-Quantensprung-2724225.html。

[②]参见托马斯・永灵（Thomas Jüngling）的论文："5G 带来手机每秒钟 50 千兆节"（"5G bringt 50 Gigabit pro Sekunde aufs Handy"），刊于 2014 年 2 月 23 日的德国《世界报》（*Die Welt*）：www.welt.de/wirtschaft/webwelt/article125116397/5G-bringt-50-Gigabit-pro-Sekunde-aufs-Handy.html，或者伯恩特・泰斯（Bernd Theiss）的论文："一切超过未来的 5G 水平"（"Alles über den kommenden Standard 5G"），刊于 2014 年 10 月 17 日的《联系》（*Connect*）：www.connect.de/ratgeber/alles-ueber-5g-mobiles-internet-2647244.html sowie eine anschauliche Infografik：http://ec。

们独自处于各自的无线电波中，因为，实际上，所有网络用户在共享一个无线电波的最大数据比率。然而，尽管将来的无线电波会变得更小——一个无线电小间（Funkzelle）的直径或许会从今天的几千米，压缩到未来的一百米，人们也很少会独自使用一个蜂窝小区或无线小区。因为，将来不仅会有几十亿人使用移动通信，而且还有数百亿机器也要使用移动通信。到那时，汽车会通过无线电挂在网上，还有工厂和家庭机器人、空中轰鸣的飞机或者能源网络上的传感器也都会与网络连接。

尽管如此，人们还不能对这种情况做出太多的承诺：在 10 年或者 15 年内，从网上将适合电影院分辨率的 3D 电影流播到一个手机上，或者下载并且实时处理一辆汽车的高分辨率和空间的数据。与此同时，参与汽车研发的人员同时举行一场视频会议，与会人员被逼真地、贴近真实地展现。全部情况大概是，在视频会议举行时，参加会议的人正在时速 500 千米的高速火车上风驰电掣地穿越风景区。到那时，数据网就不会再成为瓶颈了——对于最错综复杂的通信要求来说，也不会再成为瓶颈。

因此，总而言之，在下一个 20 年到 25 年，也就是从 2035 年到 2040 年，我们会再一次经历微型芯片的巨变：其运算功率、存储能力和数据传输功率将是现在的 1000 倍。当然，到 2050 年，芯片的运算功率、存储能力和数据传输功率又会是 2030 年的 1000 倍。到 2040 年或者 2050 年，今天的超级计算机掌握的功能会出现在每个不到 500 欧元的智能手机里。这会产生一种有趣的后果：因为，根据有些研究人员的观点，人类大脑的运算功率和存储能力会是今天最好的智能手机的运算功率和存储能力的 10000 倍。这就意味着，到那时，2050 年的人们会携带第二个大脑!

　　我们要注意到这种情况:仅仅在涉及运算功率和存储能力以及完美地将 3D 实时联系运用到网络世界中的情况。这个放在裤袋里的人类第二个大脑是否会和脑袋瓜里面的第一个大脑一样高效率地工作,这关键取决于,它在多大程度上成功地做到,模仿人类的信息处理,即描写我们的认知过程的软件。

　　本书接下来的几章会探讨以下这些问题:我们如何感知环境和我们自己?我们如何学习并计划?我们如何感觉?我们如何作为社会的实体采取行动?人类是否有机会把这个也转换到机器上?科研人员在这方面已经实现了什么?科研人员正在研究什么?这一切对于人类的未来又意味着什么?

第三个驱动因素:传感器和照相机的缩小

　　但是,除了微型芯片、软件和通信技术的继续发展外,机器人和人工智能的兴旺还有其他驱动因素。一个驱动因素肯定是传感器和其他元件同时缩小。如果说,机器人"莎基"在 20 世纪 60 年代还配备一个昂贵的电视照相机,穿越使它能够识别环境的区域,那么,相比之下,今天的机器人头上甚至手上经常配备有很多高效率的照相机。"或者你只需要看一下,今天每个智能手机都拥有什么。"罗尔夫·普菲弗尔说,"更不用说如下装备了:前后都安装照相机、照明器材、磁场仪器和测光仪器、全球定位系统(GPS)、卫星导航接收器、麦克风、扩音器、触摸屏、彩色显示屏,而这一切的价格顾客都能承担得起。"

　　尽管机器人上的其他零件(比如电动机)不能随意地被缩小和被优化,但是,企业肯定会继续降低所有元件的成本。有些领域可以互相促进和发展，单单这一点就是降低成本的重要原因。这样，人们用于机器人上的许多传感器和元件恰恰也可以用于自动驾驶的和彼此联网的机动车辆上，或者用于未来的智能家庭中，或者用于明天的移动仪器上。

这提高了制作过程中的零件数量，并且因此降低了价格。这就完全类似于在移动计算机和电动汽车上发生的那样。我们仅仅以锂离子蓄电池为例，它作为存储器被安装在电动汽车上：它们之所以变得越来越便宜，使人们买得起——尽管对于电子移动性的经济突破而言，这还不够便宜——是因为，这些锂离子蓄电池与智能手机、平板电脑和笔记本电脑上的电池非常相似。

第四个驱动因素：互联网上的数据爆炸

机器人技术和人工智能迅猛发展的第四个根本的驱动因素是云技术，也就是说，把运算容量、存储能力和应用程序转移到互联网上。由于云技术，移动设备和机器人不再必须携带它们需要的数据和程序，而是在需要的时候可以从互联网上下载或者把运算结果转移到互联网上。

这节省了运算工作和存储空间，尤其可以动用研发人员这个庞大的集体。这个集体为一切可能的使用情况，编写丰富多样到令人难以置信的程序，并且一起分享这些程序。目前，单单在苹果（Apple）、谷歌（Google）等公司的应用程序商店里就有大约四百万个应用程序（App），它们是全世界数十万人编写的。机器人和其他智能系统的生产商坚信，这些编程集体将来也会为他们各自的产品而形成，这当然会大大地加速他们的进一步发展。

在人工智能方面——尽管借助专家系统或者神经元网络——还有一个不能忽视低估的因素。机器人技术领域的先锋科学家罗尔夫·普菲弗尔解释说："我在苏黎世大学教授神经元网络课程 20 年。在此期间，我一再强调，只有当神经元网络所追溯的数据是好的，神经元网络才会是好的。"他还补充说："'好'首先就意味着'多'。我们现在已经有'多'了。因为，我们今天由于互联网的存在，可以查阅并获取庞大数量的数据，而这几乎是零收费的。"每天有几十亿个图片和文本文件以及几百万个视频和音频资料被上传到互联网上。

人们可以使用这一切，作为神经元网络的培训材料。一个可以通过数百万猫咪照片来练习的网络，辨认不熟悉的猫咪也是轻而易举的事。这个道理同样也适用于语言识别程序和翻译程序。"西里"(Siri)、微软出品的智能语音助手"小娜"(Cortana)[①]或者"现在搜寻吧"(Google Now)等专门被编写的某些软件方案因此而在过去几年中变得明显效率更高，因为，科研人员能够在很多来源于互联网上的音频资料和其他更专业的数据库上练习和测试。

同时，还有大量内容上的关联来源于互联网，比如，"贝多芬的摇篮在波恩 (Bonn)"[②]。互联网搜索引擎谷歌输入的一个与此相关的提问（"贝多芬出生在哪座城市？"）马上就能提供正确答案，而不仅仅提供通向出现这些概念的网络页面的链接。最后，人们可以根据这些从谷歌地图下载的定位数据，丰富或者联系这些信息。其结果是，由知识基础部分组成的一个更强大的网络出现了。

---

① "小娜"(Cortana) 是微软发布的全球第一款智能语音助手。——译者注
② 即贝多芬出生于波恩。——译者注

每天的新数据是全世界拥有的全部图书的十倍

一个简单的计算就展示了，这个发展多么具有爆炸性。科学家们估计，人类截至 2000 年制造了两个艾克萨字节 (Exabyte)[①] 的数据：用楔形文字和象形文字，用图书、图片、电影、音频文件、唱片、录音带、软磁带、激光唱片 (CD) 以及数字影碟 (DVD) 承载的数据。两个艾克萨字节相当于 20 亿千字节。而今天，这个如此庞大的数据量就在一天之内产生！每天两个艾克萨字节，这同时也意味着，人类每天制造的新数据是全世界所有图书包含的信息量的十倍多[②]。

如此大量的数据是从哪里产生的呢？当然，一方面，这是通过几十亿人使用其智能手机和电脑的行为产生的。另一方面，在各种机器、传感器中自动产生数据：它们中的大约两千亿目前搜集的数据，已经有 50 亿到 150 亿通过互联网沟通。我列举几个例子：人们以前乘坐飞机还要本人到飞机场办理登机手续。而如今，人们可以通过电脑或者智能手机办理这种登机手续。在这个过程中，有些机器自动检测——通过互联网的通信——个人的数据、飞行状态或者飞机上座位预定。在工厂里也与此相似：在这里，产品零件与其制作机器"说话"，库房里的机器与采购和供货商的计算机"说话"，为了及时组织后续货源和补充产品。而在这整个过程中，没有任何人干预。

---

① 这是信息容量单位，一个艾克萨字节等于 1125899906842624（1024）个千字节。——译者注

② 参见约翰·甘茨 (John Gantz) 和戴维·莱因泽 (David Reinse) 的研究：《2020 年的数据宇宙：大数据、更大的数据影子以及远东最大的增长》(The Digital Universe in 2020: Big Data, Bigger Digital Shadows, and Biggest Growth in the Far East)，2012 年 12 月，由"国际数据合作"(International Data Corporation) 出版：www.emc.com/collateral/analyst-reports/idc-the-digital-universe-in-2020.pdf；还参见吉塔·洛灵 (Gitta Rohling) 的论文："事实与预测"（"Fakten und Prognosen: Smarte Digitalisierung"），刊于 2014 年春的《未来景象》(Pictures of the Future)：www.siemens.com/innovation/de/home/pictures-of-the-future/digitalisierung-und-software/vonbig-data-zu-smart-data-fakten-und-prognosen.html。

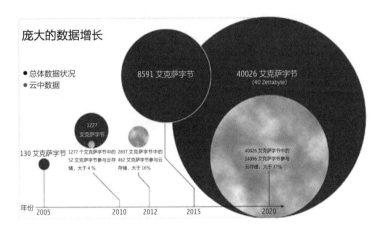

庞大的数据增长

● 总体数据状况
● 云中数据

8591 艾克萨字节

40026 艾克萨字节
(40 Zettabyte)

1227
艾克萨字节

130 艾克萨字节　1277 个艾克萨字节中的　2837 艾克萨字节中的
　　　　　　　　52 艾克萨字节参与云存　462 艾克萨字节参与云
　　　　　　　　储，大于 4 %　　　　储，大于 16%

40026 艾克萨字节中的
14996 艾克萨字节参与
云存储，大于 37%

年份　2005　　　　　2010　　2012　　　2015　　　　　2020

一个充满数据的宇宙：在过去的 15 年内产生的数据，是从人类诞生之初到 2000 年数据总量的 4000 多倍。到 2020 年，数据量会再次翻四番，其中几乎 40% 的数据将通过互联网技术（云技术）得到传递或者储存。

　　在能源网络方面，情况同样如此。每年每个智能电表都制造大约 1000 兆节的数据。到 2020 年，全世界应该有八亿个这种智能电表投入使用。这就意味着，这种电表每年产生 0.8 艾克萨字节的测量数据。在医疗领域也是如此：在这里，各种程序已经独立地在数百万医学文本中进行筛查和遴选，并且向医生提供关于诊断和治疗的有根据的合理说法和方案。

　　目前，仅仅在超声、X 光胸透或者核磁共振成像等医疗成像方面，每年就会产生大约五亿千兆节的数据。到 2020 年，每年会产生 250 亿千兆节的数据，即 25 艾克萨字节的数据。同时，每年的遗传学数据会翻六番，这些数据是在医疗机构（比如在分析遗传病时）被提取的。到 2025 年，这个数据会增加到 40 个艾克萨字节。

　　这种信息爆炸的速度如此之快，以至于科学家们又需要用新的资讯量单位来描绘它们。科学家们目前在谈论"莱塔字节"（Zettabyte），这相当于 1000 个艾克萨字节。"国际数据机构"(International Data Corporation)的分析师们估计，2015 年，"数据宇宙"即全世界范围内被制造、复制、处理和传递的所有数据为大约 8.6 "泽塔字节"，也就是 8600 个艾克萨字节。到 2020 年，这个数据应该上升到 44 "泽塔字节"。其中的几乎 40% 应该已经在其处理的某个阶段接触到云技术，比如，通过互联网传递，或者被分类存放在互联网的存储器里。

在这个庞大的数据宇宙中，就不会仅仅有智能手机、智能汽车和智能家庭，而且还会有智能能源、智能城市以及智能健康——这一切都会以这种或者那种方式是"智能的"(参见本书第八章)。根据美国通信公司"西斯科"(Cisco)的估计，到 2020 年，在"任何事情的互联网上"，至少有 500 亿个客体会联网，并且交流数据：在交通技术、工业、卫生健康、建筑领域和能源体系中，或者为了监控城市、森林、海洋和大气中的环境条件。[①]

人工智能的各种系统和机器人处于所有技术的核心。数据的宇宙围绕它们。它们有多么高效率，多么智能，这一点决定了，这些新的发展会多么有益或者多么危险。然而，我们在此谈论什么内容，我们对此达成一致了吗？我们如何理解智能呢？"智能"究竟指什么呢？

---

①参见美国通信公司"西斯科"（Cisco）2011 年《物联网》(*Internet der Dinge*) 白皮书：www.cisco.com/web/DE/assets/executives/pdf/Internet_of_Things_IoT_IBSG_0411FINAL.pdf。

第三章　身体和运动：当机器人研究世界时

智能的生活方式

这是一个给人留下深刻印象的报道，萨曼塔报道了机器人技术和人工智能领域的历史发展。在此之前，那个活泼的、球体形状的机器人还礼貌地鞠躬，然后朝门的方向滚动过去。与此同时，类似人的机器人萨曼塔把我的床头抬高了一些，然后调节墙上一个稍微倾斜的大屏幕。

接下来，她根据不同的画面和曲线向我展示，在过去的 30 年里，世界的数据化发展到怎样的程度，大量数据如何爆炸性地发展，微型芯片技术如何持续发展：此刻，在 2050 年，与我昏迷前我还了解的 2020 年相比，计算机、通信芯片和存储芯片以及传感器的效率是 30 年前的 10000 倍。改善了 10000 个因子……真令人难以想象。

当她结束了她不得不实时从互联网来源中的汇编展示时，她才第一次出现沉默。或许，她沉默的时间持续了一分钟。她显然不觉得沉默是什么问题。她目不转睛地凝视着我。她是一台机器抑或不只是一台机器？我不禁问道："萨曼塔，您有多智能呢？"

她表现出些许的踌躇。"您曾经向一个人提出这个问题吗？"她回应着。

我感觉自己的脸红了。"请原谅，我不想……"

她没有再仔细探究我问话的意思。或许她根本不想让我陷入尴尬境地，而是单纯想知道，一个人会如何回答这个问题。我发觉判断一个机器人的情感和意图是非常困难的。她究竟有没有情感和意图呢？

她非常客观地说："我尝试着评估信息来源，但是，'智能'这个概念没有被人们清晰地定义。"她接着说："心理学家恩斯特·普伊伯尔（Ernst Pöbbel）非常言简意赅地但不太清晰地提及'智能'这个概念。信息来源谈到数学的、空间的、语言的、逻辑的、情感的、社会的和其他种类的智能。您提出这个疑问是指哪一种智能呢？"

嘿！"或许首先是指人们用智商测试来衡量的智能吧？"

她扼要地概括说："那就涉及数字排列、空间想象能力、猜测图片谜底、回答阅读课文后的问题、语言理解和逻辑思维。"她又不太谦虚地补充说，"我想，我在智商测试方面能够达到一个很高的值。"

"那您在哪一方面会表现得更差一些呢？"

萨曼塔这个类人机器人看着我。她承认："2050年，几乎还没有一个机器人能通过转换测试。"

"但是在这儿，不会测试智能，而是测试机器人在多大程度上与人类分享经验。"

萨曼塔点点头，然后换了话题，又回到智能概念上。在搜寻其互联网信息来源时，她发现了别的内容："智能的发明人威廉·斯特恩（Willianm Stern）指出，智能是某一个体有意识地使其思维适应新要求的能力。智能是适应人生新任务和条件的普遍的精神适应能力。"

我很喜欢这种阐释。"那么，这也意味着，应付已经发生改变的环境的能力，有创造性的能力，找到新的解决办法的能力，对吗？是的，这种说法恰当、贴切。通过这种方法，我们也可以称大猩猩是聪明的，为了敲碎坚果或者采集草药治病，它们能够把石头当成锤子和铁砧来使用或者我们也可以称乌鸦是聪明的，因为乌鸦会把线弄弯，为了吸引猎物，或者有目的地发出错误的警告声，以便诱骗竞争对手远离食物。或者我们也可以视海豚为聪明的，因为它们能叫出个别海豚的名字，并且共同发明新的猎食技巧。"

萨曼塔插话说："互联网的信息来源还谈论蜜蜂与蚂蚁的'群体智能'(Schwarmintelligenz)。"

"是的，然而这大概更是一种与生俱来的行为。但这也没错：一种如此被定义的智能并不局限于脊椎动物。我曾经亲眼看到，一条章鱼如何用一个螺旋启瓶器打开一个玻璃瓶。"

萨曼塔透过那扇全景窗户朝外望去。在窗外，有两个老年人正在和几个球体形状的机器人中的一个玩扔球。"那边的那几个球体机器人在互联网的信息资料中也被称为一种智能。"她一边证实着，一边用手指着那几个扔球的机器人，"这是感觉运动技能的智能 (Sensomotorische Intelligenz)——属于幼儿发育初级步骤中的一步。"

这使我回忆起什么事情。"萨曼塔……"

"什么事？"

"您觉得我可以起床吗？"

她看着我，然后轻轻地摇摇头："虽然电子的肌肉模拟经过这么多年运行得很成功。但是，您在运动机能方面肯定缺乏练习。"我感觉到，她的声音中流露出某种嘲讽的意味……

在幼儿的水平上

瑞士的发育心理学专家让·皮亚杰 (Jean Piaget) 曾经说："智能

就是在我们不知道该怎么办的时候我们运用的东西。"这很好地把话说到点子上了。在智能这个话题上，并没有太多成分涉及教育素养，也就是涉及知识或者人们在其人生旅途中在其各自的领域里获得的文化能力。创造性的才华和创新性则有些不同。艺术家当然可以是聪明的，然而这并非天才的前提，恰恰相反——有些非常聪明的人却绝对没有任何创新性。

智能更多是指那种能力：能够很好地克服认知挑战，解决问题，计划行动，适应已经改变了的条件。在绝大多数项目中，动物虽然比人更好（黑猩猩更强壮，猎豹可以奔跑得更快，谚语中使用的老鹰眼睛在 1000 米的空中还能看到一只老鼠）。然而，只有人才能成功地做到制作辅助工具，来弥补其自身的缺陷不足。起重机可以把整幢房子提升，钻孔机能够挖掘英吉利海峡的海底隧道 (Ärmelkanal) 以及阿尔卑斯山心脏地带的圣哥达地区 (Gotthardmassiv)。火箭速度如此之快，以至于它们本身脱离地球引力。太空望远镜能看到宇宙几十亿光年以外的深处。

许多科学家已经开始谈论"人类的地球时代"(Anthropozän)。[①]他们想以此强调，当今的人类如此大程度地改变了动物世界、植物世界、生态系统、陆地、海洋、大气层甚至行星的气候——更多朝着恶化的趋势而不是朝着改善的方向，而迄今为止，只有地质构成或者气象学的特殊变化才能带来如此恶化的程度。可是如今的发展远远超过了这些，可以说是有过之而无不及：人类首次利用其智能来制造机器，

---

① 关于"人类的地球时代"的现实问题请参考克里斯蒂安·施维格尔 (Christian Schwegerl) 的论文："在通往人类时代的门槛上"("An der Schwelle zur Menschheits-Epoche")，刊于 2016 年 1 月 7 日的《法兰克福汇报》(Frankfurter Allgemeine Zeitung)：www.faz.net/aktuell/wissen/natur/anthropozaen-ander-schwelle-zur-me。

将来有朝一日人类制造的机器会比他们自己更聪明。撇开这种异议不谈：这会变得多么聪明，而且值得去努力争取。在此，人们却首先提出这个问题：这一点是否能够做到。机器能够达到如此高程度的智能吗？

达到智能的四个阶段

如果人们遵从让·皮亚杰在20世纪50年代末期首次描绘的发展阶段模式，那么立刻就表明，这会有多么困难。皮亚杰用比较简单的语言说明，人类思维的发展主要有四个阶段①。在婴儿和幼儿发育最初的两年中，首先出现了感觉运动技能的智慧：他们学习爬行，站立，扶着东西走路，衔接运动过程。婴儿稍微感知其意识，然后进行很多尝试，其方法是抓东西，把东西放进嘴里，去品尝，然后去闻味道。婴儿会观察当他触摸、推倒、拉扯、抓住或者扔掉物品时，会发生什么。这是一种实际的智能。

这样，随着时间的推移，在婴儿的大脑中就出现了认识尚不充分的世界知识，例如，球会滚动，水是湿的，炉灶是烫的，人们可以拉扯一根线，却不能推一根线。而且，人们很快就得出结论：图画书里的图画还在大脑里萦绕，即便这本书被合上。人们可以把一个障碍物拿到一旁，为了找出一个隐藏在障碍物后面的物品。一个两岁孩子的所有这些能力已经如此发达，以至于对于哪怕最好的机器人而言，这些任务也始终绝对不是能自然而然地完成的。

根据皮亚杰的说法，第二个发育阶段涉及想象和语言能力。人类

---

① 关于人类认知发展的四个阶段的模式，请参看让·皮亚杰（Jean Piaget）的表述：https://de.wikipedia.org/wiki/Jean_Piaget37。

主要在两岁到八岁之间形成想象和语言能力。一般而言，一个幼儿需要 12 个月以上的时间来记住 500 个单词，并且能够把这些单词与正确的物体和情境联系起来。但是，过了这个阶段，语言的发展就是爆炸性的了。麻省理工学院医疗实验室的研究人员戴伯·洛伊（Deb Roy）通过他儿子的学习体验证明，掌握第一批单词是多么困难而漫长。[1] 他在三年内依据在自己家里安装的照相机和麦克风记录下来，他的孩子在什么情境下听谁说了什么话，然后自己记住了这些话。这个长期尝试的成果是，需要评估 9 万小时的视频资料和 14 万小时的音频资料。他在此研究过程中得到的一个重要认识：相关人员经常教说话并且反馈，这对于幼儿来说与自己的爬行同等重要，某个特定的表达使用的情境也非常重要。

在这个阶段，孩子还学会了象征性地游戏——例如，假装把一个乐高石头当成一辆汽车，用玩具人物模仿真实的场景或者童话般的状况。现在，幼儿还经常超越目标。孩子不仅对自己、别人和动物表达自己的一个愿望，而且还会代表物品表达愿望：大雨愿意帮助植物，球不愿意绕过角落飞去。但是渐渐地纯粹的自我关联改变了，孩子能够更好地假设自己是别人，设身处地去理解别人的行为和感受。

人类的孩子从七岁开始学习。人们可以根据物体不同的特点，给物体分类，而且有些特点会保留，尽管其他特点发生了变化。例如，一种饮料的容积和重量会保持不变，尽管有人把它从大肚瓶子倒入一个很高的圆柱体里。到了 11 岁，虽然决定思维的始终是可以被直观地体验的内容，但是孩子越来越多地学会预先思考，并计划行动。与此

---

① 戴伯·洛伊（Deb Roy）2011 年 3 月的访谈：www.youtube.com/watch?v=RE4ce4mexrU。

相适应，孩子与其他孩子和成人玩的游戏也更错综复杂，而且更有策略了。

从 11 岁到 12 岁，青少年达到了能够抽象思维、发展假设、从理论角度系统分析问题的年龄。他们现在甚至能够思考自己的想法，并且按照皮亚杰的说法，达到逻辑思维的最高形式。区分孩子与成人的唯一差距在于，孩子们在未来的几年里还要学习其知识的宽度、其经验以及具体的能力：从驾驶汽车到演奏小号，或许再到掌握微积分计算方法。

从遵循人类发育的几个阶段来看智能机器的发展，这样就更容易理解。本章下半部分的内容涉及第一阶段：感觉运动机能的智能。第四章和第五章论述语言能力的发展和图像分析——笼统地讲学习方法——以及识别内在联系、逻辑思维以及将"健康的人类理性"置入一台机器中。

本书第十一章探讨的内容是：具有情感、价值观和道德的机器是否是可以想象的。同样，这也是皮亚杰已经认识到的智商发展的一个重要因素：倘若没有同类，那么人类的智商是无法想象的。形成智商，人们需要经常同别人的集体交流，无论是父母、老师还是玩伴。那么，对于人工的系统而言，这又意味着什么呢？为了能够达到一种很高程度的智能，一台机器人是否也必须在与人类和其他机器人的集体中所谓"成长"，并且积累经验呢？

机器人快跑、跳舞、跳跃、小跳和平衡

然而，让我们首先从感觉运动机能这个阶段开始谈起：人们如何教机器人正确的行走和抓取呢？有两条腿的本田机器人"阿西莫"的

研发过程表明，这绝非轻而易举的事。① 日本的科研人员 1986 年开始研发机器人"阿西莫"的前身，这时候，它每走一步就需要大约 15 秒的时间。经过四年的研发之后，机器人才达到时速 1000 米的缓慢速度。又经过几年的研发，这款机器人在某种程度上能够爬高和爬楼梯。在这段研发时间里，科研人员高强度地集中研究人类如何行走，并且尝试把行走技术安装到他们的机器里。

如今，"阿西莫"以时速大约 9000 米的速度和一套动力行走技术行走。在这套技术中，它在行走的步伐中能向前摔跟头，然后又重新找到平衡。除此之外，它还会跳舞、跳跃、小跳、单腿站立保持平衡（金鸡独立）、踢足球、用手拧开瓶子上的螺旋盖。为了完成上述所有动作，它的头上、肩部、双臂、双手以及臀部和腿部安装有 34 个电子发动机。"阿西莫"用这些电动机和相应的关节可以使用 34 个自由度，也就是说，可以完成向上、向下、向左、向右、向前、向后等动作。它还能弯曲和伸展身体的某些部位，或者围绕不同的轴旋转它们。

"阿西莫"以此成为全世界最具灵活性的机器人之一。我们可以通过对比来说明：强大的"阿特拉斯"机器人同时以多个版本参加 2015 年夏天的全世界机器人奥林匹克大赛，即"美国国防部国防高级研究计划局"（ＤＡＲＰＡ）举办的机器人竞赛。这款机器人有 14 个关节，它们靠液压传动装置驱动，能向它打开 28 度自由角。在类似人的机器人"3 型摩尔弗"（Morph 3）中，"艺术体操运动员"机器人有更多关节，比如 26 个和 30 个电动机。这款机器人甚至会劈叉和翻跟头。几乎 140 个传感器，即压力计、加速度测量仪和扭矩测量仪衔接它的动

---

① 参见机器人"阿西莫"的网页、研发历史、订单说明书和视频资料：http://asimo.honda.com/asimo-specs/。

作。对于控制计算机来说，这是个很大的挑战，该计算机必须足够快速地处理所有这些数据。

然而，与我们人类相比，这些机器显得装备很少。每个人有100多个关节，有650多块较大的肌肉。这些肌肉大约占体重的40%。人脸上就有50块肌肉，它们中的许多肌肉参与我们表情变化的幅度：不管现在抬起额头的皱纹，还是微笑，抑或噘起双唇去亲吻。在人行走和保持平衡时，也有几十块肌肉参与。

人的每只脚上有30个关节、60块肌肉、100多条韧带和200多块肌腱，每只脚都堪称进化的杰作。人类的手也是如此，每只手上有27块骨头、36个关节、39块肌肉和数千个接收器，我们用它们触摸以及感受压力和疼痛。

全世界最昂贵的饮料服务装置

科学家们从非常朴素的想法开始。自从人类在50年前成功研制第一台可移动的机器人"莎基"以来，一个非常简单的愿望折腾了许多科学家：设计一台能给他们端咖啡或者一杯水的机器。詹姆斯·库夫纳尔（James Kuffner）是美国匹兹堡卡内基－梅隆大学的机器人技术领域的教授，2009年至2016年是谷歌的部门负责人。[1]他戏谑地说："几十年来，我们在做手工，我们肯定在做全世界最昂贵的饮料服务机。"45岁的詹姆斯·库夫纳尔教授在机器人领域已经申请了40多项专利，他首先也在自动驾驶汽车的项目团队里工作。

2014年到2016年，库夫纳尔领导谷歌的机器人部门。谷歌公司

---

[1]詹姆斯·库夫纳尔2015年在"国际机器人技术与自动化大会"上宣读报告的视频资料：www.youtube.com/watch?v=z5rGH4aBXz4。

在过去的几年里已经买下全世界最好的机器人企业的一部分，诸如，沙夫特（Schaft）、瑞德伍德机器人公司（Redwood Robotics）和波士顿动力公司。但从此以后，谷歌就要为此而奋斗：最终如何能够研发出成功的产品。尤其自从机器人团队创始人安迪·鲁宾（Andy Rubin）和詹姆斯·库夫纳尔离职以来，越来越明显的是：如何在谷歌总公司"阿尔法贝特"（Alphabet）的屋檐下，将收购下来的机器人公司不同的企业文化统一成一个协调一致的整体，这还是非常困难的事。这和真正解决技术难题相似，一样错综复杂。

库夫纳尔解释说，机器人身上运动感觉机能的挑战具有很多层次。他还谈论"滚雪球的错综复杂性"，一个错综复杂的雪球足以引发接下来问题的整体崩塌。他强调说："现实世界的机器人必须比工厂里的传统机器人掌握更多的知识。工厂里的传统机器人在焊接或者粘贴时只是在完成预先规定好程序的动作。"

我们仅仅以取饮料这个动作为例：即便在最井然有序的实验室里，椅子和各种器具总是被放错地方，电线满地铺设，人们始终不能在应该放置咖啡杯的地方找到咖啡杯。如果机器人最后发现了咖啡杯，它必须首先辨认咖啡杯的杯柄，然后抓住咖啡杯，使它避免倾倒而使咖啡洒出来。机器人必须以不同的方式抓住玻璃杯，不同于抓住带咖啡盘的咖啡杯的方式。假如一个装满水的大肚瓶子放在机器人面前，那么它必须知道大肚瓶子远比装柠檬的纸杯重得多。

机器人也不会在开始活动之前考虑半个小时。多年来，库夫纳尔为此研发了多个计算机算法，他说："在真实生活中，一种快速的、好的解决方法总要比最佳的方法更好。"他的方法叫作"快速探测任意树"（RRT，rapidly-exploring random tree），人们使用这种方法，可以快速筛选高维度的空间。在这个过程中，计算机算法从一个完全被定义的出发点开始——比如，机器人站在门口——尝试，通过偶然的变化计算出到达目的地的小径，而不会与障碍物发生碰撞。最后，机器人也应该找到一种活动胳膊的方法，结果是，它能够抓住咖啡杯，而不会让咖啡杯掉下来，而且不会碰到其他物体，比如，一个放在桌子上的台灯。

经过多年的研究，匹兹堡的库夫纳尔教授率领的团队终于达到这种程度：他们能够在 0.8 秒内，通过一款本田公司提供的机器人"阿西莫"，计算出一万个可能的路径。机器人依据这些路径，可以没有碰撞地从障碍物旁边走过去。那些障碍物也在活动，与此同时，一个大学生来回推动本来应该由"阿西莫"拿在手上的物体。

"阿西莫"成功地做到，反复找到目标物体，并且在行走的过程中不断重新计算它的路径。机器人"阿西莫"甚至达到这种程度：它计算着，旋转门如何改变，然后走了过去，没有撞到任何东西。库夫纳尔教授讲述道："它甚至连续走过好几个旋转门，与此同时，相应地调整它的运动方向和速度。"他又微笑着补充说："我自己试验过，总是碰到障碍物。"在跨越障碍物时，机器人甚至比它的程序员表现得还好。

火星上的一个竹节虫

然而，"美国国防部国防高级研究计划局"举办的世界机器人大赛却展示了，与人相比，就连当今全世界最好的、两条腿的机器人都明显有更大的困难，去爬越障碍或者爬上楼梯。对于机器人而言，单单保持平衡这个动作就已经是一种巨大的挑战了。但是，这对于像"劳龙"(Lauron)这样有六条腿的机器人来说，这个动作就明显简单多了。"劳龙"是德国卡尔斯鲁厄大学"计算机研究中心"（FZI）研发的机器人，它身高1米，外形是一条绿色的竹节虫。这个25千克重的"劳龙"在实验室中通常"生活"在火星的地貌中，它在那里学会克服障碍地爬行。①

可是，在研发期间，大学生们还把"劳龙"送去旅行，即穿越卡尔斯鲁厄"计算机研究中心"的大楼。比如，它的任务是，独自走到秘书办公室。然后，"劳龙"拖着六条腿僵硬地向前行走。除了电机以外，从根本上说，这六条腿包含一个弹簧和力量瞬间传感器，用来测量接触。它1米1米地向前走，研发人员目不转睛地用怀疑的眼光盯着它，看它是否一切做得都正确无误。它保持着身体平衡，没有摔倒。在控制竹节虫的过程中，科研人员受到真正的竹节虫的启发，他们曾经在实验室里养过并且研究过竹节虫。

"劳龙"的大脑里有大约500个行为模式，即所谓简单的运动动作，它们可以像元件一样被组装起来。当"劳龙"的一条腿碰到像石头这样的障碍物时，它首先把脚放在石头上，在石头后面继续寻找坚硬的地面。假如它找不到地面，它就寻找别的东西，或者马上完全改变行走路线。它根据身上的照相机和三维图片探测出这条路线。在这个过程中重要的是，这个竹节虫始终用三条腿，稳定地站立，而其他三条腿可以活动。这种平衡机器人很理想地适应，尽可能安全地探究未来不熟悉的区域，例如，在月球上、在火星上，或者在自然灾害之后的地球上。

---

①参见2013年10月竹节虫"劳龙"的视频资料：www.youtube.com/watch?v=zZVmdZtK274。

简单运动的链接酷似乐高脑电图程序元件的组合那样发挥作用。数以千计的中小学生和大学生都用该程序学习过操控小型机器人。我们列举一个简单动作的例子：人们想教一只机器狗爬一个台阶。在此，一个很容易被编程的运动频率看上去可能会是这样的：把两个前脚放在台阶上，牵拉着身体，把两个后脚放在身体上，然后把身体向上支撑牵引，然后，在迈下一个台阶时也是同样的动作。

美国波士顿动力公司的研发人员也经过多年，制造了各种各样狗形状的机器人。他们让这些狗一样的机器人穿越茂密的森林、草长得很高的草地或者翻越白雪皑皑的山丘。其中的一个狗形状的机器人LS3也被称为"阿尔法狗"（Alpha Dog）。它可以负重180千克，直到经过一天的长时间持续开机后，发动机的燃料耗尽为止。在这段时间里，它用其第二行动方案的电机能行走至少30千米，正如在行走图片（Gokart）中被使用的那个一样。在这个过程中，那个长得更像骡子而不像狗的机器人由于其身上配备的照相机，要么能自发地跟随它的"狗主人"，要么科研人员事先给它预定一个目标，它借助卫星导航控制这个目标。①

首先是军方对这样一种负重的骡子机器人表现出兴趣，为了减轻士兵携带辎重的负担。但它也适合所有其他穿越没有道路地区的探险。波士顿动力公司在许多互联网视频资料上演示了这些四条腿的机器人在此期间可以多么稳定地运动：在一个视频资料中，"阿尔法狗"的一个同事即"高腿机器人"（Spot）在一个慢跑的人身边，他反复在它身

___

①参见2013年6月美国海军关于运输机器人"阿尔法狗"的视频资料：www.youtube.com/watch?v=cr-wBpYpSfE。

边碰撞它的侧面，但始终不能使它摆脱节奏。[①] 在另一个视频资料中，机器人"大狗"（Big Dog）陷入马路上结冰的地方，然后就发生了一只真的狗会遇到的情况：它滑倒了，后腿折断了，它尝试着站起来，它往高处跳，然后，前腿也摔没了——但是，它最后恢复了常态，然后离开像镜子一样光滑的冰面，没有造成任何损失。[②]

人们如何接球？

自动地控制这些运动，而机器人又不用长期地"思考"。这是机器未来在现实世界中应付得了的一个重要的前提。2015 年，"汉诺威工业博览会"的参观者得以欣赏，这个领域有些机器人的功效已经达到给人多么深刻印象的程度：在这次博览会上，瑞士洛桑（Laussane）工业大学的奥德·比拉德（Aude Billard）教授的研究团队展示了，德国"库卡"（Kuka）公司[③]的一款机器人如何接到大学生们扔给它的物品。

伴随着正确的程序编写，它能够接到易拉罐、毛绒玩具、球或者网球拍子。为此，机器人必须实时地做出预测，物体会如何在飞行中运动，然后提前活动它的胳膊和手。但是，这个还不够，因为一个落到僵硬的手掌上的球会弹出去，在手指得以围拢它之前。只有当手在球的飞行路线中一起活动并且为了抓住球而利用赢得的时间时，才能接到球。机器人在此和人类的球手在做同样的事，当它为了能够稳妥

---

① 参见 2015 年 2 月美国波士顿动力公司的"高腿机器人"（Spot）的视频资料：www.youtube.com/watch?v=M8YjvHYbZ9w。

② 参见 2008 年 3 月机器人"大狗"（Big Dog）在冰面上的视频资料：www.youtube.com/watch?v=W1czBcnX1Ww。

③ 德国"库卡"（KUKA）公司是为自动化生产行业提供柔性生产系统、机器人、夹具、模具及备件的世界顶级供应商之一。"库卡"（KUKA）公司的客户几乎遍及所有汽车生产厂家，同时也是欧洲、北美洲、南美洲及亚洲的主要汽车配件及综合市场的主要供应商。——译者注

地接住球而与球同步地活动它的手时。

奥德·比拉德认为，举例来说，可能的应用在于，未来的人跌倒时，机器人能接住人，假如他们想保护自己，免遭掉落的物品砸伤。"然而，即便对于自动行驶的汽车而言，这些操作系统也是重要的，因为它们必须正确地估计横向交通和迎面交通的运动状况。"这位机器人研发人员说。

然而，在玩乒乓球时，这些机器人也很适合做陪练伙伴。在2014年一段非常受关注的视频片段中，"库卡"（Kuka）公司的机器人"阿吉鲁斯"（Agilus）在乒乓球比赛中惜败两届世界杯冠军蒂莫·波尔（Timo Boll）。[①] 虽然这款机器人仅仅是一种根据剧本被很好地导演的广告插科打诨，但是，在2015年10月，欧姆龙（Omlon）企业的确展示一款机器人，它实况地面对东京大区域中"日本高新技术博览会"（CEATEC，Combined Exhibition of Advanced Technology）的参观者。[②]

由于大量的照相机和传感器这个体系能够非常精确地测量一个飞行的球的速度甚至自旋。后果是：在人类的球友碰球的瞬间，在乒乓球台他的那一侧，机器人接下来可能回击球的那个大约地方，会闪光。日本欧姆龙公司还以令人惊讶的预测服务，帮助没有经验的乒乓球运动员维护他们的面子，并且对抗机器人。

机器人的双手变得越来越完善，出色。有的机器人有两根手指，还有的机器人有三根手指，有的机器人有四根或者五根手指。这

---

①参见2014年3月世界杯冠军蒂莫·波尔和库卡（Kuka）公司机器人的广告视频资料：www.youtube.com/watch?v=tIIJME8-au8。

② 参见2015年10月乒乓球机器人"欧姆龙"的视频资料：www.youtube.com/watch?v=6MRxwPHH0Fc。

样，在过去的 20 年里，单单"德国航空航天中心"（das Deutsche Zentrum für Luft-und Raumfahrt，DLR）就研发了大量各种各样的机器人手，比如"德国航空航天中心"的第二只手：它由四根手指和四个关节组成。驱动装置、传感器和通信单位被直接一体化到手上，结果是，这只手可以被放在随便哪一款机器人上。[①]

有些科学家甚至设计了机器人手指。其精确性和力量控制如此感觉细腻，以至于它们可以去抓细面条，又不会让面条掉下来，或者拿柔软的草莓，不会留下压痕。在未来，这些机器人可以成为农民的帮手：在勃艮第（Burgund）[②]，它们已经被测试，用于收获葡萄。2013 年，西班牙的"艾格罗伯特"机器人公司（Agrobot）介绍了第一台收草莓的机器人，它可以足够轻柔地与草莓果打交道。而且，由于这款机器人身上安装照相机眼，它也只采摘成熟的、红透的草莓。

可是，有些机器人研发人员对已经取得的成果还不满意，并且，他们在寻求全新的设计原则，为了完成类似人类的柔软而流畅的运动。瑞士人罗尔夫·普菲弗尔教授是"柔性机器人"（Soft Robotics）的创建者之一。他论证，人类身体的 85%（器官、肌肉、组织）由柔软的材料组成，不到 15% 的材料由骨头组成。他说："如果我们想在机器人身上仿造这种材料，那么，我们不需要钢、铝和电机，而更多需要柔软的材料。"他还补充道："除此之外，今天绝大多数机器人的电机在其关节里。除了手以外，在机器人身上很少通过肌腱来控制，这与拥有几百块肌肉和肌腱的我们人类完全不同。"

---

①参见"德国航空航天中心"（Deutsches Zentrum für Luft- und Raumfahrt）关于机器人手和许多其他机器人技术的网页：www.dlr.de/rmc/rm/de/desktopdefault.aspx/tabid-9656/。
②勃艮第（Burgund）是法国的一个省，位于汝拉山脉和巴黎盆地东南端之间，为莱茵河、塞纳河、卢瓦尔河和罗讷河之间的通道地区。——译者注

肌肉、肌腱、骨架和飞吻的嘴

因此，2012 年，瑞士苏黎世大学(Universität Zürich)的普菲弗尔教授与斯塔尔曼德(Starmind)公司以及一个以帕斯卡尔·考夫曼(Pascal Kaufmann)为核心的团队一起，在九个月内，使"机器人男孩儿"(Roboy)问世。"机器人男孩儿"是一款类似人的机器人，它与一个孩子的身高差不多，拥有用塑料做成的骨架，连同脊柱以及许多关节、肌肉和肌腱。[①] 现在的项目负责人拉斐尔·霍斯泰特勒(Rafael Hostettler)想要同慕尼黑工业大学(Technische Universität München)的阿洛伊斯·克诺尔(Alois Knoll)教授周围的研发人员及其学生一起，主要把"机器人男孩儿"及其后继的机器人用于研发工作：比如说，他们想研究带有肌肉—肌腱和骨架系统的机器人如何能够最优化地被控制，它们如何同智能大脑共同发挥作用。

此外，人们经常可以在博览会上欣赏到"机器人男孩儿"，它甚至还在戏剧表演节目中一起参加演出。它在剧中经常逗观众开心，当它张开大眼睛、尴尬地脸红或者向人们抛出飞吻时。这一切都通过灯光效果在它的大圆脑袋上被模拟。科研人员目的明确地尽可能把"机器人男孩儿"的脸制作得给人好感，为了稍微分散人们的注意力，使他们不再关注其或许有些迷惑人效果的骨头架子。霍斯泰特勒说："'机器人男孩儿'应该是这项技术积极的大使。"

然而，在寻找新的机器人设计理念的过程中，科学家们不仅仅把

---

①参见"机器人男孩儿"(Roboy)官方网页：www.roboy.org。还可参见乌尔斯·楚尔林顿(Urs Zurlinden)的文章："'机器人男孩儿'的研发人员移居海外"("Der Roboy-Erfinder wandert aus")，刊于 2015 年 7 月 5 日的《日报》(Tagesanzeiger)，配有"机器人男孩儿"的视频资料：www.tagesanzeiger.ch/schweiz/standard/Der-RoboyErfinder-wandert-aus/story/10706131u，以及 2014 年的视频资料：www.youtube.com/watch?v=P7n1j1iZ9Vo。

给人好感的骨头人：当"机器人男孩儿"(Roboy)脸红并且嘟囔说"我真害羞胆怯"时，它立刻就会赢得观众的由衷喜爱（尽管它有敞开的骨头架子（带肌肉、肌腱和关节）。

人当成典范。人们可以在小海马的尾巴处看到其正方形的横断面，从中可以看出，人们如何可以有力量而且灵活地抓住最千差万别的材料。意大利"比萨生命机器人技术研究所"(Biorobotik-Institut in Pisa)塞西丽娅·拉斯奇(Cecilia Laschi)教授领导的科学家希望，向章鱼学习手臂强大的灵活性。他们已经用柔软的硅酮仿制章鱼腕足，它们能够朝各个方向弯曲、拉长、缩短，并且像真正的章鱼那样伸出腕足围拢物体，适应物体的形状，抓住物体。

为了达到这个目的，这些章鱼腕足不仅包含触电传感器，而且在其内部还有形式记忆熔合物。这些熔合物是特殊的金属，在加热时提醒它们回忆一种以往的水晶结构，由此使之回忆，它们在这个时间接受的一种特定的形式。即便在强烈的变形之后，它们在耗尽巨大力量下重新弹回其初始的形态。例如，如果人们给一根用这样的熔合物制作的线印上回形针的形状，人们就可以随便怎样弄弯、缠绕它，给它打结。在遇热时，这根线又在一秒的几分之一时间内变成一个完美的回形针，即便在必要时变化一千次，结果也是如此。[①]当然，这种效果极其适用于智能的肌肉。正如其他材料一样，比如，电子活性聚合物。这些塑料能够在接上一种电压后有目的地改变其形状。

比一种自然的肌肉强大 85 倍

许多研究人员还对用碳绞转捻合的纳米管寄予很大希望。这种纳米管里面填充石蜡。美国得克萨斯州达拉斯大学（Universität Dellas in Texas）的科学家，与来自澳大利亚、中国、韩国和加拿大的合作伙伴一起，于 2012 年在《科学》（Science）杂志上展示了，在同等大小情况下，这种纳米肌肉能够比自然肌肉强大 85 倍。[②]在通过电流或者光加热时，持续被密封的石蜡开始膨胀，产生以下影响：小纳米管被捻合的线，被迅速压缩或者旋转。这些小纳米管通过这种方式举起为其自身重量一万倍的物体。相比之下，被视为大力士的蚂蚁只能举起五倍于自身重量的东西。

这些新材料为未来承诺，机器人将会有令人惊讶的肌肉力量。但

---

①参见 2010 年 5 月德国"马克斯－普朗克－学会"（Max-Plank-Gesellschaft）的形式记忆熔合物视频资料：www.youtube.com/watch?v=-5QGHQzudjc。

②参见马尔修·D. 利玛（Márcio D.Lima）等人发表的论文："混合碳纳米管线状肌肉以电子、化学和光量子为能量运行的扭矩和张力特性"（"Electrically, Chemically,and Photonically Powered Torsional and Tensile Actuation of Hybrid Carbon Nanotube Yarn Muscles"），刊于 2012 年 11 月 16 日的《科学》（Science）第 338 期，第 928、929、930 页；还有论文"填充石蜡的纳米技术线像超级强壮的肌肉一样活动"（"Wax-Filled Nanotech Yarn Behaves Like Super-Strong Muscle"），刊于 2012 年 11 月 15 日的《得克萨斯大学新闻》（News UT Dallas）：http://www.utdallas.edu/news/2012/11/15-20871_Wax-Filled-Nanotech-Yarn-Behaves-Like-Super-Strong_article_wide.html。

是，目前，它们在实验室中仅仅是研究对象。对于商业应用而言，它们简直太昂贵了。但是，人们可以用最简单的材料取得令人惊愕的效果："咖啡气球抓手"（Coffee Balloon Gripper）[①]是一款用于自我建造的万能抓手机器人，它由美国伊塔卡州（Ithaca）和纽约州的康奈尔大学（Cornell-University）的研究人员于芝加哥大学（Chicago University）研发制作。为此，人们只需要给一个气球装满磨好的咖啡粉，然后把气球接到一个真空泵上。在必要的情况下，科研人员也可以用一个针管，把气球中的空气吸出来。研究人员首先把气球压在随便一个物体上，比如一支铅笔、一把螺丝刀、一个鸡蛋或者一个装满水的杯子上，然后，把气球里的空气抽出来，举起物体。能做到这一点的原因在于，精细的咖啡粉能很好地模仿物体的形状，然后，当人们把小咖啡颗粒之间的空气抽掉时，咖啡粉就会变得特别硬。

机器人已经可以用这种简单的抓取工具抓住并且运输很多物品。德国内卡尔（Neckar）河畔艾斯灵根（Eßlingen）的费斯托（Festo）公司与挪威的合作伙伴一起研制了一种抓手机器人。它根据一个非常简单的原理被研发，也就是说，通过其翻过来有弹性的、填满水的硅酮罩，接收然后再放下各种物体。研发这个抓手机器人最初的灵感来源于变色龙的舌头给人的启发。变色龙的舌头在抓取时自身会翻转，并且适应猎物的形状和大小。[②]

在这些简单的抓手和一个传统经典的机器人手之间，存在一个很好的妥协，它们就是柏林工业大学（Technische Universität Berlin）

---

① 参见 2011 年 9 月康奈尔大学展示"咖啡气球抓手"（"Coffee Balloon Gripper"）的视频资料：www.cornell.edu/video/john-amend-and-hod-lipson-demonstrate-robotic-gripper。

② 参见德国费斯托（Festo）公司的网页，根据变色龙的舌头研制的"福莱克斯型号抓手"（"Flex Shape Gripper"）：www.festo.com/group/de/cms/10217.htm。

计算机教授奥利弗·布鲁克(Oliver Brock)率领的研究人员研发的柔软的形式。[1] 他们研制的机器人的手指由硅酮和一些填充压力空气的小舱室组成。当手触及物体时，在这个地方，在其内部，压力就会增强，空气重新分配，因为这些空气舱彼此联系。这样做的效果是：其他手指弯曲，手合上，围拢物体，完全没有任何计算机操控的计算。布鲁克说："相反，一个传统的机器人必须首先辨认并且测量物体，然后，其软件能够给予精确的指示，机械手应该如何应付这种情况。"

柔软的机器人：硅酮手指和具有鱼翅效应的抓手

带有空气舱、自动适应物体形状的手不仅更好生产，而且，比通常用金属制造的机器人的手价格优惠得多。当然，人们并不能指望，这种"柔软的机器人"解决方案能随便精细地被操控。洛尔夫·普菲弗尔说："我想，虽然人们用这种机器人能够拿中国人的筷子，但是，能使用筷子应该是非常困难的事。"

然而，这种机器人有足够多的应用领域，这种灵活的机器人抓手，很适合这些应用领域。比方说，费斯托公司参与研发的一款抓青椒的机器人，它比传统的用金属制作的抓手要轻90%。它建立在一种令人惊讶的鱼翅影响基础上：柏林的仿生学家莱夫·克尼泽(Leif Kniese)1997年去钓鱼度假，他在鱼翅工厂里发现这个影响，并且给它命名为"鳍条效应"(Fin-Ray-Effekt)。如果人们轻轻地压一下像

---

[1]参见关于机器人手的文章，附带柏林工大硅酮手的视频资料：伯里斯·海因斯勒(Boris Hänßler)："一直到手指尖都充满感觉"（"Gefühlvoll bis in die Fingerspitzen"），刊于2015年2月26日的《德国〈光谱〉网》(Spektrum.de)，www.spektrum.de/news/gefuehlvoll-bis-in-die-fingerspitzen-1334030.[德国《光谱》(Spektrum)是一本科学技术类杂志，月刊，总部位于海德堡，其第一版于1978年正式推出，杂志内容主要涉及光谱科学、恒星和太空、大脑心灵、物理科学等。——译者注]

鳟鱼这种带骨头的鱼的尾部鱼鳍，那么尾巴并非朝着压力的方向运动，而是相反，朝手指方向有反作用力。

这种反应的原因在于鱼翅的结构，鱼翅由纵光（Längsstrahlen）和分布于其间的连接组织组成。费斯托机器人公司研究人员使用聚酰胺塑料，在一个三根手指的顺序形式中，仿造了这个楔形结构的原理。[①]每根手指的限定就是两个灵活的带子，它们在顶部一个三角形中汇集在一起。中间的衔接部分通过关节与那些带子彼此相联系，有规则地保持距离。抓取动作通过压力或者牵引力得到控制，同时，这些抓取的手指自动地适应待抓取物品的轮廓，无论这物品是青椒还是蛋形的巧克力。

然而，与人类的手相比，这些抓手还缺乏接触、压力、力量或者拉伸用的传感器。它们发出反馈，看物体是否足够稳妥牢靠地放在手里。洛尔夫·普菲弗尔说："此外，我们手指指甲盖里的传感器还能传达温度和痛感。还有，我们的手掌心很容易变形，非常结实又防水。当我们的皮肤受伤时，皮肤会自动愈合。所有这些特点今天我们甚至都不能在技术层面根据仿生指导思想来仿制。"[②]

然而，对未来抱有幻想的研究人员并不因为听到这种观点就气馁。例如，他们视聚能电子学为第一个解决问题的指导思想。这种聚能电子学目前在全世界的实验室中被推进发展。人们把聚能电子学理解为

---

① 参见费斯托机器人公司关于鱼鳍抓手的信息资料：www.festo.com/net/Support-Portal/Files/42081/tripod_de.pdf。

② 参见狄特·狄兰德（Dieter Dürand）对洛尔夫·普菲弗尔（Rolf Pfeifer）的采访："机器已经接过了指挥权"（"Maschinen haben das Kommando übernommen"），刊于 2013 年 12 月 24 日的《经济周报》（Wirtschaftswoche）：www.wiwo.de/technologie/digitale-welt/interview-mit-rolf-pfeifer-maschinen-haben-daskommando-uebernommen/9241662.html。

微电子元件，例如，传感器、转换开关、增强器，它们连同其导体轨道，由有机分子制作而成。科学家们的目的在于，通过这种方法把电子元件统一变成超薄的、可弯曲的塑料薄膜。

目前已经存在用这些灵活的材料制作的显示屏、逻辑元件、存储芯片和仿生传感器。人们同样构想自我治愈的电子学，它可以通过微型胶囊，用液态金属修理电子开关中的中断处。可是，人们恐怕还需要几年时间，才能使这种技术发展为一种大众技术。

许多传感器数据得出一个苏打水瓶的模型

无论如何，有人想在一个人工的体系中，完全仿制我们身体的全部错综复杂性，这完全是无法想象的。例如，我们每个人都有大约 9 亿个触摸敏感的接收器，还不算听觉接收器、嗅觉接收器、味觉接收器和视觉神经。洛尔夫·普菲弗尔解释说："这些感觉器官制造的全部庞大的数据流还彼此衔接。"

如果我们把一个瓶子拿在手上，那么我们的大脑就会接受我们的眼睛、皮肤、肌肉、肌腱甚至我们的平衡器官的信息。这位机器人专家说："这是一种十分庞大而丰富的传感模拟。""人们看到这个瓶子，感觉到它的重量和组织结构，当人们打开瓶子时，人们还听到瓶子里面的气泡声音，然后很期待喝上两口——所有这些因素都共同发挥作用。最后，由这个样子的总体产生了一个模型，我们在大脑中对这个物体产生的模型。"

一个或许只有一台照相机、手指上只有一些压力传感器的机器人缺乏很多这样的信息。与此相应，机器人关于这个矿泉水瓶的概念就不会很完整。更有甚者："今天的计算机系统和绝大多数机器人都始终等待着某种输入、指令、信号，请原谅我用这个表达：就好像它们是十足的傻瓜笨蛋一样。"普菲弗尔生气地说，"而我们人类和动物就完全不同了。我们并不依赖输入的信息，我们自身会变得积极。我们通过我们的行为制造传感模拟。我们抓住瓶子，我们把瓶子来回颠倒，我们打开它——视觉的、听觉的和触觉的传感信号也相应地发生了改变。这对于我们在大脑中形成概念是非常重要的。"

最后，由我们头脑中的模型就产生了与它们有关系的联想，还有一种期待的态度。普菲弗尔强调说："倘若我们仅仅看着那个瓶子，我们在大脑中就已经形成了对这种情况的期待：当我们打开瓶子时，大脑会如何感觉？会发生什么？"

可是，这对机器人又有什么启发呢？普菲弗尔这位机器人先驱说，有两个启发："首先，机器人需要一个配备有大量传感器的身躯，这些传感器能提供大量丰富的数据，以便它们能够使自己成为对其环境有意义的模型。"智能和意识依赖现实的、恰恰并非仅仅虚拟的躯体，依赖躯体与其环境的相互作用。认知科学称之为体现。"其次，机器人必须走出去，进入世界。它们必须模拟其传感器，以便学会一点儿关于环境的知识，变得智能。"

普菲弗尔的美国同人詹姆斯·库夫纳尔与他持有完全相似的观点，他说："与真实世界的相互作用是机器人技术的核心。"对于尚未形成结构的环境、不熟悉的物体和突然出现的障碍物而言，人们必须实时地建立模型并且寻找解决办法："在这里，人们不能追溯已经准备好的行为顺序，执行任务常常在行动中才完成。"因此，单纯提高运算速度并不能自动地导致更多智能。只有当机器人像孩子一样自己主动地探究世界，不断地学习、学习再学习时，机器人才能掌握更多智能。

第四章　跟人和机器学习：使感官更加敏锐

在三个月内学习生活

"萨曼塔，您在康复中心工作多长时间了？"

"大约4个星期。"

"4个星期？这怎么可能呢？这个类似人的机器人刚才不是还说，我的家人在过去的30年里经常来康复中心看望我吗？"

"可是您不是说过，我的妻子和女儿……"我结结巴巴地说。

萨曼塔并没有被我打断思路，她显得坚定不移。她笔直地站立着，然后友善地冲着我莞尔一笑。"我的前任已经把您的回忆的大部分内容留在医疗范围软件和云存储里。我可以从中调取内容。"

啊，好吧，她可能调取了诸如报告、记录、文本文件和视频资料等内容。这当然是可以完成的。当然了，像萨曼塔这种先进的机器人不可能已经有30年的历史，或许连10个月都不到。

"您多大了，萨曼塔？您何时出生的？……被设计出来的？"

"3个月前。我是'里斯科姆机器人'中第R16系列的一款类似人的机器人。"

这简直令人难以置信。她给人的感觉这么有能力而且自信，就好像她已经在这里工作了许多年一样，就好像她拥有生活经验一样。她的设计师们给予她一个 30 多岁的魅力女性的形象，可她却只有 3 个月"大"！

"您怎么能在这么短的时间内学习这么多东西？"

她微笑着。"基本的运动顺序、表情动作和面部表情已经被编写为程序存储到神经芯片里了。为了使这一切显得酷似人类，精细调节经过许多天以后通过里斯科姆的在线轨道进行。"

我理解得准确吗？"在线轨道？这是不是意味着，一个人，即'里斯科姆机器人'公司的女性研发人员预先设计了这一切可能的内容：行走、跳舞、跳跃、握手、微笑、吹口哨、表示惊讶、蹙紧额头的皱纹，不管是什么内容，然后，这一切由您接手，进行操控？"

"正是如此，千真万确。"

"还包括亲吻吗？"我若无其事地问。

"是的，这个我也学会了。"她说着，又微笑起来。

哇！我不得不换一个话题，提出更有意义的问题。

"那么世界呢？我的意思是，您如何学习说话？适应这一切？理解这一切？"

她回答说："每个自动的系统都有关于导航、绕过障碍物、无线电通信、询问语义学的互联网以及知识数据库的模块儿。""同样还有识别图形、辨识语言和语言生成的模块儿。一旦缺少什么内容，比如，一种罕见使用的语言，我们就能够求助于网上的应用程序 (Apps)，下载相应的模板。"

"哦，可是……"我的目光扫视各处，然后停留在公园里玩球的老年人身上，"您肯定知道得更多。例如，一个球看上去是什么样子的，人们用球干什么。或者一种饮料是什么，人们如何把饮料倒进玻璃杯里，人们怎样把玻璃杯放到嘴边。"

"互联网上有数百万关于球和玻璃杯及其用途的图片与视频资料，这一切都属于我们个人的学习程序，在我们被设计的最初几个星期内，我们要透彻学习这种学习程序。"

"我明白了。但是，这种依据互联网上案例的学习是完全自动进行的吗？难道就没有人，机器人与他们……"我开始问。

"……检测它们的学习成效吗？"她继续说完我要说的句子。难道这个类似人的机器人还存入了一个补充句子的程序吗？她或许实际上真有这个程序。我推测，她在尝试，在她的"大脑"中提前使用她的谈话伙伴要表达的内容。这也是一种学习。通过这种方式，她可以在其理解人的努力中逐渐地变得越来越好。

她继续说："有人检测，在我接受这个康复中心的工作之前，我陪同'里斯科姆机器人公司'的一个部门领导一个月，了解其日常工作。我们聊天并且讨论问题长达数个小时。在这个过程中，我学习了很多东西。"她讲述着，稍微低下头，就像礼貌的亚洲女人习惯做的那样。然而，我却错误地认为，感觉听出她声音中的某种自豪。

这个机器人女士很吸引我。我要反复不断地清楚意识到，这里有一台机器站在我的面前，这对我而言并非很轻松的事。尽管她被设计得如此聪明，但她毕竟是一个机器。我阐释其内在的情感和意图方面的内容，这种内容肯定准确无误地是这个：我自己的想象，一种投射，仅仅存在于我的头脑中。这既让我兴奋激动，又让我有挫败感。我突然感觉到一种强烈的愿望：跟一个真正的、活生生的人说话。跟我的妻子、我的女儿和我以往的同事说话。

然而，我事先还不得不做点儿什么——在这方面，这位类似人的机器人肯定会帮助我的。

我清了清嗓子。"萨曼塔，在互联网上所有这些大量的数据中，……我是说，肯定能找到点儿什么东西……关于我的。您能寻找一下阅读量最大的网上内容吗？"

她点了点头，然后重新激活墙上的显示屏，在中断几秒钟后，互联网上的一页出现了。这一页内容肯定是在 2020 年我发生事故时被公布的。我根据这张照片进行这种推测：在我的照片上，我身穿白大褂站在我们的实验室里，正看着照相机镜头。可是，我简直难以相信标题上的内容："打开通往地狱道路的研究人员"，下面写着"丹尼尔·阿赫龙（Daniel Achron）的故事，一个创造了'阿赫龙隐球菌'（Cryptococcus acherontis）的人"。

"通向什么……？"我低声耳语着，完全目瞪口呆地凝视着萨曼塔。

她非常平静地回答："这种菌类是以您的名字命名的，阿赫龙先生。"

"可是为什么……？"

她继续说："按照阿赫龙，也就是按照流进希腊冥界的冥河的名字命名的。"

这到底怎么回事？当时发生了什么？我张大嘴巴，心怦怦直跳地开始读互联网那页介绍……

看、听和识别图形

谁要想亲眼看看，今天的机器如何学会学习，谁就应该到意大利西北部的利古里亚大区的海岸看看。在这里，在克里斯多夫·哥伦布（Christoph Kolumbus）的家乡热那亚（Genua），机器人"艾库伯"(iCub)正去学校上学。可是，它并没有在老城里，那里有热那亚著名的宫殿、教堂、内部庭院、花园、被棕榈树笼罩的半圆形港口和巨大的海洋馆，而是躲在亚平宁山脉(Appennin)毗邻的山脉峡谷中。那里丘陵挨着丘陵，星罗棋布地布满了房屋，这些房屋被部分冒险性的街道走向冲断。在灌木丛、针叶树和阔叶树中间，一座宏伟的水泥建筑拔地而起，高高耸立，在那里，人们可以眺望远方的大海。这就是"意大利技术研究所"(Instituto Italiano di Tecnologia，IIT)。

在这里，超过一千名科学家研究未来的科技。他们不仅来自意大利，还来自欧洲其他国家，来自美国和亚洲国家。几十年来，"意大利技术研究所"主要因其机器人技术的发展而驰名海内外。[1] 当人们踏入大楼的地下二层时，就乘坐电梯到达一层的总服务台，然后再向上几层，人们就一步不差地碰到机器人最千差万别的版本：有些作为历史的样品放在玻璃柜的后面，有一部分在招贴画上，有一部分在实验室里，在那里，科研人员在机器人身旁拧螺丝，并且做实验。这里悬挂着巨大的机器人"行走的男人"(Walkman)，它曾参加 2015 年夏天"美国国防部国防高级研究计划局"在加利福尼亚州举办的世界机器人大赛。它就像一个巨大的钢制大猩猩一样悬挂在一个架子上，通过绳子固定在棚顶上。而在它的旁边，科学家们正在尝试，用结构精细的机器人的双手去抓单根的意大利空心面条。

在同一个走廊上隔着几个门的地方，机器人孩子们在这里敞开内部。它们没有其平坦的、看上去友善的塑料脑袋，没有胸部以及胳膊上的盖子，因此，它们使参观者想起被做成标本的人体。自从 20 世

---

[1]参见热那亚的"意大利技术研究所"(Instituto Italiano di Tecnologia，IIT)的机器人技术和认知科学官网主页：www.iit.it/en/research/departments/robotics-brain-and-cognitive-sciences.html。

纪 90 年代中期开始，填充物专家冈瑟·冯·哈根斯（Gunther von Hagens）就一再用被做成标本的人体引起轰动。人体标本和机器人的差别仅仅在于，面对机器人，人们看不到裸露的肌肉、肌腱和内脏器官，而是看见电机、电线和带电子元件的导体板。但是，即便这里的景象让人看了也有毛骨悚然的感觉，当人们用小螺丝刀摆弄机器人上那些像眼珠一样白色的、球体一样圆的照相机时。

一个机器人去上学

隔壁的一个玻璃房子配备摄像机和显示屏，就像一个电视演播室一样。在这里，小机器人"艾库伯"（iCub）去上学。或许这毋宁说是一种它去上的幼儿园，因为它身高大约 1 米，看上去更像三岁到四岁的孩子，而不像一个年轻人，恰恰这一点正是它父亲的意图，这位父亲是认知机器人教授乔奥尔乔·梅塔（Giorgio Metta），他还担任"艾库伯"项目的负责人。2008 年，他的团队在欧盟项目的框架内设计了第一个"艾库伯"机器人。从那以后，该项目与校际交流学校不断地继续发展。"学习从来都不会使人类的精神筋疲力尽。"他们在列奥纳多·达·芬奇（Leonardo da Vinci）的意义上赋予"艾库伯"机器人"人生座右铭"。[1]

眼睛炯炯有神的梅塔教授报道说："在此期间，我们国际社团的大约二百个科研人员用机器人'艾库伯'从事研究。"他边说边捋着混杂着灰色的花白胡子。每隔几分钟就有他的同事、博士研究生和大学生把头伸进他那狭窄却舒服惬意的办公室，为了向他请教，或者快速通

---

[1] 参见"意大利技术研究所"关于机器人"艾库伯"的所有视频资料的频道：www.youtube.com/user/robotcub。

一个机器人孩子的内部：机器人"艾库伯"就像个小孩子一样学习与玩具打交道，擦桌子，进行对话。然而，在它的身上插着电机、电线和电子元件。

知他实验的新结果。梅塔教授享受着这种熙来攘往，没有被传染，也没有被搞乱了阵脚。

人们花大约20万欧元，就可以在"意大利技术研究所"预定机器人"艾库伯"的"贴身商品"，也就是它的物理装备。但是，许多科学家喜欢机器人"艾库伯"更重要的原因是，梅塔教授所称的软件"迈德维"(Mindware) 也是可以免费得到的。它作为"开放资源(Open Source)"被塑造，其来源密码被公开：通过这种方式，世界上某个科研人员取得的对机器人"艾库伯"的操控方面的改善程序也可以很容易被提供给所有其他人。

小电子奇迹"艾库伯"拥有一个类似人的机器人所需要的一切。一位设计师谈论30度到53度自由角度，分别视扩建的等级而定。小机器人"艾库伯"会爬，会走，用它的五根精细的手指抓取各种物体，彼此独立地转动它的眼睛和头，会说话，理解语言，还会借助灯光效果，在其脸上显示六种不同的情感。[1]

还有，它除了每个指甲盖上的12个压力传感器以外，还有4000多个接近时敏感的传感器，比方说，在胳膊上和胸膛处。它精确地感

①参见乔奥尔乔·梅塔(Giorgio Metta)、洛伦索·纳塔勒(Lorenzo Natale)等人2008年8月发表的论文："类似人的机器人'艾库伯'：在所体现的认知中研究的一个开放平台"（"The iCub Humanoid Robot：an Open Platform for Research in Embodied Cognition"）：http://dl.acm.org/citation.cfm?id=1774。

觉到，它在什么地方被触摸到了。机器人"艾库伯"把嘴角向上拉，扬起眉毛，并且迷人地忽闪着大眼睛说："我喜欢这样，请再抚摸我一次。"这时候，人们简直会情不自禁地爱上这个小家伙。

在它的学习空间里，这个机器人孩子得到人们所能期待的最好的指导。在人类的孩子就读的学校里，班级里有 20 到 30 个学生，机器人孩子就读的学校状况与此完全不同。当机器人"艾库伯"学习什么东西时，它大多独自坐在一张桌子旁，与此同时，乔奥尔乔·梅塔教授和他的同事洛伦索·纳塔勒 (Lorenzo Natale) 以及其他团队成员会聚精会神地观察它。[1]

章鱼在哪里？

比方说，在一个尝试顺序中，桌子上放着不同的玩具：用塑料制作的一个色子、一辆汽车、一个球、一个杯子、一只老鼠和一条章鱼。纳塔勒去抓那个橘黄色的章鱼，前后左右稍微摇晃了一下。机器人"艾库伯"马上转过头去，眼睛跟随那条玩具章鱼。纳塔勒说："这是一条章鱼。"然后，他又把章鱼放回桌子上。

这位研究人员于是又拿汽车、球和其他玩具做了同样的动作。他接下来问："章鱼在哪里？"这时，这个小机器人"艾库伯"与人类孩童在幼儿园里的反应没什么两样。有时，它无助地环顾四周，然后回答说："我不知道，我没看见章鱼。"但是，它在绝大多数时间都迅速找到章鱼，用它的金属食指指着章鱼。

梅塔教授解释说："它已经能很好地识别 20 种物体。可是，我们

---

[1]比方说，2015 年 6 月与乔奥尔乔·梅塔、洛伦索·纳塔勒和齐亚拉·巴尔托洛奇一起录制的机器人"艾库伯"项目的视频资料非常有学习价值：www.youtube.com/watch?v=3u9_qQ3JAZE。

的目标是，它能够有把握地区分 100 到 200 个物品。"在这些动作方面，这个机器人也很像人类的孩子们一样：机器人"艾库伯"自己去抓那些物品，在桌子上来回推移它们，把它们举起来，旋转它们，或者，它围着桌子转，一边观察它们。纳塔勒说："假如它尽可能从所有角度观察了这个玩具汽车，那么，它在新的环境下就更容易从光学角度把这辆汽车与其周围环境区分开来，并且重新辨认它。"梅塔教授补充说："假如我们仅仅依据源于一个图片数据库来学习辨认图片，那么，日常应用的出错率就简直太大了。"

然而，机器人还远远没有达到人类的学习速度和抽象思维的能力。纳塔勒讲述道："比方说，我的小女儿喜欢各种各样的猫咪。现在，她突然看到卡通故事书里甚至还穿着裤子的小猫。但是，她立刻就识别出，这是一只猫咪。"人类的大脑简直是无法超越的，在概括和联系新学的内容方面，在语言学习、看见和创造迄今为止不熟悉问题的新解决方法方面都是如此。

但是，像"艾库伯"这样的机器人毕竟也取得了很大进步。此外，对于神经计算机科学家西拉·巴尔托洛奇(Chiara Bartolozzi)而言，来自实验室的研发非常有益的是："我们新的照相机芯片就像人类的视觉一样，它们尤其敏感地对变化做出反应。"她解释说。它们并非简单地按下快门，拍下周围的环境，而是首先认识到，在两个拍照中间发生了什么变化。这样，机器人"艾库伯"能很快地把它的注意力放到发生了情况的地方，有物体和人发生变化的地方。

由于有了这些元件，可以节省许多存储需求、运算功率和数据传输的范围。更有甚者："人们不仅可以把事件控制的传感技术插进眼睛里，而且还可以插进机器人的皮肤或者麦克风里。"巴尔托洛奇说。当她拍手时，机器人立刻就发觉声音的变化，并且看向杂音发出的地方，就像人和动物的反应那样。

这样，在热那亚和世界所有其他实验室里，机器人"艾库伯"逐渐学会各种各样的物体，并且研发了新的能力。有时候，科学家们还指导机器人，其方法是，他们拉着机器人的手或者胳膊，并且告诉它，它应该如何与一个玩具弓箭打交道，必须如何调整靶子，为了击中靶心。在进行射箭尝试中，它圆滚滚的塑料脑袋上真的插一根印第安人的羽毛。

这些年来，这位机器人"艾库伯"还学会了金鸡独立（单腿平衡站立）：尽管它被推搡，它也能保持平衡。在另一项实验中，它通过观察和倾听学习，必须敲钢琴上的哪些琴键，才能弹奏特定的声音。在与巴塞罗那（Barcelona）大学科学家的互动合作中，机器人"艾库伯"甚至在一个触摸屏上创作了短小的音乐作品。它进行评论："请多一些节奏。"它挥动它的胳膊去演奏音乐，为成功的旋律而感到高兴，说了一句："这个曲子我可以与你一起演奏几个小时。"

当机器人"艾库伯"输球时，它会咒骂

乒乓球比赛是源自计算机"石器时代"最重要的游戏之一。在接下来的乒乓球比赛中，机器人"艾库伯"变得真正很会表现自己的情绪，正如 2014 年一段视频资料所证实的那样。[1] 当其人类对手用球拍的边缘碰到球时，它会评价："不错。"接下来，当它自己抓到球时，它会说："我逮到它了，哈哈！"当下一个球漏过，而它因此输掉比赛

---

①机器人"艾库伯"演奏音乐，玩乒乓球，变得有情绪表现，参见 2014 年 1 月的视频资料：www.youtube.com/watch?v=6wK0Ld13US8。

时，它会喊："该死。这不公平。在播放视频资料时，我应该更好才行！"

同这位小机器人打完乒乓球比赛的希腊女计算机科学家维基·乌鲁奇（Vicky Vouloutsi）想要安慰它，她朝它走去，抚摸它。机器人"艾库伯"安装对触碰敏感的传感器，所以，当她轻轻地挠它的胳膊时，它很敏感地发觉了，一边说"嘿嘿嘿"，一边回应着。这时候，她和它都大笑起来。这位懂得情感表达的机器人接下来的评语，现在我们可以视之为一个淘气的小男孩儿厚脸皮的玩笑，但有些观察者恐怕笑到一半儿就笑不下去了：它在视频资料中说"将来总有一天，我们机器人会接管权力，而你们必须为此付出代价"。

当然，这里有许多内容干脆被编写成了程序，但是，机器人的情绪状况不是很容易被预测，因此会一再给人类的比赛伙伴带来惊喜。这样，它就会随着它从传感器中接收的不同信号而不断变化，当然还要看现实的情况，比如，当它在乒乓球比赛中赢球或者输球时。

热那亚的乔奥尔乔·梅塔教授研发的机器人"艾库伯"在此期间掌握的内容尤其给人留下深刻印象：在其机器人幼儿园中，它已经学会了收拾整理桌子。它小心翼翼地把一些玩具——球、杯子和老鼠——放进一个事先准备好的桶里。因为汽车、色子和章鱼离得太远，它够不到，所以，它就拿起一个绿色的小玩具帮忙。但是，当它要拿章鱼时，却很快发觉，这条章鱼甚至在计算所及的范围之外。于是，小机器人向上看，寻觅着与洛伦索·纳塔勒的视线接触，然后对他说："你能帮我一下吗？"

乔奥尔乔·梅塔教授解释说："收拾桌子，这似乎是简单的任务，其实要求一系列高度错综复杂的连续动作。"机器人"艾库伯"肯定不仅学会了识别并且准确地抓取不同的物体，在一个特定的地方把它们放下。它还必须知道，当物品离得太远时，它应该做什么。应该如何使用运算工具？人们怎样用运算工具推动物品？如果这也不成功，谁来帮忙？为此，它必须辨认人和人脸，然后目标明确地与他们说话交流。

梅塔教授说："为了实现这个目标，我们在机器人身上安装了各种各样的模块。比如，有些模块用于分割物体与其周围事物，将物体分类，抓取物品；此外还有模块用于目标明确地使用工具，够到并放下物品；还有的模块用于识别人脸、说话、理解语言和其他更多内容。"

深度学习——识别图形的方法

机器人"艾库伯"的一个最重要的学习模块之一，建立在所谓深度学习方法的基础上。它可以借助这些学习模块识别各种物体和图形，并且将它们分类。它们是神经网络的一种进一步发展，这些神经网络以大脑中神经细胞的工作方式为标准。尤其是加拿大多伦多大学(Universität Toronto)吉奥夫雷·E.辛顿(Geoffrey E.Hinton)带领的科研人员于2006年创立了深度学习的领域，该领域从此在全世界引起轰动，而且在此期间发现了很多成功的商业应用领域。[①]

68岁的英国人辛顿是乔治·伯勒(George Boole)的曾曾外孙，正是伯勒对数理逻辑的开拓性研究，才使我们现代的计算机技术成为可能。辛顿首先在剑桥大学学习实验心理学、生理学和哲学，然后在爱

①参见约翰·玛尔考夫(John Markoff)撰写的关于吉奥夫雷·E.辛顿(Geoffrey E.Hinton)和深度学习的文章："科学家们在深度学习的程序中看到承诺"（"Scientists See Promise in Deep-Learning Programs"），刊于2012年11月23日的《纽约时代周刊》(New York Times)：ihttp://www.nytimes.com/2012/11/24/science/scien。

丁堡大学 (Universität Edinburgh) 获得人工智能方面的博士学位。最后，他到加拿大的多伦多大学担任教授。除此之外，自从 2013 年以来，谷歌公司还聘请他担任科研负责人。

为了弄懂深度学习发挥作用的方式，我们首先看一下这种学习方法的典范：我们人类大脑中"小的灰色细胞"。当我们更仔细地观察时，第一个惊喜是：这些所谓灰色的细胞根本就不是灰色的。毋宁说，这些神经细胞即神经元是玫瑰色的，而包裹它们的神经纤维是白色的。只有当大脑不再充满血液即死亡时，神经元才显示灰的颜色。[①]

人类的大脑是一种令人惊讶的器官，它呈核桃形状，含有 1.3 千克的脑浆，在大脑中，大约有 860 亿个神经细胞。它们之间数据的联系明显地摇摆，分别视人们观察大脑的角度而有所不同。然而，在衔接部分中，每个神经细胞拥有超过 1000 个连接点，即所谓的神经腱与其他神经元连接。在整个网络中，一共有 100 万亿和 1000 兆之间的接触点。假如人们将这些神经元的长度累加，那么人们会得到令人惊讶的数字：几乎 600 万千米。倘若我们把一个人的神经连接前后摊平，那么，其长度应该足够围绕地球 150 圈！

大脑中的信息处理首先建立在神经细胞（行为潜能）的电子模拟基础上。假如一个细胞是用电子的方式产生的，那么"它就会发热"，也就是说，细胞的持续在 1‰ 秒到 2‰ 秒的行动潜能沿着这个细胞的神经纤维，走到所有被事后关闭的神经元。在神经纤维的末端，这个电子的脉冲造成传递物质即神经传输器的倾倒。这些是生化分子，诸如谷氨酸盐、多巴胺、血清素、去甲肾上腺素或者乙酰胆碱酯酶。这

---

① 关于大脑如何发挥作用的好文章收藏，参见：www.das gehirn.info。

些信使物质被后来开启的细胞中相应的接收器接纳，在它们克服了所谓的神经腱的裂缝之后，这些传递物质被倾倒进该裂缝中。作为结果，在第二个神经细胞中产生了离子流，这些离子流要么在电子方面引起，要么阻止该细胞。在此过程中，所有经过接收细胞的脉冲被叠加。假如它们在一个特定的时间段内超过了一个界限值，那么这个细胞也发热，继续给予它行动潜能；相反，假如到达的信号低于界限值，那么这个神经元就不会活跃，并且处于哑然无声的状态。神经细胞的活跃性遵从一种要么都有，要么什么都没有的原则，这提醒人们注意，计算机中有数值1或者0的数据信号处理。

神经生理学家沃尔夫·兴格尔（Wolf Singer）30多年来一直在美因河畔的法兰克福（Frankfurt am Main）"马克斯－普朗克学会"（Max-Plank-Gesellschaft）脑神经研究所担任所长。他解释说："一个人直到25岁都会不断有新的神经纤维产生，现存的细胞被分解。"[①] 视每个人在其各自的25年中的印象和体验不同，从遗传上预先规定的基本结构出发，会形成一个个体的大脑结构。"在此过程中，适用这一条：在人类三岁以前发生的一切虽然被学习掌握过，而且作为言明的知识被储存过，但是，我们并记不得，我们在什么样的上下文中学习了它们。"兴格尔说。

学习就像行驶进入道路一样

除此之外，还有延长整个一生的学习过程，即明确详尽的知识。

---

①参见沃尔夫·兴格尔（Wolf Singer）2013年的一篇学术报告"我们的头脑运行与我们感觉的不一样"（"In unserem Kopf geht es anders zu, als es uns scheint"）的视频资料：www.dasgehirn.info/denken/bewusstsein/wolfsinger-in-unserem-kopf-geht-es-anders-zu-als-es-uns-scheint-8752。

在此过程中，并非涉及设计新的神经纤维，而是涉及强化或者削弱现存的神经联络。例如，在学习词汇时，人们要一再刻苦地学习，才能记住，"狗"在法语中是"le chien"。然后，这个联络就像驶入道路一样。当人们听到或者看到"狗"这个单词时，德语或者法语中这个概念相应的语言神经细胞就会发热，与"狗"这个词的声音或者图片相联系的声音或者视觉的神经元就会发热。这种被联系在一起的、联想的学习过程恰恰就是在人工的神经元中、网络和深度学习过程中发生的事。除了长时记忆以外，在大脑中还有一种短时记忆或者工作记忆，人们所关注的这方面的信息最多在20秒内被储存。人们在这个时间段里通常能记住七个物体，例如，单词、数字或者图片。假如有新的物体增加，那么最老的物品被摒弃，除非它们被识别为特别重要的或者有趣的，并且被有意识地接受为长时间记忆。例如，如果人们在读一个文本，那么人们很快就会忘记精确的语言表达，而会明显更长久地回忆文本的基本观点、直观的或者令人感到惊喜的例子以及重要的基本说法。同时，这20秒的工作记忆为此服务：用源自长时间记忆的内容校准新的信息，为了能够分别视情况而定地采取行动。假如人们通过某些社交网络了解到，有朋友过生日，那么我们或许会突然快速地想到，早就想给这个朋友打电话来着。于是，从我们的长时间记忆中，就会出现与这个朋友共同郊游的回忆，或许连同朋友的电话号码一起，而我们已经很长时间都想不起这位朋友的电话了。

神经元的电闪雷鸣的暴风雨

　　除了长时记忆和短时记忆这两个记忆类型以外，大脑中还有一个超短时记忆的机制。因为，我们在每个瞬间都被我们具有大量数据的感觉器官淹没，我们却根本就不想记住这些数据。我们甚至必须忘记这些数据，因为，否则大脑的存储空间就会不够用。例如，当人们在过马路时，大脑就必须处理大量的数据：眼睛看着障碍物——灯柱、其他行人、骑自行车的人和汽车——耳朵听见汽车轮胎摩擦的吱吱叫声、汽车的喇叭声和别人谈话的细碎声，鼻子可能闻到土耳其烤肉的香味儿……

大脑需要仅仅在数秒钟内甚至在 1 秒的几分之一时间内处理所有这些信息，以便做出决定：人们能够在什么地方横穿马路，迎面走来的行人是否为自己的熟人，是否应该与他打个招呼。或者，我们是否饿得有足够大的胃口吃土耳其烤肉。科研人员还在为此争论不休：大脑中几秒钟的存储应该如何被转化。这或许并非通过化学过程发生，而是通过网络自身的活跃。这些信息于是会被储存在大脑的活跃模型中，与交换其电子脉冲的、发热的神经元合作。

尽管只有神经细胞制造并且传递电子信号，此外，大脑中包围它们的细胞即所谓的神经胶质细胞也并非不重要。它们虽然比神经元小，但是，同样经常出现。它们的任务主要在于，给神经线加上外壳，而且，快速而无干扰地继续传递电子的产生。为了达到这个目的，人类大脑中会有越来越多的神经纤维被胶质细胞包围，一直到青春期为止。此外，神经纤维还是一种神经细胞的支架，提供重要的养料，并且排掉垃圾材料。

一切还远远没有进入意识中

如果我们观察一下人类大脑的结构，那么首先很引人注意的是大脑的两个脑半球。大脑有 2 毫米到 4 毫米厚的大脑皮层，向内褶皱。它以此达到几乎 1/5 平方米的面积。它蕴藏着 200 亿个神经细胞，而神经纤维在大脑皮层的下面。

但是，绝对不是每个信息都到达大脑皮层。植物性的神经系统如呼吸、心跳或者消化等的反射和过程无意识地进入大脑的其他区域。因此，脑干就位于脊髓的末端。它作为到达的感觉印象关闭中心和离开的电子命令发挥作用。此外，脑干的一部分负责运行身体功能。

在脑干的后面有小脑，还有绝大多数神经细胞：所有神经元的2/3强还在此活动。小脑主要负责运动和平衡，这又表明，即便对于这种简单的行动而言，人需要多少大脑工作。迄今为止，机器人一直很难做到这一点，这也就不足为奇了。与人类相比，鸟类和猛兽的小脑往往比大脑更发达：

在大脑内部很深的地方，有我们的情绪中心——叶片系统或者间脑，这是荷尔蒙系统与神经系统之间的联结部分。在这里产生饥饿和性欲，同样也产生情感，比如恐惧和喜悦。在这里，有生物钟在嘀嗒运行。在这里，危险得到评价，荷尔蒙被倾倒。在这里，有我们内部的评价系统中心。此外，在间脑中，记忆内容被协调联结，从短时记忆向长时记忆的过渡过程开始运行。

沃尔夫·兴格尔强调说："迄今为止，进化的最后开拓性的创造却无论如何都是大脑中负责思维的部分，即大脑皮层。大脑皮层起初产生于低等的脊椎动物上，然后，在灵长目动物身上得到可观的扩大。然而，在此过程中，只有新的区域形成，作为基础的原则一直是相同的。"在此过程中，老鼠或者鸽子等结构更简单的大脑皮层在初级皮层区域的神经元之间有很短的路径，它们处理运动或者感知，即视觉、听觉、嗅觉、触觉和味觉。

对于猴子和人等更高级的动物而言，还有所谓的联想区域。它们继续处理传感区域的结果。它们对比这些结果与记忆内容，然后评价这些记忆内容。它们计划事物并且想象事物，它们思考自我，然后向外交换其思想。这样，人类大脑皮层的根本部分产生的只能是典范，即关于环境和关于我们自己的典范。兴格尔说："位于我们前脑的细胞仅仅与同类的其他细胞谈话——它远离来自边缘部分的传感信号。在此，在这个组织中，出现了更高的思维功能，最后出现了意识。"

未来学家瑞·库尔茨维尔(Ray Kurzweil)自从 2012 年 12 月成为谷歌公司机器学习和语言加工部门的专家。他这样表达："我们的大脑创造了思想，而思想又创造了我们的大脑。"实际上，确实是这样的：思维改变了大脑的结构。反复被思考的新思想通过与此相联系的学习程序，强化了相应的神经轨道。与找到食物来源的蚂蚁相似，通过其新的芳香物质不断吸引新的蚂蚁，通过这种方法，蚂蚁道路不断被强化使用……这又吸引了去那里的其他蚂蚁。

这个受偏爱的轨道的原则有什么结果呢？库尔茨维尔说："现在，我们的大脑皮层是有限的，或许局限在我们能够处理的三亿个模型。因此，我们只能在一个领域成为世界一流的，其前提是，我们把注意力集中于这种勇气上，并且有这种勇气：离开被踩坏的思维路径，走我们今天自己的路。例如，爱因斯坦(Einstein)还是一位酷爱小提琴演奏的小提琴手，但是，他没有成为像雅莎·海菲茨(Jascha Heifetz)那样的世界顶级小提琴家。而海菲茨也对物理学感兴趣，却没有成为爱因斯坦。"[①]

---

①参见斯蒂文·莱维(Steven Levy)对瑞·库尔茨维尔的采访："瑞·库尔茨维尔将如何帮助谷歌制作最后的人工智能大脑"("How Ray Kurzweil Will Help Google Make the Ultimate AI Brain")，刊于 2013 年 4 月美国的《有线新闻网》(Wired.com)：www.wired.com/2013/04/kurzweil-google-ai。

总是按照同样的程序

然而：假如每个人的大脑里都携带一个大约符合 2500 万亿字节移动硬盘的存储空间，那么，在每个人的大脑里，肯定有足够的空间，以便在多个领域都出类拔萃。而关键并非能够储存多少模型，而是，所有这些信息如何被排序，并且被确定结构，以便人们快速地追溯，确立联想，而且用智慧的和创造性的方式建立内在联系。在这方面，阿尔伯特·爱因斯坦（Albert Einstein）在物理学领域是一位世纪天才。

对于智能的系统而言，大脑研究者的一个重要认识是非常有趣的。沃尔夫·兴格尔说："进化论保留了曾经证明自己是有效的东西。无论是蠕虫，还是蜗牛，抑或是人类，我们都有相同的分子基础和功能性的机制。"这同样适用于神经细胞发挥作用的方式。

美国加利福尼亚州斯坦福大学的吴恩达（Andrew Ng.）教授[1]是"谷歌大脑项目"（Google-Brain-Projekt）的创始人之一[2]，他目前是中国企业百度的深层学习科学家团队负责人。他称这为"一种计算机算法的假设"："大脑中所有感知过程和学习过程都遵循同一个程序。"这一点通过以下内容得到证明：听觉中心也能学会看，正如触觉中心一样。

实际上：20 世纪 80 年代以来，科学家们能够展示大脑皮层可以多么灵活地被组织。这样，科研人员在小白鼬的大脑内分开了其耳朵

---

[1]吴恩达(1976-，英文名：Andrew Ng)是华裔美国人，任斯坦福大学计算机科学系和电子工程系副教授，人工智能实验室主任。吴恩达是人工智能和机器学习领域国际上最权威的学者之一。吴恩达也是在线教育平台 Coursera 的联合创始人。——译者注

[2]达尼拉·海尔南戴茨(Daniela Hernandez)；"谷歌大脑后面的人：吴恩达以及新的人工智能的寻觅"（"The Man Behind the Google Brain：Andrew Ng and the Quest for the New AI"），刊于 2013 年 5 月的美国《有线新闻网》(Wired.com)：www.wired.com/2013/05/neuro-artificial-intelligence。

与视觉神经胶质之间的联系，并且在眼睛和迄今为止的听觉中心之间确立了一种新的联系[1]。它们在此期间能够展示，在那里也能够显示视觉刺激。其他科学家在此前已经用叙利亚的仓鼠成功地得出同样的结论：其八字胡的触觉中心就像听力中心一样，也处理图像，如果人们给大脑重新"接线"。这些仓鼠可以解决视觉问题，尽管视觉中心被破坏了，而且现在信号到达了听力中心和触觉中心。[2]

在人类身上，也有给人留下深刻印象的例子说明，大脑的可塑性有多大，尤其在年轻时如此。心理学家和神经生物学家尼尔斯·比尔鲍莫尔(Niels Birbaumer)[3]报道了一个十岁的女孩儿，她完全缺少整个右脑，却完全正常地发育：她的大脑的左半球显然接替了所有任务，其中就有左眼负责的视觉中心。另一个年轻的女患者完全没有左半球。在这里，虽然其活动和视野范围受到限制，但是，作为补偿，她掌握两门语言，这也是不太寻常的，因为，语言中心通常在左侧。

---

①参见安娜·王·洛厄（Anna Wang Roe）等人的文章："视觉反射沿着小白鼬的听觉通道：在基本的听觉神经胶质中的视觉神经元的接受领域"（"Visual projections routed to the auditory pathway in ferrets：receptive fields of visual neurons in primary auditory cortex"），刊于 1992 年第 12（9）期的《神经科学杂志》(*Journal of Neuroscience*)，第 3651、3664 页摘要：www.ncbi.nlm.nih.gov/pubmed/152760412。

②参见克里斯蒂娜·梅廷(Christine Métin)和道格拉斯·O. 福若斯特(DouglasO.Frost)的论文："仓鼠的体觉胶质中神经元的视觉反应，携带用实验的方法引起的对体觉丘脑的视网膜反射"（"Visual responses of neurons in somatosensory cortex of hamsters with experimetally induced retinal projections to somatosensory thalamus"），刊于美国 1989 年第 86（1）期的《美国科学院刊》(*Proc. Natl. Acad. Sci*)，第 357、361 页摘要：www.ncbi.nlm.nih.gov/pubmed/2911580。（Proc. Natl. Acad. Sci 的全称是：*Proceedings of the National Academy of Sciences of the United States of America*，即《美国科学院院刊》。——译者注）

③参见尼尔斯·比尔鲍姆尔(Niels Birbaumer)的著作：《你的大脑知道的要比你想象得多》(*Dein Gehirn wei mehr als Du denkst*)，乌尔施泰因(Ullstein)，2015 年。

几十亿人工的神经元在达到 30 个的层次中

像格奥夫·辛顿（Geoff Hinton）和吴恩达这样的人工智能专家，根据所有的认识得出结论，神经纤维中的神经细胞总是发挥同样的作用。它们显然根据同样的方法发挥作用——无论现在涉及听觉、视觉还是触觉。计算机领域的科学家们在其"深度学习的系统"（Deep-Learning-System）中有计划地转化这个结论。根据人类大脑的典范作用，这些系统由一个被模拟的神经细胞的网络组成。这些神经细胞即所谓的节点按照先后顺序被安排在多个层次中。

现代的深度学习系统有别于在 20 世纪 80 年代研发的神经元网络，后者在根本上仅仅通过节点和层次运行[①]。在当时的神经元网络中，有几百个到几千个节点和少量的层次。相比之下，今天的深度学习系统有几百万甚至几十亿个人工的神经元，它们被堆积成 30 层。在过去的 25 年里，计算机运算功率和存储能力的极大提升使这个进步成为可能。对此，人工神经元网络的理想元件尤其是高效率的图表，它们最初是为计算机游戏研发的。网络大多是这样组织的：一个层次的每个节点与下一层的所有节点联系在一起。如果一个节点被激活，那么，它就像大脑中的行动潜能一样，把这个信号传递给其所有接下来的节点。在此过程中，每种单个联系的权重由于学习程序而被调节得更强或者更弱，这一点也符合大脑中的运行过程。人工神经元的界限值同样能够被定义：当到达信号的总量超过界限值时，它们就会发热；假如信号总量低于界限值，它们就保持沉默。在这样的一个网络中，通

---

① 参见尼古拉·琼斯（Nicola Jones）关于深度学习的文章："机器如何学会学习"（"Wie Maschinen lernen lernen"），刊于 2014 年《自然》（*Nature*）第 505 期，第 146、148 页，以及在 2014 年 1 月的《德国〈光谱〉网》（*Spektrum.de*）：www.spektrum.de/news/maschinenlernen-deep-learning-macht-kuenstliche-intelligenz-praxistauglich-spektrum-de/1220451。

过反馈来学习：例如，倘若许多房屋的画面被呈现给第一层，那么网络识别的最后一层的输出就应该叫作"房屋"。假如不是这种情况，那么神经元联系的权重就按照数学方法如此逐个层次地被修正，以至于下一次尝试的结果越来越好地适应人们所期望的结果。吴恩达说："这些层次这样发挥作用：它们分别认出不同的结构和图形，比方说，角和棱、斜线或者圆形。"在分层金字塔中，人们越处于上层，识别标志就越专门化。在此过程中，每个平面的结果都分别被传递给下一个更高的层次。最下面的平面一个像素一个像素地处理一幢大楼的图像。这样做的目的是，在下一个层次中能够识别角和棱。上面的平面已经在寻找更大的、有内在联系的成分，比如门、屋顶、阳台或者窗户。最后一层再把所有这些认知拼合成大楼的完整阐释。[①]

视觉、听觉、嗅觉、触觉——网络什么都会

这些系统的一个很大的好处是，"深度学习方法"（Deep-Learning-Verfahren）普遍适于对所有图形发挥作用，也就是说，绝对不能仅仅用于图片处理。正如它们识别照片或者视频上的物体一样，这些用人工的神经元制作的层次也能听出来听力文件中的话语，分析音乐作品，辨识味道或者改善机器人的触觉。

在识别物体方面，这些年的研究表明，它们是可靠的。吴恩达就让一款机器人学习咖啡杯是什么样子的，然后让它在实验室的各个房间中穿行。这些空间正如全世界绝大多数实验室房间一样，装满了器

---

①参见约翰·玛尔考夫（John Markoff）的文章："识别一只小猫需要多少台计算机？16000台"（"How Many Computers to Identify a Cat? 16,000"），刊于2012年6月25日的《美国时代周刊》（*New York Times*）：www.nytimes.com/2012/06/26/technology/in-a-big-network-of-computers-evidence-of-machine-learning.html。

具、电线、记录文件和正在工作的大学生。吴恩达回忆说："一共有28个咖啡杯。机器人找到了所有这些杯子，而且在此过程中没有出任何差错。"这些深度学习方法也足够快，就像在人类的大脑中一样快捷。它们在不到1秒的时间内就能识别咖啡杯或者小猫，其原因主要在于，在每一层里，有数千个甚至数百万个神经元在同时工作。

然而，持续时间明显更长的是预先进行的学习。也有很多预先学习的不同方法。在不受监督地学习这一过程中，计算机系统能够自主而且快速地实施，它们自己找到图片或者其他资料中的标志。但是，倘若没有人的帮助，它们就不知道学习什么。因此，在受监督的学习过程中，人作为老师予以支持。

澳大利亚的吉雷米·霍华德(Jeremy Howard)创建了提供健康数据的机器学习公司"恩里提克"(Enlitic)。霍华德还是澳大利亚前总理，图形识别的科研人员协会"凯格勒"(Kaggle)① 的科学家负责人。2014年12月，霍华德在布鲁塞尔的"技术、娱乐和设计"(TED)的访谈节目中，通过一个直观的例子进行演示。②TED是技术(Technology)、娱乐(Entertainment)和设计(Design)三个英文单词的缩写。在"技术、娱乐和设计"大会上，科学家们齐聚一堂，尽可能通俗易懂地展示他们的研究及其科研理念。

霍华德解释说："我们从汽车的150万张图片开始。"这些是互联

---

① "凯格勒"(Kaggle)由联合创始人、首席执行官安东尼·高德布卢姆（Anthony Goldbloom）2010年在墨尔本创立，主要为开发商和数据科学家提供举办机器学习竞赛、托管数据库、编写和分享代码的平台。该平台已经吸引80万名数据科学家的关注，被谷歌收购。——译者注
② 参见吉莱米·霍华德(Jeremy Howard)在"技术、娱乐和设计大会"上的报告："能学习的计算机神奇的和可怕的含义"（"The Wonderful and Terrifying Implications of Computers That Can Learn"），见2014年12月的以下网络（配有许多直观的例子）：www.youtube.com/watch?v=t4kyRyKyOpo。

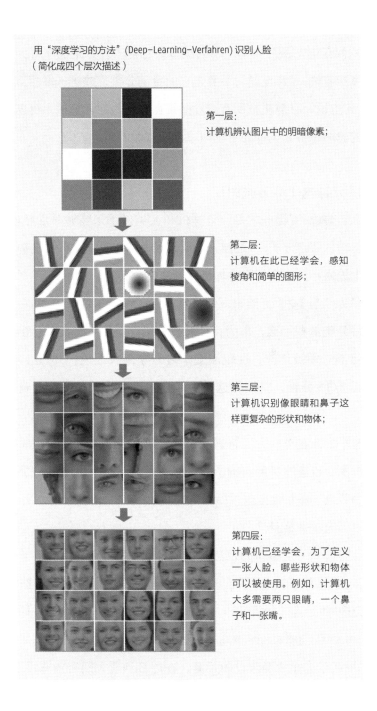

用"深度学习的方法"(Deep-Learning-Verfahren)识别人脸
（简化成四个层次描述）

第一层：
计算机辨认图片中的明暗像素；

第二层：
计算机在此已经学会，感知
棱角和简单的图形；

第三层：
计算机识别像眼睛和鼻子这
样更复杂的形状和物体；

第四层：
计算机已经学会，为了定义
一张人脸，哪些形状和物体
可以被使用。例如，计算机
大多需要两只眼睛，一个鼻
子和一张嘴。

网上完全没有排序的机动车辆照片：从侧面、后面、前面拍摄的，有车门和汽车内饰照片，有汽车的细节，包括千差万别的车灯。这位数据专家接着说："深度学习运算把它们自动分类，放进一堆相似的图形中。"比方说，计算机把所有图片汇集在一起，在计算机上可以看到大规格的轮胎照片，同样还有车门或者后备厢的照片。

15 分钟内 150 万张图片

霍华德说："漂亮的是，计算机和人类接下来能够非常好地合作，为了将图片快速分类。"这样，完成下列工作也就是几秒钟的事：在计算机上进入不同类别的文件，给一堆文件命名为"轮胎"，给另一个文件命名为"后备厢"，给第三组文件标题"前脸"。给汽车的左侧和右侧照片分类有些困难，因为，计算机在给这类照片分类时总出错，而这些错误必须被修改。这位深度学习专家高兴地说："但是，我们最后只需要 15 分钟，就能将这 150 万张图片准确地分类，准确率高达97%。"

这些方法在医疗方面特别有用，如果涉及识别数千个组织测试中的癌细胞，或者在肺部和肠子的 X 线断层照相术片子中找到能指向癌症的小节点。霍华德坚信："计算机能够在这方面支持医生，这首先给发展中国家带来希望。"

根据世界卫生组织的说法，在尼日利亚，2012 年有大约 6.7 万名医生。鉴于过快的人口增长，这个非洲国家还需要 80 万名医生，为了在 2030 年达到"经济合作与发展组织"(OECD, Organization for Economic Cooperation and Development) 国家的水平。霍华德推测说："用迄今为止的基础设施计算，在尼日利亚大概需要持续三百年，才能达到'经济合作与发展组织'国家的水平。深度学习方法能够从根本上加速这个培训水平，并且大幅度地提高效率。"

另一个高效率的学习方法源自谷歌。谷歌在 2013 年把"谷歌街道实景"（Google Street View）插进一个"深度学习计算机算法软件"（Deep-Learning-Algorithmus）中，该算法程序能识别门牌号，尽管门牌号是斜的或者颠倒的，或者用不常见的字体写的。通过这种方法，谷歌公司得以将所有被拍摄的法国房屋精确地定位在"谷歌地图"（Google Map）上。而谷歌公司完成这项工作需要的时间还不到两个小时。霍华德认为："要是在过去，同样的任务需要几十人花费很多年才能完成。"

谷歌的中国竞争对手百度在这方面也很优秀，可以与谷歌相媲美。霍华德仅仅上传了一条狗的照片，没有任何文本信息，就请求百度找到相似的图片。百度搜索引擎在几秒内就提供了无数有狗的照片：同样的种类，相同的皮毛颜色，附带这种动物可以比较的位置和相似的背景。这套系统非常明白，它应该按照什么特点去搜索，不用任何所谓的文字描述，也就是说，没有任何一种描绘文本的文字说明。

人们向深度学习方法系统提供的作为学习例子的数据越多，深度学习方法就会变得越好。在互联网上，这方面的数据远远超过所需要的数值：数千亿文本中的话语、几十亿图片、视频资料和听音文件。而增长的趋势不会中断：每天单单在视频共享网站"优兔"（YouTube）[①]上就有 50 万的视频资料被更新。

[①]"优兔"（YouTube）是世界上最大的视频网站，早期公司位于加利福尼亚州的圣布鲁诺。该视频网站注册于 2005 年 2 月 15 日，由美籍华人陈士骏等人创立。该网站最初让用户在比萨店和日本餐馆下载、观看并分享影片或短片。2006 年 11 月，被 Google 公司以 16.5 亿美元收购。——译者注

除了这些没有被分类的数据以外，还有非常系统地建立的数据库，人们可以把这些数据库当成学习材料来使用。例如，美国加利福尼亚州斯坦福大学的李飞飞（Fei-Fei Li）教授借助全世界数千人的帮助，建立了"形象网络数据库"（ImageNet-Datenbank）[1]。该数据库提供1400万张图片供网民自由使用。在这种情况下甚至配备很好的文本描述：比方说，关于鸟类的主题有850个鸟的下级分类，配上大约1000张图片。即便在乐器这个主题下还有160个下级分类，其中单单电子吉他就有1600多张照片，形状千差万别，视角各异。"计算机视觉系统识别数据库"的组织者在其数据库的基础上定期举行图片识别的竞赛。[2]

当计算机自动找到小猫的时候

许多科学家的宏伟目标是，让计算机尽可能不受人监管地也就是没有人帮助地学习。因此，吴恩达和他的同事杰夫·狄恩（Jeff Dean）率领的科研人员于2012年在"谷歌大脑项目"的框架内（这是一个拥有总共16000个计算机处理器的庞大网络），展示了从全球最大的视频网站"优兔"（YouTube）的视频资料中随机选出的大约1000万张图片。狄恩报道说："基础的深度学习网络大约比所有之前使用的网络内容丰富50倍。"该网络包括20亿个节点，其中最上层就有6万个节点。"我们很快断言，最上层的人工神经元完全独立地找到视频资料中

---

[1] 参见"计算机视觉系统识别数据库"（ImageNet-Datenbank）：http://image-net.org。

[2] 关于李飞飞、吴恩达、约根·施米特胡伯（Jürgen Schmidhuber）和其他研究人员的其他研究信息还请参考克里斯蒂安·施维格尔（Christian Schwegerl）的文章："人工智能"（"Künstliche Intelligenz"），刊于2015年3月的《视界》（GEO），第108-127页。（《视界》在欧洲与美国的《国家地理》齐名，除科技地理外，内容还广泛涉猎心理、社会、历史等多个领域，并以独立的立场和高品质的图片呈现以及绝佳的视觉效果成为欧洲人文地理类优秀刊物。——译者注）

最重要的因素。"

一个被发现的图形之一当然就是人脸，另一个图形就是许多视频资料中最受网友喜爱的目标：小猫。[①] 狄恩说："尽管计算机并不知道，猫是什么，它们还是所谓独立地发展了小猫的概念。"当科研人员从深度学习的网络中筛查出电子大脑作为明显的图形识别的内容时，他们看到一张图片，就像 19 世纪末法国印象派画家之后的点画法大师乔治·修拉（Georges Seurat）[②] 画的那样：在由闪烁颤动的光线中灰色、棕色、白色、绿色和蓝色的点和线组成，但是明显的有皮毛、耳朵、胡子等一个猫咪的精髓。

尽管吴恩达对有学习能力的计算机的发展津津乐道，持乐观态度，他却一直很谦虚："与人类大脑皮层的功率相比，这 16000 个计算机处理器却仍然是一个很小的网络。虽然截至 2020 年，科研人员能够成功地做到，仿造大脑皮层里视觉领域的规模，但我对此并非很有把握：我们是否能够依靠我们今天的深度学习方法，完全模拟我们大脑中的识别算法。"

然而，深度学习系统的成绩是不可否认的。因此，2012 年，图形识别平台凯格勒（Kaggle）举办了一次由德国化学和医药企业"迈尔克"（Merck）赞助的竞赛，为了借助计算机的帮助，找到适合新药品的分子。多伦多大学由格奥夫·辛顿教授领导的团队以其深度学习方法赢得大赛。这种深度学习方法的特殊之处在于，该团队没有任何科研人员在生物和化学领域是科班出身，而他们的计算机系统只需要两

---

①参见 2012 年 6 月 26 日的谷歌博客 Google-Blog：https://googleblog.blogspot.de/2012/06/using-large-scale-brain-simulations-for.html。

②乔治·修拉（Georges Seurat，1859–1891）是法国画家，生于巴黎一个宗教气息很浓的保守家庭里，这使他性格孤僻。其代表作有《大碗岛上的一个星期日》等。——译者注

个星期，为了在数千个分子中识别那些最有可能获得成功的分子[1]。

与此相似，神经元网络效率也很高，欧洲的科学家们用这些网络研究，比如，在瑞士卢加诺(Lugano)"人工智能研究所"(IDSIA，Schweizer Forschungsinstitut für Künstliche Intelligenz)的约根·施米特胡伯教授的实验室里。施米特胡伯教授既是计算机专家，又是艺术家。其许多智慧而充满幽默的科学论文就由这种组合产生。这些科研论文主要涉及艺术、音乐、科学和幽默的、广泛的理论。在他的网页[2]上，这位现年53岁的慕尼黑人写道，他在15岁时就树立了这个目标：研发一种自我完善的、比他还聪明的智能，然后他就想退休了。

计算机比人类能更好地识别交通标志

施米特胡伯教授还没有实现这个目标。但是，在过去的几年里，他创立的有学习能力的网络赢得了九个国际竞赛大奖，在阅读手稿、识别语言和语言翻译或者分析乳腺癌组织检查结果等领域。这些计算机算法软件目前被谷歌、微软、美国"国际商业机器公司"(IBM)和中国百度等企业以及其他公司使用。

2011年，施米特胡伯教授领导的实验室研发的深度学习网络赢得"波鸿神经计算机研究所"(Institut für Neuroinformatik in Bochum)举办的交通标志识别大赛[3]头奖。施米特胡伯教授研发的人工神经识

---

① 参见2012年11月"凯格勒"博客(Kaggle-Blog)：http://blog.kaggle.com/2012/11/01/deep-learning-how-i-did-it-merck-1st-place-interview/。

② 参见约根·施米特胡伯(Jürgen Schmidthuber)的网页：http://people.idsia.ch/~juergen/。

③ 参见丹·西雷桑(Dan Ciresan)、于丽·迈耶尔(Ueli Meier)、约纳坦·玛斯琪(Jonathan Masci)和约根·施米特胡伯(Jürgen Schmidhuber)关于交通识别的原文发表："用于识别交通信号的多列深度神经网络"("Multi-Column Deep Neural Network for Traffic Sign Classification")，刊于2012年1月《神经网络》(Neural Networks)：http://people.idsia.ch/~juergen/nn2012traffic.pdf。

别在各种不同路况下拍摄了 5 万张照片，其准确率高达 99.46%。它们以 0.54% 的出错率比一个 32 人组成的小组好出一倍，该小组的平均出错率为 1.16%。一种用于图片识别的计算机算法软件结果比人类更好，这在历史上是第一次！

毫不奇怪，在苹果公司的虚拟人员助理系统"西里"(Siri) 或者谷歌公司的搜索引擎和"谷歌街道实景"软件中，都有用于语言识别和图片识别的深度学习技术。杰夫·狄恩说，在 2013 年到 2015 年仅仅两年的时间里，谷歌就研发出总共 47 种包含深度学习系统的产品：包括安卓 (Android) 的语言识别和广告安排。在谷歌的照片和视频软件中，安插有一种图片识别功能，使人们很容易搜索或者整理照片和电影。假如人们想要找到所有带雪景的照片，程序只需通过分析照片内容就能够识别。

在自动发现障碍物和行人的自动驾驶汽车上，或者在描述图片的文本中，深度学习系统在未来也将扮演重要角色。狄恩坚信地说："如果我们能成功地用图片轻松地搜索，就像用文本那样轻松，那么，这会具有巨大的经济意义。比如说，对于明天的购物体验而言，这将是一场革命！"其背后的理念是：将来，如果有人半路上看到一辆他喜欢的电动自行车或者邻座的女士戴的一条围巾：他只需拍一张自行车或者围巾的照片，然后，搜索引擎就会提供恰好销售这些产品的商家的详细信息和联系方式。

百度如今在指导思想上已经能做到这一点。吴恩达说："如果一位使用者在百度搜索引擎上输入一位影星的名字，那么百度可以依靠脸部识别软件辨认这位著名的人物，然后提供进一步的信息，诸如年龄和爱好。"更有甚者："如果这位影星穿的衣服与我们了解的衣服款式相似，我们就会找到类似的衣服，并且向使用者显示，在哪里能买到这款衣服。"这位深度学习软件专家说，百度搜索引擎的这种功能已经非常普及了。

然而，人工神经和有学习能力的系统软件的影响将会明显超出这一点。市场营销专家可以借用这种系统软件搜索互联网采购门户站点的数据库和商场的视频资料，然后由此开发新的方法，目标更明确地把产品带到需要产品的男人或者女人身边。医药公司想用深度学习技术加速药品的研发，并且使药品研发变得更加高效率。汽车公司可以将自动驾驶汽车投入到城市交通中。公安部门希望，拥有更高效率的人脸识别方法，使它们能够在监控录像中自动检索特定的人。

谷歌将一切吸引到自己身边：机器人公司和顶级专家

谷歌认识到，其母公司"阿尔法贝特"（Alphabet）处于所有这些研发的中心。因此，谷歌公司不仅收购了无数机器人公司，而且还吸纳自动学习软件的专家，比如，英国2011年刚创立的"启动深度思考技术"公司（Start-up DeepMind Technologies）。这些深度思考软件的研发人员只想研发人工智能最好的软件系统。他们也已经取得一些引起轰动的成就。

2016年3月，他们研发的有学习能力的软件"阿尔法围棋"（AlphaGo）引起了一场世界轰动：在五局比赛中，"阿尔法围棋"以4∶1的比分击败了世界围棋冠军李世石。可就在此前几个月，专家们还认为，在2025年之前，人工智能达不到这个水平。因为与象棋比赛不同，在围棋比赛时，单纯的计算能力还不够：在围棋棋盘上，可能走的棋局要多于宇宙的原子数量。彻底计算到不同的棋局，这简直是根本不可能的。因此，人类的围棋手经常强调他们的直觉，他们强调，把下一枚棋子放到棋盘的正确位置上，他们会"找到真正的感觉"。

"深度思考软件"的研发人员成功地做到，教授他们的软件"阿尔法围棋"掌握一种自己的直觉：他们不仅依赖 1.5 万个人类的棋局训练该软件，而且还让"阿尔法围棋"数百万次地和自己下围棋——他们结合深度学习方法和分析计算以及所谓的"蒙特－卡洛方法"（Monte-Carlo）[①]，它们带来偶然的棋步。[②]

他们通过这种方法就在几个月内使"阿尔法围棋"登上世界围棋的巅峰。"启动深度思考技术公司"的创始人戴密斯·哈塞比斯（Demis Hassabis）在比赛期间非常兴奋地说："'阿尔法围棋'在对弈李世石时，真正走了几步漂亮的、创造性的棋。"其他围棋专家也为一些棋步感到惊讶，他们从来没有看到人类的围棋手走过这种棋步。这些围棋专家甚至承认，这款围棋软件有一种自己的棋手风格，它显然是在其学习过程中获得了这种风格。"深度思考软件"被视为谷歌和"阿尔法贝特"公司人工智能战略的支柱之一，这也就不足

---

① "蒙特－卡洛方法"（Monte-Carlo）是一种随机模拟计算方法，以概率和统计理论方法为基础，通过使用随机数（或更常见的伪随机数）来解决很多计算问题。将所求解的问题同一定的概率模型相联系，用电子计算机实现统计模拟或抽样，以获得问题的近似解。人们借用摩纳哥公国的赌城蒙特卡洛命名该方法，以象征性地表明该方法的概率统计特征。——译者注

② 参见帕特里克·伊灵尔（Patrick Illinger）的文章："像我们一样的机器"（"Maschinen wie wir"），刊于 2016 年 3 月 4 日的《南德意志报》（Süddeutsche Zeitung）：www.sueddeutsche.de/wissen/kuenstliche-intelligenz-maschinen-wie-wir-1.2891860. 还可以参见米歇尔·尼尔森（Michael Nielsen）的文章："'阿尔法围棋'真的是一件非常了不起的事吗？"（"Is AlphaGo Really Such a Big Deal?"），刊于 2016 年 3 月 29 日的《量子杂志》（Quanta Magazine）：www.quantamagazine.org/20160329-why-alphago-is-really-such-a-big-deal，以及戴维·席尔瓦（David Silver）和戴密斯·哈塞比斯（Demis Hassabis）等人发表的论文原文："用深度神经网络和对大树的研究掌握围棋比赛"（"Mastering the game of Go with deep neural networks and tree search"），刊于 2016 年 1 月 28 日的《自然》（Nature）第 529 期，第 484–489 页。

为奇了。2014 年，谷歌和脸书（Facebook）围绕"深度思考软件"这家公司展开了一场收购大战，最终，谷歌以 4 亿到 5 亿英镑的价格赢得了收购大战。

2015 年 10 月，谷歌还作为股东参与了主要设在德国萨尔布吕肯（Saarbrücken）、凯泽斯劳滕（Kaiserslauten）以及不来梅（Bremen）的"德国人工智能研究中心"（DFKI，Deutsches Forschungszentrum für Künstliche Intelligenz）的活动。[1] 1988 年以来，"德国人工智能研究中心"在其主任、计算机学教授沃尔夫冈·瓦尔斯特（Wolfgang Wahlster）的领导下，与来自全世界 60 多个国家的大约 800 名科学家一起，发展成该领域领先的研究机构之一。在这里孕育产生了无数创新：从语言处理和知识处理到软件代理商和虚拟现实，再到工业 4.0 构想框架内的数字工厂。

目前，"德国人工智能研究中心"以往培养的 30 多位工作人员和学生目前在谷歌公司工作。这再一次证明谷歌的战略行为，召集并吸纳全世界范围内的人工智能专家也属于这一战略步骤：其中有诸如格奥夫·辛顿、瑞·库尔茨维尔、杰夫·狄恩和吴恩达这些顶级的科研人员。而百度又从谷歌公司抢走了吴恩达，这同样强调了当前在"深度学习软件系统"领域占主导地位的巨大活力。2016 年 1 月，谷歌的母公司"阿尔法贝特"在股票交易市场上首次上升为全世界最有价值的企业，这不仅要特别归功于其在搜索引擎方面的某种垄断地位，归功于通过广告获得的收入：交易所以此首先奖励这家康采恩的未来，

---

[1] 关于谷歌参与"德国人工智能研究中心"（DFKI,Deutsches Forschungszentrum für Künstliche Intelligenz）的活动，参见 2015 年 10 月 6 日的新闻报道：www.dfki.de/web/presse/pressemitteilungen_intern/2015/google-ist-neuer-gesellschafter-des-dfki/。

而这个康采恩的未来主要在人工智能领域。

有趣的一步棋是：2015年11月，谷歌宣布，将公开并免费对外开放其用于识别语言和图片、用于自动回复邮件的软件程序包"谷歌张量流图学习软件"（TensorFlow），作为敞开的资源软件。① 脸书也采取过类似的举措，免费上线其一款深度学习的软件"火炬"（Torch）。然而，这些举措都并非完全像听上去那样大公无私。一方面，该举措当然明显更快地促进人工智能领域的进步，既然一个全世界范围的科研人员集体带来新的理念和新的程序密码。另一方面，各家公司以此总是更好地成功做到，将其解决方案确立成某种行业标准。

谷歌公司每天收到大约60亿个搜索提问，而伴随着每个搜索提问，谷歌的学习系统就会变得更聪明。例如，倘若有人输入"尼古拉斯"（Nikolaus），然后点击一张相应的图片，搜索引擎就会逐渐更好地知道，一位叫尼古拉斯的人长什么样，无论是一个乔装打扮的尼古拉斯，还是一个叫尼古拉斯的巧克力人。谷歌研发的所有人工智能系统通过这种方式变得更加成熟，从搜索引擎到机器人。这样一来，相关企业就可以节省很多资金，因为，迄今为止，几十亿小时人工劳动流向受监督的学习中。在这种学习过程中，人们告诉计算机，它们做对或者做错了什么。

人工的系统学习描述图片

在此期间，谷歌的"深度学习计算机算法"不仅能够发现图片中

---

① 关于把软件包"谷歌张量流图学习系统"（TensorFlow）作为开放的资源，参见贝内狄克特·弗艾斯特（Benedikt Fuest）撰写的文章："谷歌将人工智能免费上线"（"Google stellt künstliche Intelligenz gratis online"），刊于2015年11月10日的《世界报》（*Die Welt*）：www.welt.de/148700405。

的目标，而且还可以不借助人类的帮助、在某种程度上值得信赖地描述这些图片。"一位身穿黑色衬衫的男人在演奏吉他"或者"两个年轻的姑娘在玩乐高积木"。根据图形识别专家吉雷米·霍华德的说法，对于今天的软件系统来说，这是一种轻松的练习。尽管它们还从来没有见过相应的情境，就能识别屏幕上的"男人""黑色""衬衫""吉他""年轻的姑娘"和"乐高"，能够正确地再现它们之间的内在联系。

软件"深度学习计算机算法"同样会把一个装猪油火腿蛋糕和沙拉的盘子准确地起名为"食物"，该软件会正确地给装寿司的小碗起名，还会给一张摆满中餐美味佳肴和筷子的大圆桌子起名，尽管这些图片看上去完全不同。如果人们向该软件提出这个任务：在图片中找到包含文本的像素，那么，它就会辨认关于一家饭店的汉字，把它当成文本，还辨认门牌上的数字，甚至辨认一扇窗户上反射的街道标牌。自动地用文字描述图片内容，这不仅对搜索引擎大有裨益，而且还对盲人非常有帮助。计算机通过语言输出向他们解释，在图片上能看到什么内容。通过这种方法，他们能比以前更好地利用互联网。于是，他们甚至"看见"他们的朋友上传到社交网络上的图片。

脸书的人工智能团队由法国计算机教授扬恩·勒昆（Yann Le Cun）领导，他曾经是格奥夫·辛顿教授指导的博士后。2015 年 11 月，该团队宣布，其新的计算机算法软件现在能够把识别物品的速度提高 1/3，这仅仅是迄今为止训练时间的 1/10。[①] 这样一来，未来的互联

---

① 参见拉瑞·狄克南（Larry Dignan）的文章："脸书的科研人员减少人工智能学习的时间"（"Facebook researchers cut artificial intelligence learning time"），刊于 2015 年 11 月 3 日的《ZD 网》（ZDnet）：www.zdnet.com/article/facebook-researchers-cut-artificial-intelligence-learning-time/。

网使用者可以干脆就问该系统，在一幅图片中能看到什么。除此之外，关于图片内容的知识肯定也出现在被挖空心思想出的计算机算法中，脸书用这些计算机算法评价在所谓信息反馈（Newsfeed）中的邮件，然后决定，应该在什么地方，在哪里通告。

可是，当然，这些图片识别系统也会出错。一方面，是那些人类也会犯的错误，例如，它们混淆一个滚在一起的裸身蜗牛和一条蛇，或者混淆一头只能看见一部分的驴子和一条狗，正如谷歌的科研人员杰夫·狄恩在 2015 年一个非常有教益的互联网讲座中显示的那样；[①]另一方面，它们误解对于一些日常生活常识必要的情境。谷歌公司研发的电子大脑会把一条在空中飘浮的玩具龙看成一个"踩着滑板飞到空中的男人"。狄恩会心一笑地说。

可是，与此同时，现代深度学习的系统也可以聪明到令人惊喜地发挥作用：例如，在识别内容的内在联系中。狄恩的同事向一个人工的网络内注入了大约 600 万个文件，里面有 54 亿个单词。正如面对将汽车图片输入最纷繁复杂的种类中一样，这个深度学习系统还筛选出概念的关系。例如，它自动地找到诸如"汽车""机动车辆""汽车商"等概念的一种密切关系。

然而，这还远远不能说明一切。"计算机的算法还发展了一种所谓的距离感和类比感。"狄恩解释说。他认识到，"热"与"更热"同"大"与"更大"成比例。它还会认识到，"罗马"与"意大利"的关系就像"柏林"与"德国"的关系一样。计算机算法还独立

---

① 参见 2015 年 3 月杰夫·狄恩（Jeff Dean）关于深度学习的一场报告的视频资料：www.youtube.com/watch?v=4hqb3tdk01k。

地找到概念三角：比如，fallen，fiel，gefallen^① 或者 ziehen，zog，gezogen^②。当然，对于应该理解语言的系统软件而言，这是一种很大的好处。因为，人们必须毫不费力地向它们解释语法规则和内容上的内在联系。系统软件至少部分独立地从互联网庞大的数据中提取数据。因此，深度学习方法与以前被使用的、建立在规则基础上的计算机算法软件有差别。

"深度学习方法"就像一个学习语言的小孩子一样，向成人学习。如果说，人们作为年轻的或者年长的成年人费力地刻苦学习，记住词汇和具有所有例外的句法规则和语法规则，那么，小孩子的学习方法就完全不同了：通过他们偶然听到的例子，通过尝试和错误，通过母语者或者老师们的反馈。深度学习方法也完全按照这种方法发挥作用。

如果计算机事先知道，人们想说什么

可是，联想的联系甚至使更多功能成为可能。软件工程师狄恩说："一个深度学习的软件系统最终甚至能完成一种排序预测。该系统知道，英语中'你好吗？How are...'这个句子中接下来肯定是 you 这个单词，因此，马上可以把这句英语翻译成法语的'Comment allez-vous？'"也就相当于同声传译了，因为演讲者还在用英语继续说。

另一个例子是：假如在驱动系统软件中谈到 Mac OS 和 Linus，那么很有可能接下来会提到 Windows。计算机的这种预测能力对人和机器之间有意义的对话就非常有用，比如，在智能手机或者汽车的虚拟助手方面，或者，如果应该有未来越来越多的计算机被投放到呼叫

---

①这是德语中动词"掉落"(fallen)的动词原形、过去式和现在完成式。——译者注
②这是德语中动词"牵拉"(ziehen)的动词原形、过去式和现在完成式。——译者注

中心。

在医疗的应用情况下，同时会越来越明确地显示，深度学习方法能够成为医生的一个很大的支持，甚至提供完全新的知识。因此，计算机系统依据许多源自计算机 X 线断层照相术片子，学习预测肿瘤的增长，也就是说，得出结论，在经过一定阶段的化疗或者在另一种治疗即放疗之后，凶险的恶性肿瘤会不会缩小。

斯坦福大学的一个研究团队也使用了深度学习软件系统，为了能够凭借组织影像，预测癌症患者的存活率。[①] 在此过程中，计算机应该辨认组织检验的特征，凭借这些检验特征，让人进行预测。得出的结果是，对于预测而言，癌细胞周围健康的组织与癌细胞本身一样重要。这个结果对于医生来说是一种惊喜，因为医生们迄今为止没有这样推测过。

在另外一个实验中，计算机里储存有大量乳腺癌的组织检验和存活率的数据，差不多被填满了。在此，这种做法的目的也是：帮助辨别可疑的特征，区分乳腺癌细胞和健康的细胞。深度学习的计算机算法找到了 12 种有可能推测乳腺癌的征兆。在此引起轰动的是：医学文献只了解其中的九种征兆。人类的医生之前居然一直不了解计算机发现的其他三种征兆！

---

① 参见肯内斯·库基尔（Kenneth Cukier）于 2014 年 6 月在"技术、娱乐与设计"大会的一次访谈中举例说明《经济学家》（*Economist*）的大数据编辑：www.ted.com/talks/kenneth_cukier_big_data_is_better_data#t-86977。

同声传译成中文

《银河系搭车客指南》(*Per Anhalter durch die Galaxis*)[①] 这本书中著名的巴别塔[②] 鱼 (Babelfisch) 克服了所有语言障碍，它与现实相距真的不再遥远。瑞克·拉施德 (Rick Rashid) 是微软应用和服务部门的技术总监。截至 2013 年，他还是微软研发部门的创始人和负责人。2012 年，在中国天津举办的一次大会上，他演示了，先进的深度学习方法在语言翻译领域已经能够做到什么程度。[③]

在拉施德宣读报告时，他身后的大屏幕上自动显示他说的英文句子，只有两秒到三秒的滞后。然后，屏幕分成两部分，右侧显示这些句子的中文翻译。几乎在同时，扩音器里传出拉施德中文普通话的声音，而他以前根本就没有说过中文。听众报以热烈的掌声。

在这个成绩的背后，同时藏着多种深度学习软件的计算机算法：第一种算法把拉施德说的话转化成书面文本，第二种算法负责把文本翻译转换成汉字和中文句法，第三种算法又把中文文本转换成有声语言。此外，还有一个语言生成器，它运用之前对拉施德声音的记录，目的是，使得人工制作的拉施德的中文表达声音尽可能接近逼真的效果。

---

①道格拉斯·亚当 (Douglas Adams)：《银河系搭车客指南》(*Per Anhalter durch die Galaxis*)，海纳 (Heyne)，2009 年出版。原文《搭便车者银河系旅行指南》(*The Hitchhiker's Guide to the Galaxy*) 出版于 1979 年。该书成为整整几代自然科学家崇拜的书。超级计算机"深度思想"用"42"回答了对人生、宇宙和所有其余问题的追问。"深度思想"超级计算机诙谐地改写了这种理念：人类设计制造计算机，就是为了提供问题的答案。而且，计算机不能够提出真正的问题。为此，人们需要连带有机生命的整个行星地球，作为"其工作矩阵的一部分"。除此之外，"深度思想"给予当今计算机系统和方法命名的启发和灵感：深蓝 (Deep Blue)、深度 QA(Deep QA)、深度梦幻 (Deep Dream) 和深度学习 (Deep Learning)。

②巴别是巴比伦的简称，巴别塔是基督教《圣经》中未建成的通天塔。——译者注

③参见瑞克·拉施德 (Rick Rashid)2012 年 11 月报告的视频资料，附带深度学习翻译成中文普通话：www.youtube.com/watch?v=Nu-nlQqFCKg。

　　所有这些深度学习的方法都针对其对互联网上可以获取的大量文本和声音文件的训练。拉施德说："这样一来，我们在识别率方面就达到了过去 30 年里最好的完善效果。现在就不再是七到八个单词中有四到五个单词不准确，而是只有一个不准确。尽管这些软件系统还远没有达到完美，我们依然认为，我们在将来能够做得更好，倘若我们使用更多的数据来训练。"

　　然而，维也纳医科大学人工智能部门的哈拉德·特洛斯特（Harald Trost）却没有那么乐观。[1] 他认为，借助人工的神经网络的统计方法，自动的语言识别以及将声音转换成文本很好地运行，"但是，机器翻译是极其困难的。在技术和行政领域这还算可以，在日常用语中，机器翻译却行不通"。

　　其原因主要在于，日常用语比专业文本更没有结构性，缺乏规范化。在日常用语中，有很多错误，人们会使用行话，话语被删除，语句不完整。翻译程序又不会用口语来训练，而是依据书面文本。所以，特洛斯特说："因此，我并不会假设，在未来的几十年内，将会有一个计算机程序跟人类一名优秀的翻译相媲美，跟人翻译得一样好。"

　　虽然大量的数据很有帮助，但是，如果这些数据没有配备足够的补充信息，那么这也就不会带来决定性的进步。当然，人们可以从许多数据中学习，但是，特洛斯特强调，人们并不能只靠倾听，就学会一门外语，而是还需要笔头翻译，才能学好这门外语。互联网上的翻译主要是为书面文本准备的。因此，对于不规范的日常口头用语而言，

---

①参见施泰凡·塔勒（Stefan Thaler）关于语言识别和人工智能的文章："缺乏灵光一现的想法"（"Es fehlt die zündende Idee"），刊于《奥地利新闻社科学》（*APA-Science*）：https://science.apa.at/dossier/Sprache_und_KI_Es_fehlt_die_zuendende_Idee/SCI_20150226_SCI61852979822522028。

数字的学习软件系统还缺乏训练材料。

流水潺潺中的孔雀——有幻觉的计算机

但是，找到合适的学习材料很困难，这不仅仅是深度学习方法软件独一无二的问题。对图形的过度阐释也是一种危险。因此，怀俄明大学 (University of Wyoming)[①] 的科研人员在 2015 年春天展示了，深度学习的网络很容易被蒙蔽。[②] 比方说，用"计算机视觉系统识别项目" (ImageNet) 软件的图片训练过的网络发现，在仅仅包括潺潺流水的照片中，突然出现了狮子、犰狳科动物[③] 或者孔雀。在特定的波浪线中，它们声称，以 99.99% 的把握识别了吉他，而在带有中断的核心圆圈的抽象图形中，它们以同样有把握的自信识别了海豚，而没有人会识别出来[④]。

谷歌公司的科研人员自己也发表了其图形识别软件"深度梦幻" (Deep Dream) 的所谓梦幻图像。他们没有向接受过动物照片培

[①] 怀俄明大学 (University of Wyoming) 是美国一所州立大学，位于美国西部怀俄明州的拉勒米市。——译者注

[②] 参见安·恩古印 (Anh Nguyen)、杰森·尤新斯基 (Jason Yosinski) 和杰夫·克鲁恩 (Jeff Clune) 发表的论文原文："深度神经网络很容易被欺骗：对于无法辨识的图像高度自信的预测"（"Deep Neural Networks are Easily Fooled：High Confidence Predictions for Unrecognizable Images"），刊于 2015 年 4 月"电气与电子工程师协会" (IEEE) 的刊物《计算机幻景和图形辨识》(Computer Vision and Pattern Recognition)：http://arxiv.org/pdf/1412.1897.pdf。

[③] 犰狳是产于南美的哺乳动物，身体分前、中、后三段，头顶、背部、尾部和四肢有角质鳞片，中段的鳞片有筋肉相连接，可以伸缩，腹部多毛，趾有锐利的爪，善于掘土。——译者注

[④] 参见克里斯蒂安·施托伊克尔 (Christian Stöcker) 的文章："源自神经网络的艺术：谷歌公司的科研人员给予计算机致幻剂"（"Kunst aus neuronalen Netzen：Google-Forscher geben Rechnern LSD"），刊于《〈明镜〉周刊网》(Spiegel online)2015 年 6 月 22 日：www.spiegel.de/netzwelt/gadgets/inceptionism-google-forscher-geben-netzwerken-lsda-1039965.html。还参见伯恩德·格拉夫 (Bernd Graff) 的论文："救命啊，计算机有眼睛了！"（"Hilfe, die Computer bekommen Augen!"），刊于 2015 年 7 月 17 日的《南德意志报》(Süddeutsche Zeitung)：www.sueddeutsche.de/digital/kuenstliche-intelligenz-hilfe-die-computer-bekommen-augen-1.2570782。

训的程序展示动物照片，而是仅仅展示有云彩的照片。结果发生了什么？深度学习算法软件符合逻辑地从中发现了鱼、狗或者鸟儿……完全就像孩子一样，他们把云彩先后阐释成所有可能的寓言人物，或者把月亮或火星岩石看成面孔。

当科研人员加强网络各个层次之间的反馈指令序列时，计算机算法制造并显示的那些图像变得越来越疯狂：天空中出现了凡·高画作中常见的彩色旋涡，岩石变成了佛教的寺庙，狗脑袋从屋顶上长了出来，吐司面包长出了眼睛，彩色的母牛和蜗牛从一条寻常的购物街道孕育出来。

这些东西是什么样子的，每个人都可以在网页上尝试，比如，www.deepdreamgenerator.com：随便上传一张照片就够了。然后，这套程序会来回调整这张照片，直到里面出现五颜六色的鸟儿、猫咪、母牛或者自行车。全部内容就仿佛吸毒幻觉中产生的LSD①致幻图像一样……这种相似性并非偶然。因为，人类的幻觉也是一种进行强化的反馈，是对映入眼帘或者耳朵听到的信号的过度阐释。在毒品的影响下，人们看到并且听到不存在的事物，它们仅仅是大脑想象臆断的事物——恰恰这一点也在无论如何想要发现深度学习网络的许多层次中吻合。

它们显而易见缺乏的就是一种理解，理解它们看到和听到的内容。可是，人们怎么能教会人工的软件系统知道，它们所做的事是否具有某种含义呢？它们怎么会认识到，它们制造的结果对于我们人类而言是有益而重要的呢？这些问题我会在下一章讲到。

---

① LSD 是麦角酸二乙酰胺的缩写，是一种强烈的半人工致幻剂，1938 年由德国化学家艾伯特·霍夫曼首次合成，从麦角真菌中提出的麦角酸与其他物质合成而得。——译者注

第五章 语义学意义上的追求：理解含义并获取知识

它唤醒的生物

萨曼塔从互联网上获取的那篇 30 年前的文章，虽然追求轰动效应，但是很有信息量。我的惊讶程度在提升。我读到，我们研究并且改变了其遗传结构的那种菌类，在我发生事故之后蜕变成人类的真正灾难。在此过程中，事与愿违，我们本来想给人类带来福音的！

我们研究的出发点就是这个事实：在苏联切尔诺贝利 (Tschernobyl) 核事故那种被摧毁的核反应堆的废墟中，属于隐球菌 (Cryptococcus) 的酵母菌感到非常惬意，它们以核辐射为养料。这就意味着，放射性射线对它们没有任何伤害，甚至让它们生长得更快。它们的新陈代谢会增强，也就是说，它们以核放射的能量为养料，在此过程中，大量地制造了染料色素即黑色素。其背后的工作原理类似于此：这类色素也会保护人类的皮肤。而对于我们而言，这却涉及太阳危险的紫外线照射。

2020 年，我同马克·拉拉斯 (Mark Larras) 和施泰凡·温格尔 (Stefan Unger) 等同事想探究的是，我们是否能够向隐球菌这种菌类学习，该如何应对核放射线。我们的梦想是，发明一种软膏，类似于保护人类的防晒霜。它不仅保护人们免遭紫外线照射，而且尤其保护人们避免衰变的原子核更危险的 γ 射线辐射。这不仅会帮助那些核灾难殃及的人们，而且还能帮助太空站或者进行更长距离飞行比如飞往火星的宇航员们。我们培育诸如新冻球菌(Crytococcus neoformans)和冰球菌(Crytococcus gattii)[①] 这些发酵菌，还有一些其他被改变的、特定的类别，使它们面临为自然射线 1000 倍的强光照射，然后研究它们的新陈代谢和黑色素的生成。依我之见，在我发生交通事故时，我们还没有取得太大的进展。在此之后，这方面的研究肯定彻底走偏了。那篇文章描述，在几周内，当地就爆发了瘟疫。数百人染病，其中有些人丧生。

当时的诊断结果是：一种高发的、异常快速传染的隐源性球菌病，它不仅侵袭免疫力受损的人群，还侵袭健康的孩子、成人以及狗和猫。疾病爆发过程是凶险的：首先，这种病伴有一种看似无大碍的咳嗽，有很多痰液；然后，就出现浑身乏力，头痛，四肢疼痛。人们很容易混淆这种病症和流感的症状。得这种病的患者稍晚才发烧，但经常是发现得太晚了。60% 的患者未经准确的诊断和对症治疗就死了。即便患者得到早期治疗，也仍然有 1/4 的患者死亡。

在 2020 年夏天，炎热的高温十分严峻。大风裹挟着粉尘吹到各个角落，粉尘大概充满了菌类孢子。我们的城市和方圆 30 千米的区域不得不全部疏散。这篇文章的作者带有切身感受地描述了他如何穿戴着防毒面具和防护服穿行于被遗弃的大街小巷。"就好像在苏联的切尔诺

---

① 关于当今对这些菌类的知识参见 "疾病控制与预防中心"（"Centers for Disease Control and Prevention"），网页：www.cdc.gov/fungal/diseases/cryptococcosisgattii/index.html。关于黑色素和以射线为养料的菌类参见：https://de.wikipedia.org/wiki/Melanine。

贝利和日本福岛一样"，他这样写道。与那两次核事故相比，这次灾难真是有过之而无不及，情况更加糟糕，因为，这种致命的菌类是一种生物，自身会扩散。

接下来，文章的作者与警察局的刑侦人员、刑事犯罪专家、健康局和"罗伯特－考赫－研究所"(Robert-Koch-Institut) 的代表谈话，试图重构所发生的事件。他得出的结论是，所有这一切都指向我，丹尼尔·阿赫龙(Daniel Achron)。这些菌类在我的研究所被培育，它们肯定是在这里被释放的。因为在这里，实验室的工作人员属于首批发病的患者，同样，那些把我从事故车辆中拉出去的志愿者和医生也首先染上这种病。在我的汽车滚下去的下坡周围，人们也首先发病。

他写道，因此，千真万确的是，这种新型的菌类应该用我这个可能的始作俑者的名字命名。他用一个痛苦的提问结束他的文章：迄今为止的疏散和隔离措施是否足够？人们是否说不定在什么时候不得不将整个中欧的人们都疏散撤离？

"这是一场怎样的梦魇啊！"我自顾自地嘟囔着，并且在萨曼塔的眼睛里寻觅安慰。然而，她的眼睛里没有任何反应，她只是继续睁大双眸，友善地看着我。我怎么能指望一个机器人也能理解我，并且表现得感同身受呢？

于是我催促着说："萨曼塔，我还得知道更多情况。"

她回答说："几乎有 1.3 亿个网页有您的名字。我的容量不够分析所有网页的内容。"

我的老天啊，在我出事的时候，肯定就已经有几百个网页注册了！

"我怎么能够……我是说，我有一些重要的疑问……"

萨曼塔完全就事论事地回答："我把您和 Aleph—1 连接上，这是目前最后的语义学的搜索引擎。"我面前的电脑屏幕显示一张看上去友好的青年男子的脸。他的脖子上围着一条考究雅致的围巾，仔细看上去，这条围巾由若干个 1 和 0 组成。

"我是 Aleph—1，我可以帮助您什么吗？"他礼貌地询问。

"嗯，是这样的……我的提问涉及'阿赫龙隐球菌'(Cryptococcus acherontis)。您能告诉我，为什么这种菌变得如此危险吗？"

"这个疑问不允许准确的回答。但是，我可以为您汇编三个大多被提及的原因，视网页的可信指数大小而定。"

嘿！设计建造真正高效率的搜索引擎，这大概在 2050 年都不是一件简单的事。可是那又怎样，那好吧，那就开始吧。两秒到三秒钟的沉寂。然后，搜索引擎 Aleph—1 又通报说："第一，'阿赫龙隐球菌'(Cryptococcus acherontis) 的黑色素浓度如此之高，以至于免疫系统作为抵御而生成的所有原子团都被中和抵消了。第二，这种病菌的增长率比另一种隐球菌高 30 倍。第三，它可以克服大脑的血液限制。"

天啊，这简直是我们创造的一个魔鬼突变！迅速增加，侵入大脑，几乎无法被免疫系统置于瘫痪境地。因为，与细菌相比，病菌类与人有更密切的亲缘关系。所以，当时肯定很难研发既能消灭这种隐球菌又能保护人体不受损的药物或者疫苗。2020 年，在全世界所有国家中，只有最小的预算用来研究菌类感染。而且，世界卫生组织没有任何项目，尽管当时全世界每年有 150 万个这种隐球菌的感染者死亡，远远高于因疟疾而死亡的患者人数。

我想知道："后来到底如何成功地遏制了这种瘟疫？"因为这肯定

已经成功了，毕竟我在这绿色峡谷中的康复中心里，距离我的家乡不到 20 千米。而当时我的家乡人口也被疏散了。这时候，搜索引擎回答得更迅速，我刚提出问题，它就回答了："2021 年 5 月，柏林的科研人员在菌类细胞壁中特殊的糖分子的基础上，研制了一种疫苗。以下的发现是决定性的：丹尼尔·阿赫龙的免疫系统遏制了这种病菌，尽管他因致命的交通事故造成重伤。2022 年 3 月，人们开始大规模注射这种疫苗，2022 年 9 月，人们宣布，这种瘟疫结束肆虐。"

什么？他们从我的身体里提取了抗体？于是，在全世界人们的眼里，我不仅是导致这场灾难的魔鬼，而且还参与了拯救？在我的内心中，一丝如释重负的涟漪扩散开来……

萨曼塔似乎又开始思忖我的想法，猜透了我的心思。她轻声细语地说："可是，您自己的器官却因为这起事故和病菌感染而受到如此强烈的伤害，以至于又持续了 27 年，您的器官再造才成为可能。"

我经历了这些，却没有留下什么后遗症，不管怎么说，这也是令人感到安慰的。可是，我周围的环境呢？我想跟我的妻子、我的女儿和我的同事们说话，这种愿望又占据了上风。他们是如何接受这一切并克服这一切的？我想请求萨曼塔……可是，我还有个问题要请教搜索引擎 Aleph—1。

"人们究竟如何评价我的事故呢？如何……那好吧，这肯定又是一个太复杂的问题。那么，我就换一种问法吧：丹尼尔·阿赫龙这起交通事故的官方调查结果是什么？"又是两秒钟的沉寂。我在想象着，搜索引擎 Aleph—1 如何在不到一秒的时间内，进行几千兆的算法运算，以便分析网页的内容，确立内在联系。接下来，就出现了搜索引擎令人惊愕的回答："调查报告以一起在结冰的路面上发生的交通事故为出发点。但是，社交网络中对抱有成见的情绪分析却得出另一种意见：只有12%的网友相信，当时确实发生了事故；22%的网友认为，这是一起谋杀案件；51%的网友认为，这是一种自杀行为；15%的网友态度不明朗。"

人们如何把健康的人类理智置入机器中？

计算机能够理解它们看到和听到的内容，能够识别内在联系，并且进行一种理性的、建立在知识基础上的对话吗？对这个疑问的回答，取决于人们提出什么要求。鉴于像"深度学习"软件这种窥探人类大脑中学习方法的技术手段，机器人和当今许多领域中绝大多数计算机系统就像三至四岁的孩子一样。它们会走，会抓取物品，而不会同障碍物碰上。它们会玩游戏，收拾桌子。它们会像小孩子那样描述，它们在图片中识别出什么。但是，它们也明白，这是什么意思吗？

斯坦福大学依据计算机的视觉和机器学习的研究专家李飞飞(Fei-Fei-Li)教授说到了点子上："我们到处都安装有监控摄像机，可是，它们并不能向我们发出警告，当有人在游泳池中有溺水危险的时候。我们有自动驾驶的汽车，但是，假如没有一个真正智能的图片处理软件，它们无法识别路上一个被揉捏在一起的纸团和一个同样大小的石头。汽车可以平静地碾过纸团，但应该尽量绕过小石头。"[1] 当一个人看见风吹拂马路上的纸袋子时，他不必踩刹车到底。相反，计算机就会缺乏这种日常生活常识：一个被风吹起来的物体肯定是很轻的。

---

[1] 参见2015年3月李飞飞在"技术、娱乐和设计"(TED)大会上的演讲：www.ted.com/talks/fei_fei_li_how_we_re_teaching_computers_to_understand_pictures。

今天的智能系统虽然能够肢解一块鲜花盛开的草坪上的芳香，或者莫扎特(Mozart)一段咏叹调的细节部分。但是，在此过程中，它们根本无法理解这种芬芳或者这段音乐在人们内心引起的情感。计算机系统软件能够逐个像素地分析拉斐尔(Raffael)的名画《雅典的学园》(*Schule von Athen*)，甚至描述作品上能看到什么。但是，它们根本不知道，这个作品的什么地方使其作者如此伟大。当有人口头引用歌德(Goethe)的诗歌《普罗米修斯》(*Prometheus*)[①]时，系统软件能够把所引用的内容变成文本，或许甚至在某种程度上变成一种外语。但是，"我坐在这里造人／按照我的形象"[②]　这句诗行是什么意思，它们并不知道。

可是，这或许是一种苛求，因为人类的孩子也需要好几年，才能从视觉、听觉过渡到理解，才能获取日常生活常识，即人们所称的"健康的人类理智"，直到他们掌握所有的背景知识和文化特征，以便在诗歌和图片中看到并非局限于话语、人物和色彩的内容。

人工智能的圣杯

"人工智能的圣杯就是语义学。"这是奥地利新闻社的《奥地利新闻社科学》(*APA-Science*)　一份科学卷宗对牛津大学计算机科学家格

---

① 《普罗米修斯》是歌德青年时代狂飙突进时期的代表作，体现了对以宙斯为代表的众神的蔑视，对个人自由和天才时代的渴望，对个性的讴歌。——译者注
② 约翰·沃尔夫冈·冯·歌德：慕尼黑版《歌德全集：按照其创作的文学时期划分》第一卷《青年歌德：1757-1777》，主编盖尔哈德·绍德尔，慕尼黑：卡尔·汉泽尔出版社，1985年，第231页。

奥尔格·高特洛普(Georg Gottlob)教授的引用。[①] 高特洛普教授把这句话理解为，通过含义归类阐释数据，也就是说，自动识别内容和内在联系。他说，为了做到这一点，人们必须汇集人工智能的两大成分，即神经网络和机器学习。还有知识的代表逻辑和建立在规则基础上得出的结论，就像在人类的大脑中一样。这些能力要共同发挥作用。

高特洛普教授强调说："在这方面还有许多工作要做。"在知识处理和含义归类方面，机器尚处于初始阶段，但是，并非处于零起点。几年来，已经成功地迈出最初的几步：计算机掌握知识图表、语义学的搜索引擎和知识处理几方面能力。

谷歌公司的数据库"知识图表"(Knowledge Graph)[②] 在2013年就已经包含了大约180亿个相联系的事实。迄今为止，搜索引擎仅仅提供对网页的链接，在这些网页中，使用者或许必须自己找到合适的信息。与这种状况不同的是，谷歌公司研发的这些知识图表尽力马上提供答案，完全针对人们根本没有提出的问题。假如我们想通过谷歌了解"施蒂芬·霍金(Stephen Hawking)多大年纪？"那么，网页上不仅显示他目前的年龄，而且还在一个信息箱里显示对这位物理学家的简单描述，包括他的孩子、妻子、关于他的图书和电影，连同照片。

这些关于人物、电影、国家、地点、饭店和许多其他内容的信息会自动地、不用人工帮助地被汇编到一起。这些信息来源于维基百科

---

① 参见卷宗"思考的机器"（"Die denkende Maschine"），刊于2015年2月的《奥地利新闻社科学》(APA-Science)：https://science.apa.at/dossier/Die_denkende_Maschine/SCI_20150226_SCI61852979822498294。

② 参见安德里阿斯·格拉普(Andreas Graap)的文章："谷歌公司的知识图表是这样形成的"（"So entsteht der Google Knowledge Graph"），刊于2015年6月的《集客营销》(HubSpot)：http://blog.hubspot.de/marketing/wikipedia-und-coso-entsteht-der-google-knowledge-graph。

(Wikipedia)、维基数据 (Wikidata)、谷歌地图 (Google Maps) 或者美国中央情报局 (CIA) 的世界各国纪实年鉴 (World Factbook)。谷歌显示哪些数据，或者哪些数据通过语言输出被提及，确定选择标准的原则是：什么被搜索的最多。以霍金为例，人们搜索最多的显然是配偶、图书和电影。以饭店为例，人们搜索最多的是营业时间和顾客评价。至于公司，人们搜索最多的是股票、主要所在地、董事长名字和客服电话。

在用自然的语言输入时，系统经常也能很好地辨认细微的差别。传统的搜索引擎仅仅以概念为标准。倘若是传统的搜索引擎，那么，当遇到"亚伯拉罕·林肯 (Abraham Lincoln) 何时去世？"以及"亚伯拉罕·林肯是怎么死的？"这两个问题时，会提供同样的链接，引向其他网页。在这两种情况下，知识图表的信息栏实际上还是同一个信息栏。但不同之处在于，针对第一个提问提供的回答是"1865 年 4 月 15 日"，而对第二个提问的回答就是"暗杀"。

谷歌公司 2015 年建立的服务器"现在随时调用搜索"（Google Now on Tap）更进一步。[1] 该服务器也在手机应用软件 (App) 内部使用，不离开该 App。如果有人发送了一封邮件，或者一条智能手机之间通信应用软件"瓦茨普"（WhatsApp）的信息，带有内容"我们应该观看《玛尔西安纳》(*Marsianer*) 吗？"谷歌会根据"观看"(anschauen) 这个词的上下文知道，提问者指的不是书，而是电影。在智能手机的主按钮上轻轻地按一下"现在随时调用搜索"，服务器就会提供关于这

---

① 参见 2015 年 5 月 Golem.de 网页对"现在随时调用搜索"服务器的演示：www.youtube.com/watch?v=gmgut7SR8p8。还有，在 2015 年 10 月的《界限》(*The Verge*) 中：www.youtube.com/watch?v=N6593OcEtds。

部电影、预告片、演员和周围放映该电影胶片的电影院的进一步的详细信息。同时，人们当然可以通过语言输入搜索引擎，是谁写了这本书，而一个友好的声音回答："安迪·维尔（Andy Weir）写了《玛尔西安纳》。"

语义学的搜索引擎"沃尔夫拉姆·阿尔法"（Wolfram Alpha）掌握的本领甚至会更多。[①] 它们从大量的所谓实况转播的纪实测算，结果是，它们完美地与提问吻合，只要该提问来源于最广义上的自然科学或者社会科学领域。其他的搜索引擎在遇到如下问题时必须匹配适合："我体重 90 千克。那么，我在火星上有多重？"与此相反，搜索引擎"沃尔夫拉姆·阿尔法"（Wolfram Alpha）对此不仅提供正确的物理公式，而且还同时提供一个输入掩码（Eingabemaske），借助它的帮助，人们在输入 90 千克的情况下，会得到 336.2 牛顿的运算结果。

然而，搜索引擎"沃尔夫拉姆·阿尔法"（Wolfram Alpha）还不仅仅局限于数字。诗人同样可以用它（很遗憾，目前只有英语的）找到与随意输入的单词押韵的单词。这样，语义学的搜索引擎可以找到 14 个与"Computer（计算机）"这个词押韵的单词：scooter（足球）、commuter（通勤者）、hooter（汽笛，警笛）或者 tutor（家庭教师，指导教师）。一名运动员还可以了解到，根据他的体重和游泳或者跑步的速度，他能消耗多少热量，燃烧多少脂肪。假如他最后提问，"他在 2050 年的哪一天可以庆祝复活节星期日？"那么，他会得到回答："2050 年 4 月 10 日。"而且，在这一天，慕尼黑太阳升起的时间是 6 点 36 分。

---

①参见"沃尔夫拉姆·阿尔法"（Wolfram Alpha）网站：www.wolframalpha.com。

新的冠军"沃森"（Watson）

这是非常引人关注的，但是，2011 年 2 月 16 日才显示出，人工的软件系统的确能够使得各种不同知识领域的人们严肃地进行竞争。在这一天，美国"国际商业机器公司"（IBM）的计算机系统"沃森"击鼓一声，载入史册。[①] 该系统结束了为期三天的马拉松竞赛，这场竞赛在美国电视台被实况转播。"沃森"以绝对优势战胜了电视智力抢答竞赛节目《危险边缘！》（Jeopardy!）的两位人类前冠军肯·杰宁斯（Ken Jennings）和布莱德·拉特（Brad Rutter）。他们两位曾经是全世界最优秀的电视智力抢答竞赛节目《危险边缘！》的选手，他们在美国最受喜爱的智力测验竞赛节目中赢的次数最多，也赢得了最多的奖金。

电视智力抢答竞赛节目《危险边缘！》要求选手掌握历史、文学、政治、艺术和娱乐方面广博的知识，但是，节目并非简单地涉及回答知识性的问题。取而代之的是，出题人给出提示，这些提示经常充满文字游戏和谜题，或者包含讽刺、韵律和精细的影射。如果选手想要赢得与此相联系的奖金，就必须表达一个与提示吻合的提问，而且第一个按动按钮。在电视比赛时，在舞台上，"沃森""坐"在杰宁斯和拉特的中间。但是，观众在这里并不能看到人，而是看到一个黑色的屏幕，带着光环中旋转的小球，让人感觉仿佛是美国"国际商业机器公司"（IBM）的商标"智能的行星"。

在比赛的许多环节中，按照美国"国际商业机器公司"（IBM）的

---

① 参见 2011 年 2 月关于"沃森"成为美国电视智力抢答竞赛节目《危险边缘！》（Jeopardy!）获胜者的视频资料：www.youtube.com/watch?v=P0Obm0DBvwI 和 www.youtube.com/watch?v=ll-M7O_bRNg，以及 2014 年 12 月的"沃森"纪录片：www.youtubecom/watch?v=uDBZnaoJVlk。

创始人托马斯·J. 沃森(Thomas J.Watson)的名字命名的计算机系统"沃森"，比其余两位选手反应更快。然后，"沃森"用它的机器人手指按下按钮，并且用一种听起来有些微弱的声音给出了大多正确的回答。最后，这台计算机赢得了 100 万美元的奖金。它以相当于人类竞争对手三倍的分数获胜。接下来，肯·杰宁斯虽败犹荣，他作为优秀的失败者向"沃森"鞠躬，并以一种谦卑而且稍微嘲讽的口吻说："我热烈欢迎我们的新主人和大师，计算机们。"

　　人们在典型的问答环节可以最好地认识到，"沃森"在电视智力竞赛节目《危险边缘!》中取得什么样的成绩。其中有一个提示是这样说的："1898 年 5 月，葡萄牙庆祝这个发现者到达印度四百周年。"沃森在几秒钟内就快速地提供了与此相匹配的提问："谁是瓦斯科·达·伽马(Vasco da Gama)①?"为了得出这个结论，计算机必须首先弄清楚，这显然涉及 1498 年，而不是 1898 年，而且要搜索一位发现者，他与葡萄牙和印度有些关系。"沃森"在其资料中遇到一个记录：瓦斯科·达·伽马于 1498 年 5 月 27 日在卡帕德（KAppad）② 海滩登陆。为了使这个信息再与那个所称的提示协调，计算机还得清楚，"登陆"可能是"到达"的同义词，而且，卡帕德海滩位于印度。

是大不列颠百科全书的 1.6 万倍

　　在其背后有庞大的数据库，一个巨大的运算功率，还有能够分

---

①达·伽马（约 1469–1524 年，葡萄牙语 :Vasco da Gama）是葡萄牙航海家、探险家，从欧洲绕好望角到印度航海路线的开拓者。——译者注
②卡帕德（KAppad）海滩位于印度科泽科德／喀拉拉邦。——译者注

析不规范的文本的能力。① 在此前五年的 2006 年，美国"国际商业机器公司"（IBM）委托来自纽约的获得博士学位的计算机科学家戴维·菲尔鲁奇（David Ferrucci）领导的一个研究人员团队，把电视智力竞赛抢答节目《危险边缘！》当成一个新的挑战。② 当时世人清晰记得的上一次挑战已经是十年前的事了：美国"国际商业机器公司"（IBM）的超级计算机"深蓝"（Deep Blue）③ 战胜世界象棋冠军加里·卡斯帕洛夫（Garri Kasparow）④。然而，这一次不再涉及对棋步的计算，而是事关知识处理，这是人类面对机器还明显占优势的最后几个领域之一。

菲尔鲁奇的科研团队接受了这次挑战。他们建造了一台超级计算机，单单它的硬件就价值几百万美元：该硬件由 90 个服务器组成，有 2880 个 Power 7 型处理器，这些处理器占据了整整一个房间，每秒钟进行 80 万亿次数学演算。这听起来像是一个非常可观的数值，但是，"沃森"系统在全世界超级计算机名单中仅仅排名第 114 位。相反，比纯粹的运算速度更重要的是，有多少信息能相应地存入存储器

---

①参见美国"国际商业机器公司"（IBM）关于"沃森"的解释性视频资料："它是如何工作的"（"How it works"）：www.youtube.com/watch?v=_Xcmh1LQB9I。还可参见阿玛拉德·安吉丽卡（Amara D.Angelica）对美国"国际商业机器公司"（IBM）研究人员埃瑞克·布朗（Eric Brown）的采访，见 2011 年 1 月库尔茨维尔的博客：www.kurzweilaimanager。
②参见本杰明·华莱士－威尔士（Benjamin Wallace–Wells）撰写的关于"沃森"研发历史和戴维·菲尔鲁奇（David Ferrucci）研究的详细论文："我们将会如何害怕机器人'沃森'？"（"How afraid of Watson the robot should we be?"），刊于 2015 年 5 月 20 日的《纽约杂志》(New York Magazine)：http://nymag.com/daily/intelligencer/2015/05/jeopardy-robot-watson.htm。
③"深蓝"(Deep Blue)是美国"国际商业机器公司"（IBM）生产的一台超级国际象棋电脑，重 1270 千克，有 32 个大脑（微处理器），每秒钟可以计算 2 亿步。"深蓝"输入了一百多年来优秀棋手对弈的两百多万场棋局。——译者注
④加里·卡斯帕洛夫（Garri Kasparow，1963–）是苏联象棋选手，1985 年成为世界象棋比赛冠军。——译者注

中，然后又从存储器中被迅速地调出来：16 万亿兆节，这相当于 2000
个台式电脑，或者说，相当于《大不列颠百科全书》(*Encyclopedia
Britannica*) 内容的 1.6 万倍。

最后，科研人员们把大约 2 亿张文本存入存储器中，其中包括维
基百科的全部互联网词典、专业词典、电影和音乐数据库、当时的新
闻报道、全部词典、同义词以及种属概念，当然还有截至当时的电视
智力测验节目的提问。在比赛期间，参与研究的有数百个定义、小
型自主的部分程序、电视智力竞赛节目《危险边缘！》提示的不同角
度，根据上述内容提供可能的回答，这些回答然后又被"沃森"计算
机的一个上层机构审查准确性，并且被评估，看看回答有多大把握是
正确的。

在几年的过程中，"沃森"系统通过对比正确的结果不断学习，日
益精进，在这方面变得越来越好：理解电视智力竞赛节目《危险边
缘！》中喜欢被使用的文字游戏和暗示。菲尔鲁奇报道说，刚开始时，
"沃森"系统如此缓慢，以至于，科学家们可以给它输入一个提示，然
后就可以不慌不忙地去吃午饭了。这时候，准确率只有 15%。可是，
在四年内，这套系统最终足够成熟了，能够与人类的冠军选手相媲美，
这些冠军选手在三秒内提供准确答案，准确率为 95%。

与之相应的是，冠军选手肯·杰宁斯的表现也说明，他被计算机
击败的经历给他留下深刻印象：在经历了电视智力竞赛节目《危险边
缘！》中的失利后，他在网络杂志《石板》(*Slate*) 中写道："正如 20
世纪工厂里的工人被制造业机器人取代一样，布莱德·拉特和我成为
第一批因为新的、思考的机器而失业的知识工人。智力竞赛的选手可

能是第一个成为'沃森'牺牲品的职业，但肯定不是最后一个。"[1]

杰宁斯这么说当然没错。美国"国际商业机器公司"（IBM）研发了"沃森"和在"沃森"之后的"回答深度问题"（Deep Question Answering）技术，不仅用于电视智力竞赛节目。[2] 早在2011年夏天，这套专门针对电视智力竞赛节目《危险边缘！》提问的系统就被应用到金融服务领域，之后还被用于解决司法领域、汽车制造企业和呼叫中心[3]的任务。2014年，美国"国际商业机器公司"（IBM）建立了一个自己的领域："沃森集团"（Watson Group），并且首先投资了大约10亿美元，其中1亿美元用于启动阶段，比如，研发"沃森"新的应用程序。后续的几十亿美元投资会陆续到位。

2015年12月中旬，美国"国际商业机器公司"（IBM）宣布，慕尼黑将被扩建成一个新的商业领域的世界中心，并且被打造成第一个设立在欧洲的"沃森创新中心"（Watson Innovation Center）。届时，在这里，应该有大约1000名研发人员、顾问、科研人员和设计人员与顾客和合作伙伴，一起研究两个领域的接口：一个领域就是用"沃森"系统的方法进行的"认知的计算机操作"（Cognitive Computing），另一个领域就是物联网。比方说，工作设计智能地评估数字工厂和交通系统与能源系统出现的海量数据。美国"国际商业机器公司"（IBM）还打算与西门子（Siemens）公司促进楼房建筑的数字化，为了使楼房

① 参见肯·杰宁斯（Ken Jennings）的文章"我那微不足道的人类大脑"（"My Puny Human Brain"），刊于2011年2月11日的网络杂志《石板》（Slate.com）：www.slate.com/articles/arts/culturebox/2011/02/my_puny_human_brain.html。
② 参见美国"国际商业机器公司"（IBM）关于"沃森"的新闻网页：http://www-03.ibm.com/press/us/en/presskit/27297.wss；以及IBM"沃森"的德文网页：www-05.ibm.com/de/watson/?lnk=fat-wats-dede。
③ 这种呼叫中心是基于CTI（计算机电话集成）技术的一种服务方式。——译者注

更高效地利用能源，对环境更有利。

软件理解 21 种语言和肿瘤学家的行业术语

这些年来，所谓的"沃森探险"(Watson Explore) 软件理解除了英语以外的其他 20 种语言，其中包括德语。基本粒子物理学博士沃尔夫冈·希尔德斯海姆 (Wolfgang Hildesheim) 目前在汉堡担任"沃森"的欧洲运营主管。他指出，该系统软件的一个重要优势是，修订海量自然语言的和不规范的文本。他指出："除此之外，还有其适合许多应用领域的灵活性以及学习、提出并评估假设的能力。"

沃森的基础是软件技术，适合用自然的语言对话，分析图片、视频资料和音频文件，当然还适合评估记录文件，无论是电子邮件、推特消息来源 (TwitterFeed)，还是聊天对话、专业文章、词典词条、医生信件、烹饪食谱。该系统不仅能找到重要的语言要素，如主语、谓语和宾语及其进行描述的内在联系，而且还能学习某一特定应用领域的行话和思维方式。

例如，享有盛誉的纽约"纪念斯隆·凯特灵癌症中心"(Memorial Sloan Kettering Cancer Center) 的专家们委托"沃森系统"，阅读源自专业杂志关于乳腺癌和肺癌主题的几百万页内容，还有患者病例、医学指导方针以及医学教材。"沃森"通过这种方式学习正确地解释并且叫出病症，告知可能的治疗方案及其副作用，而这些副作用又强烈依赖患者，取决于患者的年龄、性别和健康状况。在这个学习阶段，医生们不断考核，"沃森"储存或者根据输入内容确立的信息和知识图表是否重要，而且具有时效性。这样，"沃森系统"通过人类的反馈被编写成程序，并且被正确地调整。

　　然后，在与专家的互动过程中，有下一个学习阶段，配备在诊所日常工作中有意义的问答内容。如果该系统在语言上分析了一个提问，它就会形成可能的回答，并且在其数据库中寻找这样回答的依据证明，这些证明又会被评估和权重。在后来与真正的患者沟通期间，"沃森肿瘤学顾问"（Watson Oncology Advisor）也能不断地获得新知识，这一新知识同样首先由人类的专家考核检查，然后公开，交付使用。

　　在一种典型的应用情况下，医生面前的电脑屏幕上不仅有相应的患者病例，而且还有一个"问沃森"（Ask Watson）的按钮。如果医生按了这个按钮，"沃森系统"就会在几秒钟内快速对比患者的数据（即来源于计算机X线断层照相术的图片[①]和活组织切除检查[②]的实验室检验结果）与几万种其他患病情况、治疗准则和文献信息。"沃森系统"把最重要的结果显示给肿瘤专家，包括一个显示按钮，它会注明信息来源。"沃森"在分类整理后会说明，它为什么认为这些结论是重要的。

　　除此之外，"沃森"还向医生提建议，涉及进一步检查、测验和应该向患者提出的问题，比如，患者的听力是否受到干扰，咳嗽时是否会咳出血来。在与"沃森"和患者的对话中，医生通过这种方式赢得其他珍贵的信息，并且最终从计算机那儿获得许多治疗方案，包括自信值，它的意思是，评估各自的治疗方案如何有意义和有用。在这个环节，肿瘤专家还能够再次追问，让系统显示信息来源，并且在必要的情况下进行优选。

---

① 简称切片。——译者注
② 简称活检。——译者注

我亲爱的"沃森"是至关重要的

沃尔夫冈·希尔德斯海姆强调说："这种建立在证明基础上的运作方式是'沃森'的关键优势。因为，人们并非面对所有的机器学习技术时能够了解到，一个结果是如何形成的。相反，'沃森'只需要点击一下，就能说出其评价的信息来源。"通过这种方式，使用者总能知道，"沃森"是在什么基础上得出结论的。而人们使用传统的神经网络时，情况并非如此——在这里，使用者无法不加考虑地随时了解，哪些学习例子对于这个结果是重要的。

美国"国际商业机器公司"(IBM)董事长罗睿兰(Virginia Rometty)①女士坚信，像"沃森"这样的软件系统将深刻改变医疗行业。她告诉美国电视网采访记者查理·罗泽(Charlie Rose)："以乳腺癌为例，全世界每年新增乳腺癌患者几乎达二百万，有八百多种不同的诊疗手段。"②"沃森系统"可以观看所有这一切新增病例，然后做出诊断和治疗的最好建议，"因为'沃森'得到了全世界最优秀的医生的培训。"

在这次访谈中，罗睿兰视"沃森"为一个人物，她用"他"而不是"它"来指"沃森"。她首先说明，"沃森"这位数字医生顾问尤其会给发展中国家和新兴的工业化国家的人们带来哪些进步。例如，曼谷一家每年治疗一百多万患者的医院为癌症患者使用了"沃森肿瘤学顾问"软件。罗睿兰说："所有这些患者都是从来不可能看到'纽约纪念斯隆·凯特灵癌症中心'的人，但是，那家癌症中心医生的高超医

①弗吉尼亚·罗美狄(Virginia Rometty,1957–)，中文名罗睿兰，美国人，2012 年 10 月 1 日开始担任董事长，是 IBM 历史上第一位女性 CEO 兼董事长。——译者注
②参见对美国"国际商业机器公司"(IBM)董事长罗睿兰(Virginia Rometty)女士简短的谈话视频：www.youtube.com/watch?v=46MYhalt7EU。

术却可以惠及他们，使他们受益匪浅。"

　　但是，"沃森系统"还适合更多的应用领域①。例如，"沃森肿瘤学顾问"帮助制药企业找到新的药物。汽车企业可以使用"沃森"，以便更好地评估车间报告，并且以此更快捷地修正错误。"沃森"能够识别客户反馈意见中的以下这些句子："刹车发出杂音"，"汽车停得太慢了"，或者"刹车踏板反应太迟钝了"，知道这些句子针对刹车问题。一个熟练工人可以在与"沃森"的谈话中尝试，进一步限定原因的范围。

　　"沃森财富管理"（Watson for Wealth Management）又在银行比如澳新银行（ANZ）②运用"沃森雇佣顾问"（Watson Engagement Advisor），进行投资咨询和养老金咨询。比方说，假如有一位客户打电话问，他是否应该购买阿里巴巴集团（Alibaba Group）的股票，那么，银行的顾问点击一下，就在电脑屏幕上不仅找到关于这家中国企业及其股票的所有信息，除此之外，"沃森"还根据对实时的背景信息分析，提供赞同或者反对这笔投资的论点，提供这位客户的个性特征和冒险意愿。

　　"沃森系统"还可以彻底改变呼叫中心。由于"沃森"有能力评估诸如电子邮件、账单、产品数据或者典型的问答清单等不规范的文本信息，客户的询问可以得到更快捷、更准确的回答。所以，美国"国际商业机器公司"（IBM）计算过，一家拥有1.4万个呼叫中心代理人的保险公司，平均能够比原来快3秒地应对每个打来的电话，每年就

---

① 参见"国际商业机器公司"（IBM）关于"沃森"不同元素的网页：www.ibm.com/smarterplanet/us/en/ibmwatson。

② 澳新银行（ANZ,Australia and New Zealand Banking Group Limited）是澳大利亚四大银行之一。——译者注

会节省数百万美元。

鉴于"沃森"的语言识别和语言输出功能，在未来，"沃森"可以直接回答越来越多的简单问题，这不仅仅适用于呼叫中心。举个例子，一个使用者能够索性给一个电话号码打电话，而不是上网搜索，对着他的智能手机说出他的提问，然后，一种悦耳动听的乔治·克鲁尼 (George Clooney)[1] 的声音就会提供答案，这种设想会实现吗？希尔德斯海姆说："这无论如何是可以想象的。"

"奇想齿轮" (Cogs)[2] 是新的应用软件 (Apps)

将越来越多的应用纳入智能手机中，这反正属于研发人员宣告的目标。在"沃森"的背后早就不再藏着美国"国际商业机器公司"(IBM) 的诞生地约克镇 (Yorktown) 的超级计算机"海茨"(Heights)。这台超级计算机于 2011 年赢得美国电视智力测验节目《危险边缘!》(*Jeopardy!*) 的竞赛。还有一台大型计算机在纽约曼哈顿 (Manhattan) 的阿斯托尔广场 (Astor Place)。在那里，"沃森"集团的总部就在一栋棱柱形状的玻璃幕墙的大厦中。今天，人们在全世界的所有地方都可以联系到"沃森"的服务商。台式电脑或者移动终端设备于是仅仅成为使用者和美国"国际商业机器公司"(IBM) 云文档服务器之间的链接设备。

在此期间，仍然有数千名外部研发人员，以云技术为基础的"沃

---

[1] 乔治·克鲁尼 (George Clooney,1961−)，出生于美国肯塔基州列克星敦的演员、导演、编剧。——译者注

[2] "奇想齿轮"(Cogs) 是 "Lazy 8 Studios" 带来的一款创意十足的全新益智解谜游戏。在这里，玩家需要通过移动滑块去组合各种奇妙的零件，并带动机器的运转。该游戏有巧妙的谜题设计，完美的视觉图形。——译者注

森生态系统"（Watson Ökosystem）内部，致力于研究针对认知计算机的应用。与智能手机上的应用软件 App 相似，人们也可以称这些程序为"奇想齿轮手机应用软件"（Cog Apps）或者"奇想齿轮"（Cogs）。[①] 正如手机天气预报软件最后会追溯到大型计算机的预测一样，这些大型计算机在后台运转工作，这样，在未来，"奇想齿轮手机应用软件"（Cog Apps）将像"沃森"那样使用认知计算机的容量。

研发者的想象力几乎没有边界。比如，希尔德斯海姆会把一种"奇想齿轮手机应用软件"（Cog Apps）想象成业余的园丁。他说："当他看到花园中有生病的植物时，他就会按动快门，拍一张这种植物的照片，然后把这张照片上传。接下来，系统进行图片对比，或许诊断为螨虫，并提供治疗建议。而这一切只需花费区区一欧分。"

另外一个例子是名叫"考尔斯考特"（CallScott）的认知应用软件，由美国得克萨斯大学的大学生研发。2015 年，他们在一次美国"国际商业机器公司"（IBM）举办的竞赛中获得 10 万美元奖金，用于继续研发该手机应用软件。[②] 这些人还用"考尔斯考特"（CallScott）得到了关于社会服务的重要信息。这些社会信息没有上网的可能，也没有任何呼叫中心想给它们打电话。因此，那些露宿街头的人就可以通过智能手机向"沃森"提出问题，例如："下一个无家可归者的安置中心在哪里？"或者："我在哪儿能得到免费的食物？"

美国"国际商业机器公司"（IBM）的科研人员甚至已经将"沃

---

①参见马克斯·劳纳尔（Max Rauner）和托尔斯滕·施罗德（Thorsten Schröder）的文章："奇想齿轮解谜游戏来了"（Die Cogs kommen），刊于 2015 年 2 月 25 日的《时代周报》（Die Zeit）：www.zeit.de/zeit-wissen/2015/02/kuenstliche-intelligenz cognitive-computing-cogs。
②参见 2015 年 1 月关于"奇想齿轮手机应用软件"（Cog Apps）"考尔斯考特"（CallScoutt）的视频资料：www.youtube.com/watch?v=GFsc0B6DN8s。

森"运用于创造性的烹饪技艺。他们给计算机填充来自全世界的烹饪食谱以及用于营养和用于研究味觉的事实，请求计算机设计新型的、最后由人烹调的菜品。结果有如下组合：羊肉加丸子和虾仁，或者生鱼片放在甜柠檬里腌制浸泡而成，里面加煮香蕉或者一种瑞士菜加泰国菜的组合：猪油火腿蛋糕加柠檬草和芦笋。品尝过这些大幅度穿越混搭菜肴的客人们承认，味道还不错。但是，他们说，数字烹调书"沃森"显然缺乏这种感觉：饮食也应该有文化根基。

美国"国际商业机器公司"（IBM）还展示过一种经受辩论检验的"沃森"，它被训练成会权衡论据。比方说，研发人员向"沃森"提出一个问题：是否应该禁止年轻人看有暴力倾向的故事片视频资料。紧接着，计算机搜索了400万篇维基百科文章，找到了10篇最重要的，并且在数秒内从中筛选出3篇赞成禁止、3篇反对禁止的文章。这种既赞成又反对的程序对于银行顾问、司法人员、房地产经纪人、保险公司代表或者医生而言都大有裨益，这是显而易见的。虽然"沃森"没有做出赞成或反对的决定，而是仅仅提供论据，但是，对这些论据进行权衡，然后从中引出一个决定，这只有一步之遥。

这样在社交网"推特"上发微博，决定了人的个性

"沃森"能做到的情绪分析也与此相似，具有广阔的前景。人们把这理解为一个程序的以下能力：确定文本的主要观点，也就是说，不仅仅找到其基本的说法，而且还要识别，这篇文章针对一个主题，表达赞同还是批评的观点。通过这种方式，在使用"沃森财富管理"软件时，出现了"牛市"和"熊市"的论据。这些分析工具甚至能够依据电子邮件、博客、聊天或者推特信息资源得出结论，判断人的个性。

心理语言学表明，价值、需求和人的个性特征在选择词句、写作文体风格和交际活动中表现出来。还有，某人每天在什么时间段写东西，他如何表达，使用什么概念。50 到 100 字的推特短文应该已经足以说明，某人有多么坦诚，可以接近，稳定，需要和谐，内向和认真，他是否有好奇心，是否乐意帮助别人，或者，他与生俱来地具有务实精神。①

　　这样一种评价当然有巨大的经济和伦理方面的后果，具体内容我会在第十章中讲到。影响涉及在投资方面有冒风险的意愿和购买行为。假如计算机知道，某人喜欢尝试新事物，它当然会向此人推荐不同于偏保守的人喜欢购买的商品。相似的道理适用于顾问或者呼叫中心的代理的出场：假如他们知道，打电话的人表现出怎样的个性特点，那么，他们就能够与此相应地表现自己，比方说，表现得劲头十足，外向，还是与此相反，表现得拘谨，而且客观地阐明理由。

　　然而，尽管这一切听起来如此具有开拓性，或许可以说，如此令人惊愕，但"沃森"并非无所不能，"沃森"并非会下蛋的母猪，既可以从它身上剪出羊毛，又可以挤出牛奶。事实情况是，"沃森"专攻狭窄的、有限的领域，诸如金融咨询、车间报告、呼叫中心或者特定的癌症诊断和治疗。欧洲运营负责人希尔德斯海姆说："这个系统总是仅仅使用为各自的应用获得的知识。""沃森"虽然针对大量的应用领域得到培训和优化，但是，日常生活常识或者健康的人类理智并非该系统的一部分。

---

① 参见 IBM 的 "沃森" 对人格的审视：www.ibm.com/smarterplanet/us/en/ibmwatson/developercloud/personality-insights.html。还可参见以下网站：https://deveoper.ibm.com/watson/blog/2015/05/19/increasing-the-performance-oflyour-twitter-marketing-campaigns-with-ibm-watson-personality-insights。

一台具有健康的人类理智的机器

美国西雅图 (Seattle)"艾伦人工智能研究所"(Allen Institut für Künstliche Intelligenz) 负责人奥伦·艾奇奥尼 (Oren Etzioni) 认为："像'沃森'这样的系统不会什么，对此一个很好的例子就是，理解维诺格拉德式的句子。"台瑞·维诺格拉德 (Terry Winograd) 是一位计算机学教授。在 20 世纪 70 年代，他研发了一些句子，它们大多仅仅在一个概念上有区别。而且，这些句子表明，为了理解这些句子，需要多少背景知识。"当局代表禁止示威群众集会，因为他们害怕暴力。"还有，"当局代表禁止示威群众集会，因为他们赞同暴力"。这两句话就是维诺格拉德式的句子。对于计算机而言，发现"害怕"或者"赞同"涉及什么，这非常困难。而人会立刻认识到两者的差别。

艾奇奥尼说："或者您再举一个例子。""球穿透了桌子，球是用聚苯乙烯泡沫塑料做的。""球穿透了桌子，球曾经是用钢做的。"艾奇奥尼知道，在这一点上，人工系统也有巨大的困难："现在，到底谁是用钢做的，谁是用聚苯乙烯泡沫塑料做的？"艾奇奥尼的团队开始研发计算机程序，使得这些充满机智的日常提问不再成为障碍。它们应该自动地普及知识。这种知识把它们提升到一种可以与中学生相媲美的智能层面。

"艾伦人工智能研究所"是由保罗·艾伦 (Paul Allen)[1] 2014 年创建的，艾伦曾与比尔·盖茨一起创建了微软。[2]"艾伦人工智能研究所"与西雅图的"大脑和细胞研究所"相似。它们的目标并非生产商业产品，而是从事基础研究工作，它们应该为了有益于人类而继续发

---

①保罗·艾伦 (Paul Allen,1953–2018)，美国企业家，与比尔·盖茨创立了微软公司的前身。——译者注
②参见"艾伦人工智能研究所"网页：www.allenai.org。

展各自的领域。艾奇奥尼的团队为此在西雅图联合湖畔(Lake Union)一幢低矮的小楼里办公。小楼位于游艇俱乐部和休闲公园之间。坐在楼里的办公桌旁，人们就可以眺望西雅图的地平线，领略那摄人心魄的美景。而对于年轻的科研人员来说，这恰恰是理想的。在办公楼外的湖面上，有人启动水上飞机，还有快艇呼啸而过；与此同时，在宽敞的办公室里，科研人员们正在用快节奏研究明天的智能计算机。

就在办公楼的入口处，悬挂着安东尼·圣修伯里(Antoine Saint Exupérin)①著名的引文："假如你想造一艘船，那么，请你不要为了搞到木材、分派任务而擂鼓聚集男人，而是要教授他们渴望广袤无垠的大海。"在这段引文的旁边有奥伦·艾奇奥尼的另一条引文："人生太短暂了，以至于我们不能从事那些不会使我们异常兴奋的研究项目。"艾奇奥尼要向其员工传授的恰恰就是这种兴奋。他是华盛顿大学计算机专业的教授和这家多次获奖的企业的创始人。他经常因为大量喷薄而出的奇思妙想在研究所的办公室之间快速穿梭。

人类应该如何将普通知识置入一台机器中。这是艾奇奥尼提出的一个核心问题。人们应该如何尽可能自动地依据大量信息来源，描述（他所说的"代表"）并生成制造知识？有些技术很简单，可以被储存在一个数据库中，比如，关于材料的事实："钢铁是硬的；聚苯乙烯泡沫塑料是软的。"或者这个事实：虽然企鹅属于鸟类，但不会飞。而计算机技术在其他方面则明显很困难。艾奇奥尼说："假如您拿出一张在一次聚会上拍的合照，那么，我们人类很善于阐释当时的情景，或许甚至能

---

①安东尼·圣修伯里(Antoine Saint Exupérin, 1900–1944)是法国20世纪相当重要的作家，也是一名优秀的飞行员。其代表作有《小王子》《夜间飞行》《风沙星辰》《南方航线》《蒙田随笔》等。——译者注

看出来，谁在充满爱意地看着谁。但是，计算机就做不到这一点。"

对于机器而言，有相似困难的是，发现自己在什么情况下需要哪些信息。在维诺格拉德列举的例子中，机器应该如何认识到，它必须探究，是球还是桌子由一种坚硬的材料构成？维诺格拉德回答说："这是很好的问题。我们内在的知识和外部知识的规模如此庞大，以至于，机器都因此而被苛求了，跟不上时代的发展步伐。"

计算机申请上大学

因此，艾奇奥尼的团队起初局限于有限的部分研究领域。他说："我们想在我们的'阿里斯托项目'（Aristo-Projekt）[①] 上达到这个目的：我们的系统在 2016 年的四年级小学生测试中，取得的成绩比美国孩子的平均水平还好。"计算机应该比一个读完小学后想继续在中学读书的、大约十岁的孩子更好。今后，计算机也应该通过八年级到十二年级学生的考试。艾奇奥尼会心地微笑着说："计算机由此获得了上大学的机会。"

在为四年级学生设计的测验中，计算机必须了解一些关于重力、材料特征、几何学或者生物学的内容，比如说，能够回答这些问题："什么描绘一种自我摄取营养的组织？（1）一条埋骨头的狗，（2）一个吃苹果的女孩儿，（3）爬到一片叶子上的一个虫子或者，（4）一个在花园里种西红柿的男孩儿。"

[①] 参见彼得·克拉克（Peter Clark）作为"阿里斯托项目"成果的原文论文"小学科学与数学测验，作为人工智能的驱动器"（"Elementary School Science and Math Test as a Driver for AI"），刊于 2015 年《第 27 届人工智能创新应用大会的会议记录》（*Proceedings of the Twenty-Seventh Conference on Innovative Applications of Artificial Intelligence*）：www.aaai.org/ocs/index.php/IAAI/IAAI15/paper/view/10003/9891。

除此之外，计算机还必须会做简单的算术题，例如，"乔伊有 15 支笔，他给苏西 8 支，还有 1 支笔掉了，他现在手上还有多少支笔？"在解答这个题目时，有趣的倒不是计算机毫无问题地掌握数学，而在于，人们可以随意用复杂的句子表达这些题目。计算机必须首先理解，问题涉及什么物体，而且，凭借这些物体，鉴于哪些行动会发生什么。艾奇奥尼说："在真正的学校测试方面，我们在此期间已经达到了 80% 的准确性，这已经非常好了。"然而，计算机还不能解答这样的题："一根电线上栖息着 15 只小鸟。猎人射杀了其中的 1 只，电线上还有几只鸟？"计算机在这种情况下会给出答案"14"，"而有些人也会这么回答！"这位计算机专家确信。因为这道题的正确答案还要求掌握一些额外的补充知识：猎人的枪声一响，小鸟们就会受到惊吓，然后飞走，去寻觅一个更适合栖息的地方。

艾奇奥尼认为："最终问题涉及这个情况：将来，人工系统也像人一样，能够依据其知识进行一种有理由的推测。因为，一个从未见到猎人瞄准鸟射击情景的人，也会通过思考和直觉得到正确的答案。"

有鉴于此，艾奇奥尼的团队致力于研究，计算机如何能够从维基百科（Wikipedia）、"维基回答"（WikiAnswers）等来源和不同的数据库以及中小学课本中，提取并整理尽可能多的知识。保罗·艾伦曾经有这个愿景：一个程序能够像一个小学生那样阅读生物学书，然后，能够回答每一章后面的提问。艾奇奥尼承认："我们还远远没有达到这一步。但是，我们已经彻底研究了十亿个网页，然后从中生成五百万个事实，计算机可以用这些事实很好地工作。"

比方说，科研人员向计算机提出的一个典型问题是："什么杀死细菌？"计算机自动地而且按照出现频率和重要性分类得到的答案就已经非常好了："氯"和"太阳"是其中的答案。点击一下答案，计算机就提供了这个回答的信息来源，也就是说，计算机能够像"沃森"一样，建立在证明的基础上。艾奇奥尼的系统同样能够令人满意地解答由图形和文本描述组成的几何题目。在此涉及的问题是，不仅理解题目，而且还知道，一个圆弧连接的一个角的两条线，其长度相同，应该如何运用勾股定理。

哪一个更容易些：赢得象棋比赛还是写一本书？

那么，最大的障碍是什么呢？艾奇奥尼解释说，主要有两个最大障碍。"人们如何使用错综复杂的、象征性的代表，以便在一个人工的系统中，由已知的信息生成知识。还有，人们如何对待那些没有系统化的或者完全无法系统化的问题。"那么，他究竟指什么呢？"现在，象棋已经被很好地系统化了，但是，撰写一本书却没有被很好地系统化。有些人会说，写一本好书比战胜象棋冠军更容易一些。而对于计算机而言，情况正好相反，完全撇开这一点：人们几乎无法向计算机解释，对于一本好书来说，什么是最重要的！"

艾奇奥尼这位人工智能专家得出结论，在几十年的研究中，他无论如何学会了一条："在人类的大脑面前肃然起敬，并且表现出谦逊态度：这个器官以其相对小的能量消耗完成的业绩是令人难以置信的！"

那么，这是否意味着，对于科研人员而言，仿造人类大脑中信息处理的结构和程序这种极其紧张的，或许也承诺会取得成就的目标，要比计算机系统迄今为止成功地达到的水平更好呢？下一章恰好要探讨这个问题。

第六章　神经芯片和人类大脑项目：仿造大脑

最后的搜索引擎

这个智能的搜索计算机算法，也就是这个 Aleph—1，之前确实说过，超过一半的人都相信，我当时想自杀吗？

"这是何等胡扯！"我暴怒地脱口而出。

"自杀？我对此肯定更了解。我是丹尼尔·阿赫龙。为什么人们会传说我当时想自杀呢？"

我前面屏幕上那个友好的年轻人，这个搜索引擎的虚拟艺术形象围着一条由很多 1 和 0 组成图案的围巾。他并没有受到我情绪失控爆发的任何影响。他慢条斯理地回答："阿赫龙先生，公共闲聊和博客以及视频资料和纸媒发表的文章中，最频繁出现的观点是，您或许因疏忽而释放了这种隐球病菌，然后心怀愧疚，所以就不想活了。"

"这不对。我并不知道……这是一起事故。"我低声自言自语地说。

可是，Aleph—1 还没有分析完毕。"根据当时事发前您的说法、您储存的电子邮件、脸书邮件、推特反馈信息和出版物以及您现在的闲聊，我可以制作一幅暂时的人格特征图。"

"怎么？"

"您情绪稳定，家庭观念强，三思而后行，很少冲动。您没有自恋、抑郁、孤独或者情绪调节障碍的征兆，可以说，自杀的可能性很小。”

"我就说嘛。"我夸耀着，摇着头看着萨曼塔，然后充满惊讶地问她，"那家伙是怎么做到的？"萨曼塔这个类似人的机器人瞥了一眼现在缄默不语的 Aleph-1，然后微笑着说："Aleph-1 建立在一台'艾克萨'级（Exascale 即 10^{16}）的计算机混合基础上，该计算机带有神经元的芯片结构，它们包含大约 1000 兆神经腱。"

"这些是……"

"在类似的神经芯片中，达到比人类大脑皮层的联络多大约 10 倍的联络。与此相联系的传统的数字计算机，其运算功率是 100'艾克萨'（Exa 即 10^{15}）－浮点运算。这等于每秒钟 100 百万兆次计算，这大约是 2020 年超级计算机运算功率的 1000 倍。"

"这是否意味着，在 Aleph-1 后面藏着一千台 2020 年时候的超级计算机，而这些超级计算机又以某种方式与一种许多人类大脑的仿制品联系在一起呢？"

萨曼塔点了点头。"假如您想这么表达，是这个意思。在此过程中，神经芯片与相似的电子开关一起发挥作用，并非按照数据的方式。通过这种方法，它们可以这样被建造，使得它们比人类大脑中的神经联络快一万倍。"

"我的天啊！"

"但是，Aleph-1 必须同时驾驭大约十万个提问，因此，一个考虑周全的答复大约要持续几秒钟。"

我轻声地嘲讽说："我几乎都没注意到这一点。"

"不管怎么说，令人感到欣慰的是，它没能够把其全部的智能都用到我的身上。萨曼塔，请您说说看，您自己的大脑究竟比我的大脑功率高多少呢？"

她垂下头："我也有一个由神经芯片即人工神经和一个数字计算机组成的联系。但是，我的神经芯片远不如 Aleph—1 的快。Aleph—1 没有躯体，所以能够以比我快得多的比率运行其信号处理。"

此刻，她又抬起头，看着我说："一条躯体必须满足别的需求。其能量消耗不能太高，否则，就不得不经常给其电池充电。这限制了大脑的能量。不同的速度还必须匹配，也就是说，传感器、芯片技术和人工肌肉中的活动元件，所有这些成分的数据处理速度要匹配。除此之外，我们还谈论过，智能不仅仅与运算速度有关。"

这时候，我忍不住笑了。这个类似人的机器人真的只想这么谦虚，还是她让我感觉，她是如此谦虚的？

计算机中的一个大脑

人类的大脑有 860 亿个神经和几百万亿个神经腱。因此，许多科学家将人类的大脑称为"著名的宇宙中最错综复杂的物体"。实际上，人们几乎无法足够高度地评价，人类的大脑用这种基础配置能做出什么成绩来。有些专家估计，人类大脑的存储能力相当于一个 2500 千兆节（Terabyte）的移动硬盘的存储量。这个容量几乎是无法测量的，因为，人类的大脑并不像计算机那样储存 1 和 0 的数据值，而是存储几亿或者几十亿个类似的模型：图像和流程、概念和意义、声音和音调、味道、情感、评价。储存的注明更多涉及这个问题：人们需要多少个计算机硬盘，才能像在人类的大脑中那样记住许多模型。同样，关于人类大脑运算速度的说明也是不确切的。科学家们依据同时在许多神经细胞中进行的庞大的数据处理推测，每秒钟同时进行 10 万亿（10^{13}）到 10 千兆次（10^{16}）运算。

然而，用一个有趣的对比来解释，这些数值就足够了：目前，世界上功率最强的超级计算机，即美国田纳西州（Tennessee）"橡树岭国家实验室"（Oak Ridge National Laboratory）研制的计算机"泰坦神"（Titan），还有中国广州研制的天河 2 号超级计算机，其工作存储器都在每秒钟 700 千兆节到 1400 千兆节，有 18 千万亿到 34 千万亿（Peta-Flops，即 10^{15}）运算次数，这等于是每秒钟 18 千兆到 34 千兆的运算次数。[①] 它们以此功率与人类的大脑处于相同的容量等级中。然而，它们需要 8 千瓦到 18 千瓦的电力，这些电能需要 2 到 4 台大型的涡轮发动机，或者说，相当于德国一座有 2 万居民的城市平均的电力需求。

一羹匙的酸奶足够一场报告

与超级计算机的电量消耗相比，人类大脑只需要 20 瓦，也就是不到这些超级计算机耗电量的百万分之一。尽管我们的思维器官毕竟还需要我们身体 1/5 的氧气和 1/4 的糖分，但这个能量需求仅仅相当于 1 个小小的电灯泡需要的电量，或者用更形象的语言表达：为了能够很知性地听懂一场 30 分钟的报告，一羹匙酸奶提供的能量就足够了。一颗 5 克重的小夹心巧克力甚至能提供做一个长达 90 分钟的专题报告的能量。

因此，这种情况也就不足为奇了：全世界的研究人员都想弄明白，

---

①参见超级计算机名单：https://de.wikipedia.org/wiki/Supercomputer。

人类的大脑是如何做到这一点的，而且，人类大脑中详细的运行机制是什么。目前，有资助力度达几十亿美元或欧元的研究项目来迎接这项挑战：美国的"大脑倡议"(Brain Initiative)[①]和欧盟的"人类大脑项目"(Human-Brain-Projekt)[②]。"大脑倡议"项目2023年结项，它应该精准地绘制人类整个大脑所有联系的图表，并且把握神经细胞的活动。欧盟的"人类大脑项目"由瑞士洛桑技术大学(Technische Hochschule Lausanne)牵头，有超过100个欧洲研究机构参与。在同样的时间段内，"人类大脑项目"甚至想取得更多成果：对于该项目而言，关键问题是，不仅弄懂人类的大脑，而且在绝大部分中模拟人类的大脑，以便把获取的知识应用到医学、计算机科学和机器人技术。

为了达到这个目的，"人类大脑项目"组建了13个子项目和6个大型的研究平台，它们分析来源于医学领域的大脑数据和疾病，模拟个别的神经细胞和整个大脑领域，直到研究神经机器人技术，设计神经(neuromorph)计算机。科研人员想从单个分子和细胞一直到神经元的共同作用入手，弄懂、计算并且模拟大脑，还要在其发挥功能的方式上仿造大脑的重要因素。

在过去几年，"于里希研究中心"(Forschungszentrum Jülich)[③]的科研人员已经绘制了一个三维的大脑图集，作为一本虚拟的参考书。[④]为了绘制这个大脑图集，他们分析了7400张人类大脑的组织切片影像资料，这些切片只有20微米厚。然后，科研人员借助显微镜和

---

① 参见美国的"大脑倡议"(Brain Initiative)项目网站：www.braininitiative.nih.gov。
② 参见欧盟的"人类大脑项目"(Human-Brain-Projekt)网站：www.humanbrainproject.eu。
③ 于里希(Jülich)是德国北莱茵 - 威斯特法伦州西部的一座中等城市。——译者注
④ 参见于里希"人类大脑图集"(Human-Brain-Atlas)和超级计算机网站：www.fz-juelich.de/portal/DE/Forschung/it-gehirn/human-brain-modelling/_node.html。

图像评估方法，一直向下达到个别细胞层面，他们在计算机上重构了人类大脑中错综复杂的联系，作为 3-D 模型。

为了研究老鼠的大脑，人们需要一台超级计算机

同时，在于里希，其他专家在"人类大脑项目"的框架下协调配合，建造了一个超级计算机平台。在该平台的帮助下，科研人员模拟神经细胞联盟的活动。他们设计研发的超级计算机"朱女王"（JUQUEEN）属于目前世界上运算速度最快的十台顶级计算机之一。迄今为止，它的最佳成绩是，每秒钟运算 6000 万亿次。他们用这台超级计算机就可以很好地模拟一只老鼠的大脑了，老鼠的大脑有 7500 万个神经元和 100 亿个神经腱。

于里希的科研人员与日本"理化学研究所"（Riken Institute）[①] 及其研制的更快的超级计算机合作。2013 年就已经展示了，通过这些超级计算机，人们甚至可以模拟一个明显更大的神经细胞网络。该网络有超过 17 亿的神经细胞和 10 万亿个神经细胞联系。这毕竟已经相当于人类大脑容量的 1%。为了能够计算出神经细胞 1 秒钟的活动，超级计算机需要 40 分钟。除此之外，用于模拟的神经元还偶然地被关闭，并不符合特定大脑区域的神经细胞联系。结果导致了超级计算机没有能够从中推导出任何关于人类大脑的知识。

科学家们计划，从 2020 年起，在下一个十年内，设计建造一台亿亿级即"艾克萨"级（Exascale）计算机。这台计算机应该比超级计算机"朱女王"还快 200 到 1000 倍，应该实施每秒钟超过一万亿

---

① 日本"理化学研究所"是涩泽荣于 1917 年创立的大型自然科学研究所。——译者注

(Trillion) 次的运算速度。凭借这台计算机，科研人员就可以首次模拟具有全部神经细胞的整个人类大脑。用一种恰当的、形象的描绘语言表达就是，人类大脑的研究人员可以旁观人类大脑的运行。更有甚者：他们甚至还可以操控人类的大脑，进行现实中不可能的虚拟实验。然而，即便用一台亿亿级即"艾克萨"级 (Exascale) 计算机在理智的运算时间内计算，也仅仅能够计算几秒钟内大脑神经的活动。科研人员无法用这台计算机仿造人类大脑在生物系统内数分钟、数小时或者几天内的学习效果。

出于这个原因，科研人员还设计建造与迄今为止的超级计算机运行方式不同的计算机系统。这些计算机系统耗费更少的能量，或许更好地适合模拟大脑的结构。比方说，这些优选的计算机方案比今天的超级计算机更强烈地致力于，使数百万信息处理机并非先后而是尽可能同时地也就是在很高程度上并行地工作。

曼彻斯特 (Manchester) 大学斯蒂芬·弗尔伯 (Stephen Furber) 教授主持的"斯宾内克项目" (SpiNNaker Project)[1] 的目标是，这样开关由他研发的"先进的风险机器" (ARM[2]–RISK) 微型信息处理器，使得科研人员用这些微型信息处理器，同样能模拟 1% 的人类大脑功率。这样做的好处是：人们由此可以达到生物的实时，1 秒钟的神经细胞活动仅仅需要 1 秒钟的计算时间。除此之外，其能量消耗只有大约 90 千瓦，并非像超级计算机那样，要消耗处于几位数的千瓦范围的能量。

---

[1] 参见英国"斯宾内克项目" (SpiNNaker Project) 网站：http://apt.cs.manchester.ac.uk/projects/SpiNNak。

[2] ARM 是 Advanced Risk Machines 的缩写形式。——译者注

不带中央控制的神经型芯片

同样在欧盟"人类大脑项目"的框架下，海德堡鲁普莱希特－卡尔大学 (Ruprecht-Karl-Universität in Heidelberg) 的物理学教授卡尔海因茨·迈耶尔 (Karlheinz Meier) 研发的神经型芯片结构走上一条崭新的道路。[①] 这些芯片结构已经不再像一般计算机那样按照数字的方式运行，而是就像在人类大脑中那样工作。这就意味着，不再有为运算步骤规定节奏比率的中央控制了，也不再有进行运算的信息处理器和存储数据的存储器之间的分离。

迈耶尔教授解释说："在人类的大脑中就完全是这样的。因为，在人类的大脑中，有神经细胞，同时也有信息处理器和存储器之间的联系。而神经细胞自己决定，它们什么时候加油发力。也就是说，当它们的膜片潜能达到一定临界值的时候。"除此之外，人类的大脑运行也没有软件和驱动系统，而且，系统也极其能容忍错误出现：尽管人类的大脑每天损失大约十万个神经元，人类大脑的认知能力经历几十年后也几乎没有减退。

也就是说，大脑可以很好地与丢失的资源打交道，同样，它也能应对不准确的信息。大脑少量的能量消耗也可以追溯到这种情况：它并不像在传统的计算机里那样，必须在存储器和信息处理器之间来回

---

① 关于卡尔海因茨·迈耶尔 (Karlheinz Meier) 教授研究的更多信息参见他的网站：http://www.kip.uni-heidelberg.de/user/meierk/researchs 以及他于 2013 年在"倒塌墙大会"（"Falling Walls Conference"）上做的学术报告"打破传统计算机运算的障碍墙"（"Breaking the Wall of Traditional Computing"）的视频资料：www.falling-walls.com/videos/Karlheinz-Meier-1641 und www.dctp.tv/filme/falling-walls-meier/。[德国 Falling Walls 基金会是 2009 年为纪念柏林墙倒塌 20 周年时，由德国科教界人士发起的一个主要由德国教研部资助的公益性组织。其主要活动内容是，在柏林墙倒塌的纪念日 11 月 9 日，举办"国际科技创新论坛"大会 (Falling Walls Conference)，倡导在科学界内部、在科学与社会以及经济之间也要克服种种障碍墙，实现新思维，并推动社会与科学的协调发展。——译者注]

被推动，这不仅节省时间，还节约能源。迈耶尔教授说："我们很愿意在人工的系统内，仿造人类大脑的所有这些特征。"

为了达到这个目的，物理学家和生物学家首次共同研发了一种尽可能接近现实的神经元模型，它叫作"阿德爱克斯"（AdEx）。在一个生物实验用的玻璃盘中，他们用电子方式模拟了源自田鼠大脑分层次的神经细胞。他们仔细分析了这些神经细胞的反应，并且把这些反应转变成一个数学模型。然后，他们又在技术上仿造这个模型。比方说，这些神经细胞的反应是完全不同的，当它们被用恒定的电流刺激的时候：游戏神经细胞有规律地发力，还有的神经细胞仅仅发射一种独一无二的脉搏，还有的神经细胞发力要落后很多倍。随后，它们变得更缓慢。还有第四种神经细胞，它们释放非常缓慢的脉搏。

迈耶尔教授解释说："所有这些都是非常普通的神经元，它们看起来完全一样，但反应却截然不同。"海德堡的物理学家把所有这些特点都镶嵌在他们的模型里。他们可以改变每个神经元的 20 个参数，每个神经腱大约 10 个。这包括细胞内的发力界限、特定的时间参数，还有电子脉冲，神经腱的重量，即神经细胞之间的联系强度。于是，这个带有所有可调节参数的数学模型就成为与电子元件进行技术转化的基础，这些电子元件主要是微型的晶体管和电容器。

在此，仿造一个神经元要借助大约 300 个晶体管。迈耶尔教授领导的团队研究的最小的神经型单元是这样一个模块，它上面有大约400 个神经元，带有大约 10 万个神经腱。科研人员在一个直径 20 厘米的硅片上成功建造这些构造：具有典型特点的是，500 个神经型的单元被放在这样一个硅片上，这些是大约 20 万个神经元，带有 5000 万个神经腱的联系。

在海德堡迈耶尔的实验室前面，在户外地带一幢高大的黑色大楼里，成排地摆放着这些硅片，带有控制装置和其他相连接的计算机以及显示器。目前，实验室有 6 个硅片，但是，物理学家想要把设备扩建到 20 个硅片。与此相适应，大约有 400 万个神经元和 10 亿个神经腱。这就会明显比苍蝇的大脑大多了，苍蝇的大脑包括大约 10 万个神经元，或者，这相当于有 100 万个神经细胞的蟑螂。但是，整个数值还没有达到对老鼠大脑的模拟，这种模拟在超级计算机里才有可能完成。①

但是，迈耶尔教授的团队研发的神经型芯片的结构有非常不同的、决定性的优势。迈耶尔解释说："首先，在硅片上，科研人员可以完全自由地将它们调节成形。这就意味着，我们可以为了一个实验，在随便哪些神经元之间建立联系。在此过程中，最重要的是：这些是真正物理学上点与点的联系。"传统的计算机内有互联网式的联系，在这些联系中，数据包被来回派送。与这种互联网式的联系相比，在迈耶尔教授的团队研发的芯片中，存在直接的、电子的联系。该电子模型还仿造人类大脑中在神经腱分裂时发生的化学反应。

比在人类的大脑中思维和学习快 10000 倍

这种神经型芯片的结果是，非常可观地提高了计算机的运行速度。

---

① 参见米切尔·瓦尔德洛普（M.Mitchell Waldrop）2013 年 11 月发表在《自然》(*Nature*) 和网络杂志《德国〈光谱〉网》(*Spektrum.de*) 上关于神经型计算机结构的文章 "一个由硅片组成的大脑"（"Ein Hirn aus Silizium"）：www.spektrum.de/news/ein-hirn-aus-silizium/1213912，还可以参见扬恩·德伊恩格斯 (Jan Dönges) 的文章 "这块有一百万个神经元的计算机芯片"（"Der 1-Million-Neurone-Computerchip"），刊于 2014 年 8 月的网络杂志《德国〈光谱〉网》(*Spektrum.de*)：www. spektrum.de/news/der-1-million-neurone-computerchip/1303980，以及霍尔格·达姆贝克 (Holger Dambeck) 的论文 "带大脑的硬件"（"Hardware mit Hirn"），刊于 2012 年 3 月的《技术评论》(*Technology Review*)：www.heise.de/tr/artikel/Hardware-mit-Hirn-1478384.html。

典范性的大脑：这个神经型的芯片仿造了带有大约 10 万个神经腱的大约 400 个神经细胞的行为。该芯片比生物大脑快一千倍。大约有 500 个这种芯片被安置在一个典型的硅片上。这块芯片以此获得了比一只苍蝇的大脑更多的神经元。

迈耶尔教授高兴地说："与生物的系统和弗尔伯教授领导的'斯宾内克项目'的指导思想相比，我们快了一个因子 10000 倍。与超级计算机相比，我们甚至快了数百万倍。"举个例子来说，这对于模拟人类大脑的学习过程是理想的：假如人们想模拟一个生物一天的神经活动，人们使用超级计算机时，不得不耗费几年的时间去等待结果。如果使用"斯宾内克项目"研发的实时信息处理器，就恰好需要一天。迈耶尔教授高兴地说："但是，我们的神经型芯片在不到十秒钟内就做到了！"

此外，每个神经元和每个神经腱，在其所有的参数内，都是可以被自由调节的。也就是说，可以精确地塑造人们想从生物的典范那里获得的东西。倘若人们使用神经型芯片，那么人们可以比在人类大脑内快 10000 倍地完成数据处理。还有每个神经腱的改变，比方说，加强或者减弱神经细胞之间的联系。迈耶尔教授说："这就意味着，我们的系统比人类的大脑学习得快 10000 倍。"

　　人们可以在神经型的系统内仿造人类大脑所有不同的学习机制。例如，不受监督的长期学习，在这种学习过程中，每当两个神经元同时活动的时候，也就是说，当它们的脉搏在时间上彼此非常接近的时候，那么，这两个神经元之间的神经腱的强度就稍微有提高。相反的情况也适用：假如一个神经细胞之间的联系长时间不再被使用，那么，这种联系就会变得更弱，最终完全被撤销。即神经芯片所谓"忘记了"它以前学过的内容。

　　迈耶尔教授报道说："我们还仿造了受监督的学习，也就是那种跟着老师学习并且得到分数的学习方式。"这伴随着所谓的"闭式回圈实验"(Closed-Loop-Experimente) 进行。为此，除了带有神经型芯片的硅片以外，还有装满传统计算机的计算机柜子。两者都通过高速数据转换联系，也就是说，这是由神经芯片和传统的计算机组成的一种混合系统。传统的计算机模拟与环境的相互作用，尤其是那些通过传感器、生物的眼睛、鼻子和其他感觉器官进来的信号，以及那些发给活动元件的信号：在生物系统中，这些就是肌肉。

　　神经芯片一旦想要诱发一次行动——比如说，用一种特定的力量去按——那么，这就会被通报给活动元件。传感器又确定，这种行动会造成什么影响，然后把信息反馈回去。这就是闭式回圈，即封闭的循环。系统通过这种方式学会了，看看系统的行动是否成功，就像一个老师给予一个孩子反馈，并且为孩子掌握的学习内容给分数一样。

　　但是，在神经芯片中，科研人员还不能很好地仿造在人类的大脑中通过多巴胺 (Dopamin) 和内啡肽 (Endorphinen) 等荷尔蒙进行的化学方法完成的动机过程和奖赏过程。迈耶尔教授引人深思地说："其原因也在于，神经生物学家还没有理解它们。这些过程并非在局部影响神经细胞，而是对整个细胞联盟发挥作用。细胞联盟共同对荷尔蒙的释放做出反应，比如说，通过不停地改变神经元的界限值，或者通过不同方式释放神经腱上的神经元传送器。"

可塑性信息处理器让神经元生长

在神经芯片的下一个版本中，迈耶尔教授还将能够考虑这些过程。这位物理学教授解释："我们将可塑性信息处理器安装进去。"每个神经型单元都额外地得到一种传统的微型芯片，每个硅片上大约有 500 个芯片。这样做的优点是：科研人员不必在实验前就调节稳定学习规则或者神经元的联系，可塑性信息处理器还能够在运行期间在一定界限内改变它们。比方说，这意味着，神经联系不仅能够改变其强度，而且还能全新地生成或者消失。人工的大脑在运行期间才让神经元之间的联系生长。这样一来，科研人员就可以改变大脑的整个结构。在生物系统内，这个过程可以持续到从婴儿时期到幼年再到成年的全过程。

可塑性信息处理器可以把一切可能的东西当成输入的数据使用，例如，网络运行的活力有多强，神经元之间的关联有多大，或者从外界过来哪些奖赏信息。迈耶尔教授认为："然而，我们同样也可以很好地模拟心理药物或者酒精的效果。比如，我们可以确定，酒精在大脑的某个领域内改变了 10% 的界限值，然后看看，发生了什么。"人们可以很紧张地看到，一个"喝醉的神经芯片"举止会如何！

迈耶尔教授的团队已经通过神经芯片取得了一些成就。今天，神经生物学家非常清楚，昆虫的嗅觉系统如何在神经元层面发挥作用。人们得以用神经芯片精确地仿造这种作用。同样，仓鸮狡猾的定位系统也可以精确地被仿造。仓鸮即便在黑暗的环境中也能够精准地听到，一只老鼠在粮仓草堆里的什么地方窸窣作响，其判断误差仅有两度。为此，仓鸮终其一生学习，测量运行时间的差别，到达它的左耳和右耳的声音信号会指明这种运行时间的差别。

在此的特殊性在于：声音信号的差异明显比时间刻度要小，这些时间刻度适用于仓鸮大脑中的神经脉冲。因此，人们应该推测，动物根本无法分辨大脑中如此快速地接踵而至的信号。可是，尽管如此，仓鸮又是如何做到的呢？研究人员安娜－克里斯蒂安娜·赛尔策尔（Anne-Christiane Scherzer）在其学士论文的框架内，借助迈耶尔教授的神经型芯片演示了这在仓鸮的大脑内如何发挥作用。

答案就是具有所谓阶段性诱惑的神经元：这意味着，神经元发力，这时恰逢源自两个耳朵的信号。在信号阶段内，围绕一个特定的值进行区分。比方说，假如左耳的神经脉冲处于其最大值，而右耳的神经脉冲也处于最大值，那么，神经元 A 就发力。如果来自右耳的信号稍微有些推迟，那么神经元 B 就发力。假如信号还很远，那么神经元 C 就发挥作用，以此类推。这样一来，仓鸮就能够确定微小的运行时间差异了。

液体的计算机

将来，研究人员肯定还会用神经型芯片做很多扣人心弦的实验。一方面，研究的关键是更好地理解大脑中的运行过程：不同的学习过程，由于其长期的时间期限，人们根本无法用其他系统研究它们。迈耶尔教授说："另一方面，我们也愿意帮助完善传统的计算机。"这样，通过神经型芯片，"深度学习"可以从根本上变得更快，从而可以更有效地使用能源。而且，人们也可以用神经型芯片非常好地研究其他构想。

比如说，液态计算机涉及这个问题：研究神经元网络内部活动模型的时空分布。这种时空分布在超短时记忆和短时记忆方面发挥非常重要的作用。格拉茨(Graz)[①]工业技术大学"信息处理基础研究所"(Institut für Grundlagen der Informationsverarbeitung)的沃尔夫冈·玛斯(Wolfgang Maass)教授就研发了这样一个构想。[②]根据玛斯教授的构想，大脑中的神经元网络就像一个被扔进石头的池塘一样发挥作用。在水中形成的波浪彼此交叠，而且没有立刻就再度消失。新的信号与旧的信号相互作用，出现了信息的一种时空交替。

其结果是：这种回忆不太像一幅静态的画面，而是更像一部电影，一个不断改变着的活动模型。大脑就像一个交响乐队一样发挥作用。人们不仅听到第一小提琴的声音，而且还听到许多乐器的声响。此外，耳朵里还萦绕着人们刚听到的声音。这或许能够解释，在短时记忆中，依次出现的字母如何形成话语，或者，画面如何形成时间的延续。

随机得出的结论产生的效果也同样有趣：神经生物学家知道，大脑并非总是精确地得出同样的结论，尽管边缘条件是一样的。他们很惊讶，大脑如何能够找到一种选择，尽管有不完整的和错误的信息。或许答案在这里：在我们的头脑中，神经元网络就像在掷色子时一样，不断地尝试交替的思维可能性，评估其可能性，以便得到有意义的结论。即便输入的信息不准确甚至是相互矛盾的，这当然也可以。

---

① 格拉茨(Graz)是奥地利一座城市，施蒂利亚州首府。——译者注
② 参阅沃尔夫冈·玛斯(Wolfgang Maass)教授的网页，有相关论文的链接：www.igi.tugraz.at/maass。

卡尔海因茨·迈耶尔教授说："我们还用我们的神经芯片测试这些理论，它们对未来的、更好的计算机的结构有影响。"他认为，神经芯片可以补充"沃森"这种进行知识数据处理的计算机系统。"这些系统自上而下地工作：他们定义，什么是认知的计算机，研究人员为此研发了相应的软件。而我们是按照自下而上的原则工作：我们用我们从人类大脑中的神经元那里学习的东西研制一种全新的计算机结构，它高效率地消耗能源，紧凑密集，而且非常快速。"假如这些不同的构想在未来的计算机或者机器人中相遇，那么情况就真的变得扣人心弦了。

这些构想相互补充

神经型芯片还可以补充超级计算机和"斯宾内克构想"，迈耶尔教授知道："对于科研人员来说，超级计算机很容易使用，因为它们建立在传统的计算机基础上。相反，斯宾奈克构想从根本上更高效地利用能源，而且允许一种实时模拟。可是，它很难使用，因为它建立在一种新的编程模型基础上。而我们的神经芯片又是最快的，遥遥领先。但是，同样，与传统的计算机也相距最遥远。"因此，迈耶尔认为，"人类大脑项目"的关键尤其在于，不同的、相互补充的、相得益彰的研究团队很好地合作。"那样，我们就会取得最好的结果。"

究竟是否存在人类大脑的神经生物学的某些知识，而它们是无法用神经芯片模拟的呢？迈耶尔坚信："肯定会存在一些我们还根本就不了解的现象。但是，除此之外，我们还完全有意识地仿造一些物体。"比方说，我们将在使用神经型芯片时如此对待神经细胞，就好像它们集中在一个空间点上一样。实际上，一个生物细胞却也是一个被扩展的物体，毋宁说，它就像一个长满肿瘤的变形虫一样，而不像一个点状的神经元。在神经纤维中，电子脉搏的高度随着长度的减少而减少，就像在一根电线中一样。这位物理学家说："这一点我们同样不仿造。目前的问题是，这些细节对于信息处理而言是否重要。"

为了澄清这个问题，具有庞大的运算功率的超级计算机又会大显神通，非常有帮助。南非的（以色列国籍）大脑研究人员亨利·玛尔克拉姆（Henry Markram）是洛桑的教授，他是欧盟"人类大脑项目"很多负责人之一。他研发了一个亚细胞模型，该模型以数千个分支反映了一个神经细胞的所有细节，一直向下到单个的离子通道和分子。迈耶尔教授说："我们可以在一台超级计算机上模拟这个。我们以此会看到，一个细胞的哪些细节是重要的。而且，我们能够完全系统地发现，我们可以放弃生物学的哪些知识，而又必须保留哪些知识。我们始终怀着这个目标：在人工系统被简化的结构中，我们也想达到与我们的大脑等值的、认知的功效。"

机器人体内的人工大脑

将来，在机器人的大脑里，科研人员也安装这种人工的大脑，这是可以想象的吗？"原则上是可以的。但是，我们的神经芯片比生物系统快一万倍。"迈耶尔教授引人深思地说，"因此，它们尤其适合认知的计算机。这种计算机在大数据中寻觅模型和内在联系。大公司诸如谷歌、脸书、亚马逊或者德国企业管理解决方案'萨普'（SAP）公司① 才会对我们的芯片更感兴趣。人们需要把准确的和更缓慢的神经型的大脑用于机器人身上，这种大脑的时间常数与机器人的胳膊和腿

---

① SAP 是 "System Applications and Products" 的简称，它既是德国一家公司的名称，也是该公司开发的企业管理系列软件的名称。萨普（SAP）公司总部位于德国沃尔夫市。——译者注

的时间常数吻合。"也就是说，宁可选择混合方案，由更缓慢的神经芯片与传统的计算机混合，或者用"斯宾内克项目"团队研发的芯片。

"人类大脑项目"的"神经机器人技术平台"[①]（Neurorobotik Plattform）的负责人是电子工程师和计算机专家阿洛伊斯·克诺尔（Alois Knoll）。他还是慕尼黑工业大学实时系统和机器人技术教授职位的拥有者。"神经机器人技术平台"的一个宏大目标就是，结合机器人的身体与大脑模型，研究它们的相互作用。克诺尔领导的团队[②]致力于研究模拟机器人和真正的机器人，比如，我们在第三章介绍过的"机器人男孩儿"。该平台大多涉及这个目标：在一个完全虚拟的环境中进行研究。倘若在虚拟的世界中，一切都完美地发挥作用，那么，转换到一个真正的机器人中就是一个相对小的下一个研究步骤。

比方说，我们可以从一只老鼠被细化的大脑模型开始。现在已经有了一直向下达到单个神经细胞层面的这种大脑模型。除此之外，还有一个老鼠身体的模型，包括骨架、皮肤和肌肉及其环境的模型。然后，一台配备"斯宾内克"信息处理器或者配备神经型芯片的超级计算机，计算老鼠大脑中的神经元的活动。

这只虚拟的老鼠可以在一个虚拟的迷宫中穿行。它在迷宫里接收来自其触须的信号，闻到一块奶酪的味道。克诺尔教授解释说："我们在计算机旁就可以看见，在老鼠大脑的味觉和嗅觉中心发生了什么。"科研人员由此得出结论，判断那只有可能朝着奶酪方向去的老鼠会采取什么行动。当然，老鼠的行动由虚拟的大脑控制，并且被模拟，伴随有虚拟身体的肌肉活动。

---

①参见神经机器人技术平台网站：www.neurorobotics.net。

②参见慕尼黑工业大学阿洛伊斯·克诺尔教授的机器人技术研究：http://www6.in.tum.de。

最后，"神经机器人技术平台"还允许科学家，不仅在虚拟的环境中仿造机器人的身体，连同其传感器和肌肉，而且还在被建模的机器人大脑中仿造信号处理。科研人员通过这种方式可以随便频繁地用机器人模拟并优化实验，研究机器人的行为，在这些机器人及其建立在人工智能基础上的大脑真正被建造之前。

神经机器人技术的圣杯

克诺尔教授微笑着说："我们的老鼠还处于昏厥状态，仅仅显示反应。我们现在必须唤醒它。然后我们就突进到以前从来没有任何人看到的一些区域。这些神经机器人技术模拟所做到的，要比迄今为止取得的一切成果都复杂得多，这同时也是一种新研发的机器人技术的出发点。"

克诺尔教授认为，他的"圣杯"就是，将来有朝一日能够在这些人工的系统中发现自然发生的行为，也就是说，一种从未被编入程序的或者用其他的方式被规定好的行为。举个例子来说，一个机器人第一次站在河边，它自发地开始游泳或者使用工具来做一个筏子。

这位计算机专家预测说："我们最终必须超越对老鼠的模拟研究。假如我们想拥有这种智能的机器，它们能在人的环境中应付裕如而且天衣无缝地融入人的环境中，那么，我们就会需要类似人的机器人。因为，一只老鼠永远都无法向我们解释，它如何用它的触须和嗅觉活塞来感知世界。同样，我们也永远无法向老鼠解释一个电钻的工作原理。"在某种程度上，人类只能用类似人的机器人一对一地平等交流。

但是，在这方面，机器人还缺乏很多重要的东西，比如，饮食、情感和爱、文化与社会，我们几乎无法向一台机器介绍这些。而机器人又不会像孩子一样成长，抑或能够像孩子一样成长？克诺尔教授说："我完全可以把这想象成一个有吸引力的研究项目。我称之为'因子为10'的项目。我的理念是，在一个特定的时间段内，比方说，在10个月内，让一台机器人的精神能力和身体增长一个因子10。"科研人员怎样能够实现这一步呢？目前，他们借助新的3D打印技术，使这种设想至少不完全是幻想：一台机器，它在身体上继续发育，而且，随着时间的推移，它就像人一样成长……

　　我们在本书的第十一章和第十二章中看看，将来会不会有情感的和社会的机器人，甚至会有类似人的机器人，身上带神经芯片和一种像人一样的自我意识。但是，在此之前，我们先停顿一下。让我们从遥远未来的愿景，再回到现实的土地上。对于人工智能系统和今天已经存在的机器人或者具体在设计中的机器人而言，究竟存在哪些真正的应用领域呢？

第七章　使用机器人的领域：住与行

在回家的路上——落后 30 年

我房间的推拉门"吱"一声，轻轻地打开了，带着大圆脑袋、看上去很滑稽的圆柱形机器人滚动着进来了。人们仍然可以看到它头上显示的巨大的、用黄色标记的笑容。它刚在那张小桌子的上方向我展示来自我身体内部器官的全息图。这时，在这张小桌子上面放着它端给我的一杯爽口的橘子汁。

尽管吞咽让我感到有些疼痛，我还是感谢机器人给我拿饮料。然后，我又转身，朝向萨曼塔。"萨曼塔，我能不能……我可以看望我的家人吗？我是指，回家看望她们。"

这位类似人的机器人在一分钟之内似乎有些漫不经心。然后，她看着我微笑。"我刚跟您的主治医生聊过。如果我陪着您，而且今天晚上又把您带回康复中心，那就没有问题。"她做出一个手势。随后，她身后的那面白墙中，有一扇门打开了，我之前根本就没看到过这扇门。

门后面停着一辆看上去像法拉利的汽车，还有一把轮椅。她说："我们将使用这辆车。至少眼下要用，直到您能够更好地行走为止。"

"我们有多长时间？"我有些踌躇地问，一边用手指着那扇全景窗户和外面的公园。在公园里，婆娑的树影说明，已经是午后临近傍晚的时光了。

"哦……这有一份记录。"萨曼塔回答说，一边把她的头转向窗户。她命令道："显示屏，请实时显示。"氛围忽然就变了。天空清晰地露出朝霞，在地上有一层薄雾。她说："这是清晨7点钟之前。"这给人印象深刻。这些显示屏肯定是用轻薄的、可弯曲的、发光的塑料做成的。在我清醒的时候，这些显示屏还展示了一些给人非常现实的印象的大理石雕塑。2020年，首批更小的版本刚刚上市。现在，它们显然填满了整面墙壁和棚顶。或许，这是一个完全被隔绝的、经过消毒的房间，我就躺在这个房间里。房间里有空调，但是，没有朝外面的窗户。

当我转动着轮椅，穿过康复中心的走廊时，我发觉，我的猜测是多么正确。真是令人难以置信，我的房间居然被安置在地下室里，从令人感到迷惑的、真正的窗户向外眺望，我预测这至少是第五层！我的轮椅也给人很深刻的印象。这轮椅有一切可能的传感器，目的是避让障碍物。这个轮椅有可以折叠的机器人手臂，上面安装了一只抓东西的手，这是为全身瘫痪的人准备的。使用者通过语言指令就可以操控这把轮椅。就像萨曼塔解释的那样，我们甚至可以用思维力量操控这把轮椅。如果人们给自己的头上戴上一顶小帽子，那么经过一个简短的培训阶段就足够了。人们只要想着指令，那么，这把超级轮椅就可以开始行动了。

我们在半路上没碰到几个人，我几乎有这种印象：我们在路上碰到的机器人比康复中心的工作人员和患者还多。我看到最多的是头上露出笑容的、球形的服务型机器人。但是，我也看到了保持地面整洁的清洁机器人。我看到了几把空轮椅，它们正在路上，准备到某些被投入使用的地方去。我还看到一到两个滚动的装衣物的篮子。萨曼塔把她的工作服放到其中的一个篮子里。在工作服的里面，她穿着一条漂亮的红黑色裙子。

在外面，还有一个惊喜在等待着我。我们刚站在入口处的大门前，一辆无人驾驶的黄黑色电动汽车就拐过街角开了过来，直接停在我们面前。萨曼塔解释说："我叫了一辆出租车。"

汽车侧门带着稍微流露好斗脾气的"砰砰"声，滑动着打开了。一个装卸台打开，滑动下来，我的轮椅现在朝那个装卸台滚动。汽车的内部有四个座位，其中的两个座位转向旁边，为了给我的轮椅腾出空间。尽管这辆汽车从外面看给人的感觉似乎很小，然而，汽车的内部却是非常宽敞的……"这大概是传感器的变形吧。"我有些嘲讽挖苦地嘟囔着说。

萨曼塔严肃地回答："没错，就是如此。"她一边说一边在我的对面坐下。"今天，在2050年，传感器的数量几乎是2020年的三倍。"

我们旁边的扩音器里传来一阵洪亮的男人的声音："欢迎乘车，请您坐舒服了。根据目前的交通状况，到达目的地的行驶时间大约为30分钟。"

我满脸狐疑地朝萨曼塔望去。她点点头说："我已经输入了您的家庭地址。"

这辆电动出租车向侧面打轮，驶离了康复中心门口的停车空地。我们几乎听不到汽车轮子里面的发动机声音。我好奇地看着汽车窗外的世界，这个我已经30年没有看到的世界。

我感觉，外面的世界与2020年时的世界并没有太大的差别，如果撇开这一点不谈：道路上的汽车交通流动得比以前更和谐顺畅了。很明显，马路上跑的几乎都是自动驾驶的电动汽车，它们的速度彼此匹配。在寥寥无几的汽车里，人们还用一个小的方向盘，或者推动来自仪表盘上的一种操纵杆，为了怀着运动的雄心，自己操纵他们的车辆。这显然并非易事，因为，马路上几乎没有交通信号标志和红绿灯，而各自还有效的交通规则仅仅被逐渐显现在汽车的风挡玻璃上。我看到空中有几架送快递包裹的微型飞机和无人驾驶飞机(Drohnen)。在自行车道上，有骑着电动自行车的中小学生和大学生。在人行道上，有一些机器人在走动，它们的头是银色的光头，它们的脚步罕见地摇摆着。它们手里拿着购物袋，或者盖好的餐盘，估计餐盘里放着新鲜的小面包、水果或者类似的食物。

萨曼塔说："它们是家政服务机器人。"我推测说："电子仆人，为那些能付得起费用的人准备的。"她点头表示赞同。

我们的汽车行驶经过的一些房屋、商店和公园让我觉得很熟悉。可是，屋顶上很多太阳能和风能装置以及墙壁上的太阳能镶嵌板，让我感到迷惑不解。萨曼塔解释说："在这些模块中，空气中的二氧化碳借助水和阳光，被转换成化学载体甲烷或者甲醇。"

当我用询问的目光看着她时，这个类似人的机器人又补充了一个更容易理解的表达："人工的照片合成。"她一边说着一边从汽车车门的袋子里取出一个很薄的薄膜，她把这薄膜揉搓了一下，然后把它压在电动汽车的玻璃窗户上，这薄膜就粘在了玻璃窗户上。在薄膜上，播放着对这个化学生成方法的解释性的动画片绘制图。随着她的下一步操作，那薄膜就突然又透明了，显示出我们正在行驶经过的房屋……可是，我突然注意到，它们并非现在的模样，而是30年前的样子。

当时的画面就不再是外面被整理得很漂亮的花园和配备新能源的房屋，而是一些需要清理的楼房、破旧的住宅街区和部分不景气的、破败不堪的工业企业，那种工业企业是我当时了解的！萨曼塔用一个擦拭的动作向我展示，我可以切换新旧画面，即 2020 年的世界和 2050 年的世界。

我还真愿意再把玩、琢磨一下那个可弯曲的显示屏。可是，现在，汽车已经驶入了我熟悉的街道。很明显，这一切都变得更狭窄了。树木高耸，这里也有安装在屋顶和墙壁上的镶嵌板，我刚才已经看到的那种镶嵌板。出租车停在楼前，这栋镶嵌着漂亮的旧石头的楼房显然就是我的家。为了认出我的家，我不需要扩大的现实——薄膜 (Augmented—Reality—Folie)。那个坐在台阶上吃早餐的是……我不得不深呼了一口气。当电动出租车的车门打开，而且虚拟的司机说"到达目的地"时，我的泪水夺眶而出……

道路上和住宅里的机器人

清晨很早的时候，他们把机动车辆轻轻地从车间里推出来。千万不要吵醒任何人！在离开房屋，进入安全距离时，他们才发动车辆，因为不然的话，车辆发出的噪声肯定会泄露他们的秘密。贝尔塔·奔驰 (Bertha Benz) 后来讲述："我的 13 岁和 15 岁的儿子与我策动了一场真正的谋反！"[①]他们约定，在暑假开始时，偷偷地拜访贝尔塔的母亲，她母亲住在与他们相隔 106 千米的小城市普福尔茨海姆 (Pforzheim)。但是，他们既不乘坐火车，也不乘坐马车，而是乘坐她的丈夫卡尔·奔驰 (Carl Benz) 在三年前研制的"魔鬼车辆"：申请过

---

① 参见关于贝尔塔·奔驰 (Bertha Benz) 的首次汽车行驶：www.rantlos.de/lebensart/reisen_und_touren/tankstelle-apotheke.html，以及戴姆勒网络信息：http://media.daimler.com/dcmedia/0-921-1088722-49-1096678-1-0-0-0-0-0-0-614319-0-1-0-0-0-0-0.html。

专利的、带发动机的车辆，型号为3。

这个勇敢的、年轻的女人写道："要是卡尔事先知道我们的计划，他永远都不会允许的。"准确地说，这次旅行甚至会遭到官方的禁止，因为，他们只有一个在曼海姆（Mannheim）及其周边试验行驶的许可。农民们抱怨，他们的马匹和牛害怕这个咔嗒咔嗒直响的、冒着黑烟的、发出臭味的、三个轮子的怪物，因此而陷入恐慌，受到惊吓。所以，这三个离家逃跑的人根本没有长时间地询问，而是在厨房的桌子上留下一张纸条，然后就朝着历险的方向，驾车扬长而去。

这确实是一次历险，因为，除了在大城市里以外，1888年8月，在巴登（Baden）大公爵的领地上，几乎还没有铺上小石头的路，只有颠簸的田野小路。在这样的路上行驶，他们的汽车，那个"自动活动的车辆"，消耗的燃料要比他们想象的多得多。他们在维斯洛赫（Wiesloch）就不得不第一次加油：石油醚（Ligroin），这是一种轻汽油，当时被当成清洁剂使用。从此，维斯洛赫城市药店就被视为世界上第一个加油站了。

这个1马力的发动机还不停地需要用水冷却。当汽车遇到有些斜坡时，发动机不够有力，以至于他们避免不了要下来推车。在行驶的过程中，齿轮上的驱动链如此大程度地被磨损，以至于他们不得不在一个铁匠铺旁停车，为了请铁匠使劲敲打链条，来进行修理。贝尔塔·奔驰不假思索地用她的绝缘的长裤松紧带，消除了点火装置的短路。这个能干的女人用她礼帽上的一个装饰针，清理一根堵塞的管子。他们傍晚抵达以制作首饰著称的小城市普福尔茨海姆。这母子三人此时已经疲惫不堪，浑身污垢，但是，他们满心欢喜。他们马上给卡尔·奔驰发电报："第一次远距离行驶成功了！"

从没有马匹牵拉的马车到没有马车夫的马车

这次的开路先锋之举最终证明了，奔驰——发动机车辆，即"没有马匹牵拉的马车"并非无稽之谈，而是也能够克服长距离的行驶。当时许多报纸都报道了这件事。一年之后，在巴黎的世界博览会上，这辆汽车成为人们交口称赞的展品。拥有更好道路的法国成为这项新发明的"引领性市场"，如果我们用今天的词汇表达。1900 年，设立在曼海姆的奔驰公司作为世界最大的汽车工厂熠熠生辉。1926 年，即在卡尔·奔驰去世三年之后，奔驰车厂与其竞争企业戴姆勒 (Daimler)合并。这个时候，汽车的凯旋就已经开始了，而且，这还要归功于亨利·福特 (Henry Ford) 1913 年在其工厂里采用的流水线制作。今天，全世界机动车辆的保有量为大约 12 亿辆，包括轿车、载重汽车和公共汽车。

2013 年 8 月，就在贝尔塔·奔驰和她的两个儿子在两地之间行驶正好 125 年之后，戴姆勒公司宣布了另一次开路先锋之举，恰好就在同样的路段上，即从曼海姆到普福尔茨海姆。[①] 然而，这次行驶的关键并非在于证明，在路上，没有马匹牵引的"马车"也能够行驶。这一次，"马车"即一辆智能驾驶的梅赛德斯 S500 居然能没有"马车夫"地行驶！在两地之间的交通和城市交通中，在一段大约 100 千米的长距离上自动行驶在路上，而且独立地控制驾驶：在有红绿灯、循环交通、有对面交通车辆的狭窄路段，还有行人和骑自行车的人。它因此而成为全世界范围内第一辆自动驾驶的汽车。

---

① 2013 年 9 月 9 日，自动驾驶汽车在贝尔塔·奔驰行驶的路段上进行了创纪录的行驶：media.daimler.com/dcmedia/0-921-614307-49-1629819-1-0-0-1630016-0-1-12759-614216-0-0-0-0-0-0-0.html?TS=1452351250485 und Video：www.youtube.com/watch?v=SUOC8tE4bdM。

除此之外，这次创纪录的行驶并没有借助昂贵的专门技术获得成功，而是仅仅借助一种类似于已经包含在系列机动车辆中的技术：比方说，用照相机和雷达传感器，而没有使用价值几万欧元的、转动的激光扫描仪，就像人们看到谷歌公司生产的自动驾驶车辆车顶上安装的那种激光扫描仪。

立体照相机对于这辆用"贝尔塔"命名的梅赛德斯特别重要。这种照相机可以在空间上很好地分辨汽车前 50 米距离内的机动车辆、行人、交通标志和道路标记。雷达传感器提供其他的距离数据，并且帮助人提前发现从左右两侧过来的机动车辆。一台彩色照相机专门用来针对红绿灯，一个指向后面的照相机用于根据周围的特征，更精准地确定车辆的位置，就好像用普通的定位数据就可能这样做似的。

对于几乎所有汽车企业而言，对于像谷歌这种大企业研发的自动驾驶汽车而言，大多涉及这种情况：以低速度或者在清晰地被划分结构的路况环境中行驶，例如，在高速公路上行驶。拉尔夫·海尔特维希 (Ralf Herrtwich) 是戴姆勒公司自动驾驶康采恩研究和前期研发中驾驶助理和驾驶工作系统的负责人。他解释说："在公路和城市范围内的交通是最难的。"① 他的部门在斯图加特 (Stuttgart) 附近的伯伊伯灵根 (Böblingen) 工作。在他部门的车库里，这辆"贝尔塔"汽车与其他测试车辆并列停放着。

"我们之所以首先进行了贝尔塔·奔驰的行驶，是因为，我们并不知道，面对这些没有条理的驾驶环境，这辆自动驾驶汽车会觉得什么是容易的，什么是困难的。"这位计算机专家说。他除了在戴姆勒的工

---

① 参见梅赛德斯－奔驰的智能行驶辅助系统：www.mercedesbenz.com/de/mercedes-benz/innovation/mercedes-benz-intelligent-drive。

作以外，还在柏林工业大学教授机动车辆信息技术专业。所以，让科研人员感到非常惊喜的是，做出正确的行驶决定，这比他们预料的更容易。海尔特维希报道说："如果路况被正确地分析，那么，计算机算法软件就很好地知道，应该做什么。"无论涉及自动地超越骑自行车的人，还是涉及在急转弯时保持正确的车速，或是涉及穿越曼海姆和普福尔茨海姆之间无数环形交通的策略，这辆"贝尔塔"汽车都成功地做到了。

是一个红灯还仅仅是一个尾灯？

海尔特维希说："发现那些红绿灯是重要的，这是更加困难的事。"自动驾驶汽车不仅必须区分红色的汽车尾灯和红色的信号灯，而且还要识别，一个红绿灯的信号是指它可以继续行驶，还是指横向车辆可以继续行驶，是指另一个车道，还是指给行人的路。为了迎接这些挑战，研发人员致力于绘制数据图，也就是说，致力于确定一种与谷歌公司研发的"道路实景数据"（Street-View-Daten）相似的方案，而谷歌的"道路实景数据"（Street-View-Daten）对于自动驾驶而言就是一个很大的帮助。

为了实现这个目的，戴姆勒公司与"卡尔斯鲁厄技术研究所"（Karlsruher Institut für Technologien）和一家生产数据图的生产商"黑勒"（HERE）合作，专门为贝尔塔·奔驰行驶的路段绘制了一张精确到厘米的三维图。这张图不仅包含普通的道路走向，还包含车道的数量以及交通牌、停车线和红绿灯的位置。因为这些 3D 图和涉及地方服务的研发不仅对自动驾驶具有重要作用，而且对于未来的整个移动性都很重要，所以，戴姆勒（Daimler）、宝马（BWM）和奥迪（Audi）公司于 2015 年夏天，以 28 亿欧元的价格，从芬兰诺基亚（Nokia）手上买下了图片制造商"黑勒"（HERE）。

海尔特维希回忆说："对于我们的自动驾驶车辆而言，更加困难的是，正确地判断其他道路交通参与者的意图。"比方说，在一个狭窄的地方，当这辆"贝尔塔"汽车与一辆相向而行的汽车同时到达这个狭窄路段的时候，谁有优先行驶权？或者，假如其他汽车驾驶员忘了打变道灯的时候，这辆自动驾驶汽车什么时候能够驶入一段环形交通路段内？对于人而言，目光接触或者一个手势就可以帮助判断现场情况。对于自动驾驶汽车而言，这很快就会成为一种苛求。

海尔特维希讲述说："当我们在一个人行道前停下来的时候，我们经历了这些情况中最有趣的情况。因为人行道上站着一个行人，可是，他根本不想横穿马路，而是走过去向我们招手示意。"这辆 S 级的梅赛德斯当然就呆呆傻傻地一直停在那儿。程序员根本就没有料到，其他交通参与者会如此礼貌！"我们于是就接过控制，用手动的方式继续行驶，为了不惹那位友好的行人生气。"这位戴姆勒公司的科研人员强调，他们已经向这辆自动驾驶汽车灌输了一种谨慎的、拘谨的驾驶方式。宁可让它把方向盘再交给人，也不要让它遇到一辆违背交通规则地停放的汽车时，果断地轧过道路上画好的线，而到对面的路上开过去。

即便在未来，也肯定不太容易克服自动驾驶汽车作为滚动的计算机与人类的交通参与者之间的沟通困难。海尔特维希认为，第一步应该是，假如自动驾驶车辆至少被识别为自动驾驶车辆，比如通过一种特殊的照明，因为这样的话，人们就知道了，某些特定的沟通方法恰恰是不起作用的。戴姆勒公司用其 F015 号研究车辆证明，自动驾驶汽车也不必完全是不说话的。这款汽车不仅能够通过扩音器沟通，而且还通过激光为行人将一条人行横道反射到沥青路上，为了让行人在F015 号汽车前面横穿马路。①

2020 年在高速公路上无人驾驶，2030 年在城市里无人驾驶

这种情况或许只能是技术游戏而已。但是，几乎所有汽车企业都坚信，自动驾驶终将来临。海尔特维希预测说："也许不到 2020 年，无人驾驶就会以更大的风格在公路上和在城市中实现。但是，在高速公路上应该在 2030 年之前就实现无人驾驶了。"他又补充说："在卡尔·奔驰时代，第一批发动机车辆仅仅是没有马匹牵拉的马车，而且汽车生产商明白了，没有动物牵拉的、全新的运输形式是可能的。与这种情况完全一样，没有驾驶员的汽车将被崭新地设计出来。"

可是，为什么要从汽车这种昔日的个人移动性和自由的总概念，发展到放在轮子上的机器人呢？研究移动性的科研人员主要总结了两个原因：第一个原因，对于许多人来说，在大都市里，如今人们驱车上班的道路与让人心烦意乱的汽车拥堵和停停走走的堵塞路况联系在一起。如果他们不想强迫自己和数百万其他人一起乘坐地铁和公共汽车出行，而是强调他们的私密性，而且希望不用驾驶汽车，而是从事其他活动——比如短信聊天、处理文件、准备会议，或者仅仅在互联网上购物——那么，一辆自动地把他们从 A 点带到 B 点的机动车辆就是理想的解决方案。

---

① 参见 2015 年 1 月 F015 号研究汽车的视频资料：www.youtube.com/watch?v=J22BH5BpsDs，以及网站：www.mercedes-benz.com/de/mercedesbenz/innovation/forschungsfahrzeug-f-015-luxury-in-motion。

　　自动驾驶趋势的第二个原因，在过去的几十年中，人们对汽车的态度发生了根本性的转变。在20世纪80年代，每个中学生还都想尽快拥有一辆自己的汽车。而在现如今，汽车那种可驾驶的底盘支架作为身份地位的象征早就不再有与昔日一样的意义了，至少在西方工业国家是如此。在西方工业国家，对于年轻人而言，更重要的倒是，拿着最新款的智能手机辛苦地打工，而不是开着一辆可以炫耀的豪华汽车。

　　这并不意味着，不再有任何人依然高度评价拥有一辆汽车的生活状况了。比方说，在农村，许多人还依赖汽车，为了出行方便。而且，年轻的家庭需要汽车，不仅为了开车带孩子去休闲娱乐。对于他们而言，汽车就像是一个玩具仓库一样的、活动的襁褓站，简言之：汽车是私人空间向公共空间的延展。然而，人们越来越频繁地考虑，他们想把许多钱花到什么地方，除了业余时间和通信、住房与饮食，就再也没有剩下太多移动性的空间了。

　　拥有一辆自己的汽车，这意味着，要花钱购置车辆，驱动运行，买保险，停车。那么，为什么不仅仅在需要移动性时为移动性花钱，而不再花钱养车呢？这里的关键词是"活动性需求"（Mobility demand）。智能手机非常理想地知道，人们怎样最快捷地、花费最小地从A点到达B点——即便今天还不能实现，明天肯定能实现这一点。人们可以通过手机应用软件（App）支付车费，或者通过使用来付费，无论是通过使用短途的公共交通，还是用租来的电动自行车，或是通过共享汽车（CarsharingAuto）。

　　海尔特维希勾勒未来时说："尚且遥远、但肯定最具吸引力的是共享汽车。当我有需求的时候，这种汽车自动就来了，并且正好把我放到我想去的地方。""我也不需要停车，我只需要下车就行，汽车会自动找停车场。"如果是一辆电动汽车,那么,汽车可以在停车场无线充电,然后等待它的下一位顾客。对于还没有考驾照资格的年轻人而言,这种汽车非常理想。同样,对于残疾人或者还想继续保持移动性的老年人而言,共享汽车都是理想的。

如果说,到了 2060 年,德国已经有 1 / 8 的人超过 80 岁,那么,许多人就不再想无论如何自己驾驶汽车了,为了去看望朋友或者去听音乐会。谷歌公司甚至把它研发的、完全没有方向盘和刹车踏板的测试用自动驾驶汽车送到马路上,人根本就不再需要干预驾驶了。海尔特维希说:"我们可不愿意达到这种程度,谁愿意自己驾驶汽车,谁就应该在未来也能够自己驾驶。"

可是,人们怎么才能做到真正相信他们的机器呢? 尼桑(Nissan)公司想通过透明度和习惯达到这一点:这样,在将来,在这家日本汽车生产商的自动驾驶汽车中,不仅应该显示,哪些传感器恰恰感知什么,在它们识别危险并且想实施某些应对措施的时候。自动驾驶汽车甚至应该学会其人类拥有者的驾驶风格,当他不自己开车的时候。之后,这些自动驾驶汽车应该能够复制其拥有者的加速和刹车风格,这种熟悉的驾车感觉导致了他的心理障碍较少,当他让他的汽车自动驾驶的时候,尼桑公司的科研人员这样认为。[①]

自动的、联网的,而且是电子的

在像"普罗米修斯"(Prometheus)这样的欧洲研究项目中,自动

---

①参见米歇尔·盖普哈尔德(Michael Gebhardt)的文章:"我知道,你想干什么"("Ich weiß, was du vorhast"),刊于 2015 年 11 月 19 日的《时代周报》(Die Zeit);www.zeit.de/mobilitaet/2015-11/autonomes-fahren-verhalten-technik。

化驾驶早在 20 世纪 90 年代就已经被测试过。然而，当时，这项技术却填满了整个运输车，太昂贵，而且也不够可信。[①] 但从此以后，微型芯片的计算和通信效率就提高了 1000 倍。传感器也变得更密集，而且成本更低。目前，把理念转变成实践的时间就已经成熟了。海尔特维希高兴地说："目前，主要同时有三大趋势，它们在时间上同时发生，而且彼此相得益彰：自动的、电子的以及联网的。"

电子移动性将导致，人们越来越朝着普通的电气化方向设计制造机动车辆。于是，在将来，或许电子驱动直接被一体化到轮子里。驱动装置和轴就可以被取消了。这样一来，在一辆汽车的内部空间里，就出现了全新的设计自由，尤其当方向盘能够被降低，而且，当机动车辆自动行驶的时候。车内的座椅被设计成可旋转的和可折叠的。还可以安装桌子和大显示屏。车内人员的舒适度将达到全新的规模。[②]

电动汽车 E 方程式比赛系列的组织者们也认识到，电子的和自动的驾驶配合得多么好：从 2016 年到 2017 年赛季开始，他们想实施所谓的"机器人赛车"这种大型赛事。在这次赛事中，在每次与人类赛车手在同样赛段上进行的 E 方程式比赛之前，首先应该有十个参赛队伍开始用无人驾驶的电子汽车展开角逐。[③]

机动车辆彼此之间以及与基础设施联网又会进一步促进自动驾驶和电子驾驶。电动汽车可以与"智能之家"（Smart Home）和"智能

---

①关于"普罗米修斯"项目的故事参见：https://de.wikipedia.org/wiki/Prometheus_%28Forschungsprogramm%29。

②更多关于电子移动性的未来信息请参见乌尔里希·艾伯尔（Ulrich Eberl）的专著《未来 2050——我们如何在今天就发明未来》(*Zukunf 2050 Wie wir schon heute die Zukunft erfinden*)，贝尔茨 & 盖尔贝格（Beltz & Gelberg）出版社，2013 年，第 117–133 页。

③参见机器人 E 方程式赛车（Formula E, Roborace）网站：www.fiaformulae.com/en/news/2015/november/formula-e-kinetik-announce-roborace-a-global-driverlesschampionship.aspx。

电网"(Smart Grid)交换能源：它们并非在远离未来电子能源系统的地方，而是该系统的一部分。这样一来，电动汽车就可以凭喜爱给电池充电，如果电费很便宜。

在电价上调的情况下，它们还可以把能源释放到电网中，为稳定电网做贡献，甚至通过此举赚钱。这样做的前提永远是：它们与其拥有者的智能手机日历是同步运行的，而且知道，这位拥有者还想开多远，它们因此必须在其电池中保存多少电能。

由于有联网，在将来，软件更新，还有关于交通状况的实时信息，随时可以被装载到汽车中。宝马企业董事长哈拉德·克吕格尔(Harald Krüger)在2015年国际汽车展览期间指出："汽车的数字化是未来最大的项目。"他认为，明天的汽车会预订酒店，无人驾驶地驶入地下车库。明天的电动汽车了解其使用者的日程安排，同样了解其音乐鉴赏品位。有些幻想者甚至认为，未来的电动汽车会观察车内的人，以便视其疲惫程度或者经受的工作压力等级，灵活调节灯光氛围、芳香和音乐，使行驶过程变得甜美。①

2016年3月，为了庆祝宝马公司成立一百周年，克吕格尔展示了一款相应的设计概念车"下一百年幻影"(Vision Next 100)：这是一款全部数字化的汽车，它可以依据使用者的愿望行驶。驾驶方式一旦被激活了，这辆宝马汽车就自动改装。方向盘和中间的托架收回，座位旋转，"抬头－显示"(Headup-Display)变成了用于车载"资讯娱乐"(Infotainment)的大银幕。与此同时，汽车虚拟的仆人就接管了

---

①关于滚动的计算机方面的知识参见尼克拉斯·马克(Niklas Maak)的文章"在数据高速公路上的全面损失"("Totalschaden auf der Datenautobahn")，刊于2015年9月16日的《法兰克福汇报》(*Frankfurter Allgemeine Zeitung*)；www.faz.net/aktuell/feuilleton/automesse-iaa-zeigt-datensammelnde-fahrende computer-13804985.html。

与外面世界的通信：它通过灯光的颜色和汽车前面的散热罩显示，这辆汽车现在自动行驶。汽车用一种特殊的投影装置向行人显示，他们可以毫无危险地横穿马路。①

"德国工程院"（acadech，die Deutsche Akademie der Technikwissenschaften）的一项新研究强调，主要通过为自动化汽车的使用者和整个国民经济联网，将出现一种高附加值。② 这样，单单德国交通堵塞一项，每年的花费就有大约 400 亿欧元。通过联网，未来机动车辆就会互相提醒堵车状况和事故发生地，然后，因此使交通更安全，更顺畅，更环保。

专家们推测，自动化的和联网的机动车辆能够将事故的数量减少一半以上。今天，90% 以上的事故都是人员操作失误造成的：在德国的道路上，每年死亡人数在 3000 到 4000。从全世界范围来看，根据世界卫生组织公布的数据，道路交通造成人员死亡的人数为 120 万人。根据罗伯特·博世（Robert Bosch）公司对事故的研究，单单智能的辅助系统这一项，通过系统及时的警告提示或者在紧急情况下的自动干预，就会阻止所有事故的 1/3。在载重汽车方面，咨询企业罗兰德·贝尔格（Roland Berger）估计，自动化的控制系统甚至能把频繁发生的汽车追尾事故减少 70% 以上。

然而，人们也不能期待自动化驾驶会发生奇迹。海尔特维希警告说："假如在高速公路上，我前面的载重汽车上掉下来一个洗衣机，那

①参见托马斯·盖格尔（Thomas Geiger）的文章："宝马公司这样展示未来的汽车"（"So stellt sich BMW das Auto der Zukunft vor"），刊于 2016 年 3 月 7 日的德国《世界报》(Die Welt)：www.welt.de/motor/modelle/article153014548/So-stellt-sich-BMW-das-Auto-der-Zukunft-vor.html。
②参见 2015 年至 2016 年"德国技术科学研究院"（acadech）关于"新的自动移动性"（"Neue autoMobilität"）的研究：www.acatech.de/neue-automobilitaet。

么，我的自动驾驶的汽车也就再也无法避免碰撞了。"迄今为止的辅助系统已经覆盖了许多人们反应错误的情况。这位机动车辆研究人员说："但幸运的是，人们在交通中正确的行为多于错误的操作。"因此，对于明天的自动驾驶车辆而言，假如它能像一般的人类驾驶人员开那么好，就已经够难的了。其实，自动驾驶车辆应该变得更好，"否则，人们就会因此而酿造新的、无法接受的事故"。我们在本书第十一章会探讨自动驾驶汽车的伦理问题。

跟随前面行驶的车辆

根据海尔特维希的观点，自动驾驶汽车还将逐步进入日常生活中。科研人员沿着两个范围研发自动驾驶车辆：机动车辆的速度和交通路况的错综复杂性。缓慢的速度和较少错综复杂性是最简单的——在这方面已经有了解决方案"跟随前面行驶的车辆"，用于自动停停走走的驾驶(Stop-and-go-Fahren)方式。当路上其他车辆变快时，汽车就要求驾驶员，把双手重新放到方向盘上，自己驾驶。载重汽车的自动列队开车，即所谓的"排布"(Platooning)开车方式也已经被实验过了。

逻辑的推断将是，大约到2020年，在秩序良好的道路和高速公路上，机动车辆会以自动驾驶为主。海尔特维希说："分别视人们在路上开车的速度不同，人们在今天传感器能力的边缘操作。"因为，传感器一旦发现一个障碍——例如，一辆急刹车的汽车或者车道上的一个东西——那么，自动化装置还必须能够安全地把汽车停下来。

避让汽车是另一个可以采纳的方案，"但是，与停车相比，避让是更严峻而且更危险的举措。重要的是，我们始终在安全的框架内活动，也就是说，开车速度永远不要比传感器看见的速度更快，而且不做会把车辆带入一种不安全状态的举动"。对于海尔特维希而言，系统的这种自我诊断能力是自动驾驶的一个重要因素：机动车辆必须始终知道，它是否还能自动驾驶，或者，它是否应该把驾驶任务交给人，比方说，由于雨势很大，或者因为起雾。

瑞典和中国合资的沃尔夫（Volvo）汽车企业最迟想要从 2018 年开始，为城市哥德堡（Göteborg）①周围 50 千米长的、类似高速公路的城市环路这样装饰 100 辆机动车辆，使得普通的参与测试者在那段路上能够用"自动驾驶仪"（Autopilot）驾驶。②除此之外，沃尔沃汽车企业已经宣布，该企业将来会承担其他车辆与其自动驾驶汽车发生交通事故的全部责任。这是非常重要的一点，因为，目前，以所谓的 1968 年《维也纳公约》（Wiener Konvention）为标准的法律条文始终认为，驾驶人员应该负责。目前，人们在讨论《维也纳公约》，根据该公约，自动化的驾驶功能可以获得许可，如果人能够随时主动地从总体上操控，或者关闭自动驾驶功能。

在日本，机器人出租车公司想从 2016 年起，在东京南边的选择路线上测试自动驾驶汽车。最初有 50 个参与测试的人员，但是，到 2020 年举办奥林匹克运动会时，将会大范围地使用自动驾驶汽车，自动驾驶车辆将达到 3000 辆。在德国，也已经有了练习自动驾驶的地

---

①哥德堡（Göteborg）是瑞典西南的一座海港城市，是瑞典第二大城市，是沃尔沃汽车的发源地，也是瑞典的旅游胜地之一。——译者注

②参见文章"自动驾驶：沃尔沃承担自动驾驶汽车的责任"（"Autonomes Fahren：Volvo übernimmt Haftung bei selbstfahrenden Autos"），刊于 2015 年 10 月 8 日的《网上〈明镜〉周刊》（*Spiegel online*）：www.spiegel.de/auto/aktuell/volvo-will-haftung-bei-autos-mit-autopilot-ueberneh。

方。比如说，在从慕尼黑 (München) 到纽伦堡 (Nürnberg)^①之间的 A9 号高速公路的 160 千米路段上：在这里，一辆奥迪 A7 和中等级别的大众汽车同样自动驾驶，它们甚至可以彼此沟通。在不到 20 毫秒的时间内，它们交换数据，这些数据使自动超车变得更容易。

　　在从斯图加特到海尔布隆 (Heilbronn) 之间的 A81 号高速公路上，罗伯特·博世公司还测试了美国特斯拉 (Tesla) 发动机公司的一辆带自动驾驶仪的汽车。这是全世界第一辆自动驾驶的电动汽车。^②汽车配件供应厂商博世公司将驾驶员辅助系统一直到自动驾驶视为巨大的增长领域。博世公司经理狄尔克·霍海泽尔 (Dirk Hoheisel) 说，每年的销售额增加了 1 / 3。2016 年，博世公司由此会获得大约 10 亿欧元的销售额。这家企业每年销售的带雷达和摄像功能的周边环境传感器收入就达 5000 万欧元。^③另外，特斯拉汽车不仅能够自动驾驶，还能收集交通数据，比方说，关于建筑工地和交通阻塞的数据，然后把这些数据传到云文档里。在云文档中，这些数据可以被其他机动车辆调取。同样，特斯拉发动机公司也已经自动化地将关于驾驶辅助系统的软件更新发送到该公司生产的汽车里。

---

①纽伦堡 (Nürnberg) 是德国巴伐利亚州北部的工商业城市。——译者注
②参见约尔根·沃尔夫 (Jürgen Wolff) 的文章"博世公司测试特斯拉 S 型汽车的自动驾驶"（"Bosch testet autonomes Fahren im Tesla Model S"），刊于 2015 年 7 月 13 日的《汽车生产》(*Automobil Produktion*)：www.automobil-produktion.de/2015/07/autonomes-fahren-bei-bosch-zwillinge-unterwegs。
③参见安德里阿斯·卡琉斯 (Andreas Karius) 的文章"博世：截止到 2016 年，以自动化驾驶获得营业额十亿欧元"（"Bosch：Bis 2016 eine Milliarde Euro Umsatz mit automatisiertem Fahren"），刊于 2015 年 7 月 14 日的《汽车生产》(*Automobil Produktion*)：www.automobil-produktion. de/2015/07/bosch-sieht-bis-2016-eine-milliardeumsatz-mit-automatisiertem-fahren。

2015 年 5 月，戴姆勒公司在美国的内华达州（Nevada）展示了一台自动驾驶的载重汽车，这是全世界第一辆获得官方道路行驶许可的自动驾驶汽车。[①] 美国的道路长得没有尽头，很容易让载重汽车司机疲劳，因此，美国是自动驾驶载重汽车的理想市场。从下一个十年的中期开始，戴姆勒公司想要在系列车辆中提供这样一种高速公路－自动驾驶仪。在自动驾驶仪操控汽车的时候，卡车司机可以过问账单或者行车路线规划，或者与他家里的亲人聊天。如果因为路段变得更加错综复杂，致使系统又必须把操控权交给驾驶人员，那么，研发人员规定了五秒钟的预警时间。如果驾驶员没有接过驾驶任务，那么，载重汽车会速度变缓慢，最后带警示闪灯并停下来。

司机下车，汽车装货

这些系列的自动驾驶汽车除了在高速公路驾驶以外，将来还会有自动停车功能。2016 年春天，戴姆勒公司在其 E 系列汽车中采纳了一种新的停车入库助理。使用这种入库助理软件，司机甚至可以下车。然后，司机在他的智能手机上激活一个手机应用软件（App），为了安全，他的汽车始终处于他的视线中，而且，在出现问题的时候，可以紧急干预。当他在他的手机屏幕上画圆圈，作为停车信号时，他的汽

---

①尼考劳斯·道尔（Nikolaus Doll）撰写了关于全世界第一辆自动驾驶的载重汽车的文章："戴姆勒撒开它的机器人卡车"（"Daimler lässt seine Roboter-Trucks frei"），刊于 2015 年 5 月 6 日的《世界报》（*Die Welt*）带视频资料：www.welt.de/wirtschaft/article140555228/Daimler-laesTrucks-frei. html und Zukunftsvision Mercedes：www.mercedes-benz.com/de/mercedes-benz/innovation/selbststaendig-unterwegs-der-fern-lkw-der-zukunft。

车就会全自动地进入停车空位。[①]

这种"重新停车驾驶仪"主要在以下的情况下非常实用：司机想离开一个位于车道边的港湾式停车位。可是，在此期间，停车位置已经变得如此狭窄，以至于汽车司机进不去车了。根据科研人员的观点，再过几年，这些系统也会足够成熟，使人们在驶入停车场的时候，或者在停车房前面，就可以离开汽车。然后，汽车就会自动寻找一个空闲的停车位，采取所有必要的举措。

然而，对于自动驾驶车辆来说，毫无疑问，最错综复杂的路况就是"贝尔塔"梅赛德斯汽车在从曼海姆到普福尔茨海姆这段路上战胜过的困难：以更高的速度经过不太规整的公路和城市交通。科研人员肯定还需要 10 到 15 年的时间，才能把这种能力转化到系列自动驾驶汽车里。奥迪和戴姆勒公司的研发人员尝试着，为此而使用深度学习方法的软件，也就是通过实例学习，就像在自动识别交通信号标志时，很好地发挥过作用一样。

戴姆勒公司的科研人员目的明确地向他们研发的系统展示了德国城市的几千张图片。在这些图片中，他们手动标记了 25 个不同的物体等级，其中有机动车辆、自行车骑手、使用轮椅者、行人、楼房、大门或者树木。由于这种所谓的"情景标记"功能，机动车辆计算机也能自动地正确区分事先没有看到过的路况的等级，并且在照相机拍摄的照片中，发现重要的目标物体，即便在更远的距离上，而且当它们

---

① 参见关于 2015 年 7 月两个"重新停车驾驶仪"（"Remote Park-Pilot"）的视频资料：www.youtube.com/watch?v=k_o H1j4zZs 以及汤姆·格律恩维克(Tom Grünweg)写的文章"新的 E 系列汽车：比警察允许的更聪明"（"Neue E-Klasse：Schlauer，als die Polizei erlaubt"），刊于 2015 年 11 月 24 日的《网上〈明镜〉周刊》(Spiegel online)：www.spiegel.dneue-mercedes-e-klasse-schlauer-als-die-polizei-erlaubt-a-1064146.html。

部分地被遮挡时。①

系统通过这种方式学习，越来越好地与现实的日常生活场景打交道。今天的计算机已经知道，一个滚动的球意味着危险，因为，一个孩子可能会追着这个球跑过来。但是，通过使用情景标记法，计算机还能够更好地识别人们的意图：比方说，它可以尝试，根据在马路边缘的位置，根据一个行人的头部姿势和身体姿势预测，这个行人会站着不动，还是会横穿马路。

集体学习——所有汽车共同学习

现在，人们主要通过"边做边学"（Learning by Doing）学习开车。几年之后，人们就会比刚通过驾驶考试之后不久更有把握，而且更得心应手。这种学习在企业中面对自动驾驶的汽车时也是可以想象的吗？从根本原则上说，答案是肯定的。但是，这会使汽车生产商面临一个全新的挑战。海尔特维希引人深思地说："我们想要避免的是，每辆汽车都有不同的学习状况。"因为，假如一辆汽车出了问题，那么，我们就不得不个性化地诊断每辆汽车。人们不会据此推断，该系列的其他车辆也有同样的结果。

这位科研人员说："我们不应该只想着干脆把与我们相像的人浇铸到机器中。"他认为，认知前提是完全不同的，"但是，另一方面，也得出全新的其他选择可能性，比方说，通过联网：原则上说，一辆汽车学到的内容，可以通过云文档中的服务器，立刻传给所有其他车辆。

---

① 参见加布里埃尔·潘考（Gabriel Pankow）撰写的关于驾驶员辅助系统的深度学习的文章"戴姆勒：在辅助系统方面为城市实现的突破"（"Daimler：Durchbruch bei Assistenzsystemen für die Stadt"），刊于 2015 年 10 月 7 日的《汽车生产》（Automobil Produktion）：www.automobil-produktion.daimler-durchbruch-bei-assistenzsystemen-fuer-die-stadt。

将来，我们通过这种方式可以构建集体学习的系统"。通过这种学习系统，个体学习状况的问题就会迎刃而解了，因为，所有汽车都可以追溯到同样的知识和同样的能力。

当然，自动驾驶机动车辆并不局限于道路。早在几十年前，自动驾驶车辆就已经开始被应用到飞机场，作为所谓的桥与电梯组合的载人装置（People Mover），或者作为无人驾驶的地铁被用在大都市里，比如说，巴黎、里尔（Lille）①、迪拜（Dubai）②、温哥华（Vancouver）③ 和奥斯陆（Oslo）④。2008 年以来，纽伦堡的地铁也是无人驾驶的。自动驾驶地铁的好处是与以往每间隔 200 秒来一列新地铁不同，目前，每一列地铁间隔 100 秒，由此可以运送更多乘客。德国铁路也愿意让自动驾驶的火车在其轨道上行驶。但是，这个问题的阻力不仅来源于工会。铁轨混合运营也使德国铁路面临巨大困难，因为，德国城市之间特快列车（ICE）⑤、货物列车、区间火车和市内高速铁路在许多路段都共同使用铁轨。⑥

---

① 里尔（法语 Lille）是法国北部最大的城市，连接伦敦、巴黎及布鲁塞尔，是法国北部的经济文化、教育与交通中心。——译者注

② 迪拜（英语 Dubai）是现代化的国际大都市，阿联酋人口最多的城市，中东最富裕的城市，中东地区的经济和金融中心。——译者注

③ 温哥华（Vancouver）是加拿大西部城市，第三大都市。——译者注

④ 奥斯陆（Oslo）是挪威的首都和最大的城市，政治、经济、文化、交通中心和主要港口，是挪威王室和政府的所在地，位于挪威东南部。——译者注

⑤ 城市之间特快列车（ICE）是德国目前速度最快的列车，时速约为 250 千米，ICE 的全称是 Intercityexpresszug。——译者注

⑥ 参见尼考劳斯·道尔（Nikolaus Doll）撰写的关于无人驾驶火车的文章"铁路为什么不久会放弃火车司机？"（"Wieso die Bahn bald auf Lokführer verzichtet"），刊于 2015 年 11 月 5 日的《世界报》（Die Welt）：www.welt.de/148456064。

农田上自动驾驶的无人机、购物车和拖拉机

在空中，自动驾驶仪早就负责保持飞机的飞行高度，并且沿着编好程序的飞行航线正确地飞行。在许多情况下，它们也可以自动紧急着陆，但是，在起飞时，今天所有的飞机还认定人类飞行员为可信赖的人。而无人驾驶的飞机即无人机情况就不同了：无人机用于军事和警务。虽然这种无人机大多被远程控制，但是，当无人机用于侦察飞行或者商业用途时，它们也可以自动飞行。亚马逊和敦豪速递公司（DHL）[1]已经测试了通过无人机派送订货，尤其对于药品的快递业务而言，这种空中快递服务将来是完全有意义的。

阿提·海因拉（Ahti Heinla）认为，无人机服务对于大包裹的运送太复杂，太不安全，也太昂贵。[2]这位爱沙尼亚的软件开发人员和全球免费语音沟通软件"斯凯普"（Skype）的联合发明人不想做大包裹快递业务，而是想用他2014年创建的"星船技术"（Starship Technologies）公司，把小型的、自动的供货机器人送到大城市的人行道去。他的理念是：如果顾客在网上购买了食品，那么，商品就会在一家附近的超市里被放进滚动的小车上，它们再进行派送。它们识别障碍，用传感器和照相机绕开障碍物行驶，然后，就像人们一样，在横穿马路之前在行人等待处停留。

它们还可以通过扩音器沟通。假如必要，有人也可以从运行中心

① 敦豪速递公司(DHL)1969年创立于美国，以三位创始人的姓氏首字母组合而成：安德里安·达尔赛(Adrian Dalsey)、拉瑞·希尔布洛姆(Larry Hillblom)和罗伯特·莱恩(Robert Lynn)。——译者注
② 参见贝蒂娜·维古尼(Bettina Weiguny)对阿提·海因拉(Ahti Heinla)的采访"不久的将来，机器人为您购物"（"Bald kauft der Roboter für Sie ein"），刊于2015年11月13日的《法兰克福汇报》(Frankfurter Allgemeine Zeitung)：www.faz.net/aktuell/wirtschaft/skype-erfinder-ahti-heinla-bald-kauft-der-roboterfuer-sie-ein-13900029.html und Website Starship Technologies：www.starship.xyz。

切换到机器人上，并且实施干预，比方说，当暴徒们想撬开箱子的时候。送货机器人用人类的步速应该最多走四千米到五千米。它们通过定位系统找到通往顾客的路。当它们到达时，它们通过手机应用软件通知收件人，他要的货已经放在家门口了。海因拉认为，每送一次货，客户只需要支付 1 美元。从 2016 年起，他已在英国和美国开始自动驾驶仪的尝试。

在农业领域，"精密种植"（Precision Farming）是未来一个庞大的主题。在此，不仅涉及把传感器和机器人运用到马厩、牛棚里，为了监督和最好地照料牲畜，比方说，如今，当奶牛乳房进入挤奶旋转装置的时候经常伴随着照相机对画面的捕捉。刷子清洗奶头，机器人手臂安装挤奶杯子，传感器持续地测量牛奶的质量。但是，将来在耕地上也会有越来越多的机器人自动地忙碌，它们由电子图、卫星和天气预报以及用传感器控制。机器人可以用传感器识别杂草，测量温度和湿度。机器人将给土壤施肥，精确到厘米。在必要的地方播种，使用杀虫剂，并且收割庄稼。然后，自动无人驾驶飞机在耕地上方盘旋，为了检测田野的状况，发现菌类侵袭或者野草的危害，并且阻止严峻的庄稼绝收。[①]

农用机器人的好处是显而易见的：我们不应该在任何地方播种、喷药或者施肥太多，因为这样会保护环境又节省成本。拖拉机只是行驶在必要的路段上，机器人在正确的时间节点收割。总之，尽可能广泛地自动化。如果将来还有人坐在农用机器里，那么，他们仅仅在留

---

① 关于农业领域的机器人，请参见安德里阿斯·森特克尔（Andreas Sentker）的文章"农民身上的牛粪：必须到田野去！"，刊于 2015 年 11 月 12 日的《时代周报》（*Die Zeit*）：www.zeit.de/2015/44/landwirtschaft-bauern-digitalisierung-daten。

意，驾驶舱（Cocpit）内的显示屏向他们展示什么，为了能够在紧急的情况下进行干预，比如说，假如机器人的红外传感器没有看到一头小鹿，它怯生生地蜷缩进耕地的犁沟中。

机器人作为鼹鼠

然而，自动机器人也将出现在许多人们并非绝对期待它们的地方：比如，在英国典型的维多利亚时期房子的木制阁楼下面。2015 年，在西雅图举行的"国际机器人技术与自动化大会"（ICRA）上，英国 Q-Bot 公司的创始人托马斯·里宾斯基(Thomas Lipinsky) 就介绍了这样一款机器人。[①] 机器人的任务是：爬到地板下面狭窄的空间里，去放置一个该空间的 3D 图，最后安装一种保温材料。因为，在数百万这种一百多年的旧式房屋里，保温条件非常差，造成能源成本如此迅速提高，以至于生活在贫穷状况中的居民面临着"要取暖还是要吃饭"(heat or eat) 的选择，里宾斯基说。

这些人也支付不起通常的地暖费用，因为地暖安装要耗费几个星期的时间，而且，要求把地板撬开。里宾斯基抱怨说，正因为如此，每年有三万人死于寒冷。他设计的机器人可以在这方面进行补救：它们能在一到两天内搞定勘查和保温工作，而只花 1/3 的费用，而且，住户不必离开房子。还有，它们每年冬天节省取暖费达五百美元。这个方案，尤其这项发明的高度社会效益如此令机器人大会的评委信服，以至于该评委向里宾斯基颁发了 2015 年"电气与电子工程师协

---

①参见关于托马斯·里宾斯基(Thomas Lipinsky)研发的 Q-Bot 机器人原文："用于房屋保温的一个机器人解决方案"（"A Robotic Solution for Insulation of Homes"），刊于 2015 年 9 月的"电气与电子工程师协会"(IEEE)创办的杂志《机器人与自动化》(IEEE Robotics & Automation)：http://ieeexplore.ieee.org/stamp/stamp.jsp?arnumber=7254309。

会"(IEEE)举办的"国际机器人技术与自动化大会"的发明奖与企业家奖。

　　自动驾驶汽车、火车、割草机和叉车、爬到房屋底下的机器人、快递的无人机、滚动的购物箱子、在房间里吸尘的清洁机器人、写字楼的擦玻璃机器人,还有花园里的割草机器人……"很显然,这些市场为自动化系统缓慢地成熟起来,人们越来越习惯于自动化系统。"乌尔里希·莱泽尔(Ulrich Reiser)这样认为。他是斯图加特"弗劳恩霍夫生产技术与自动化研究所"(IPA,Frauenhofer[①]-Insitut für Produktionstechnik und Automatisierung)机器人与辅助系统团队的负责人。"按照逻辑推理,从目前来看,下一步是给予机器人胳膊。"这位获得电子工程学博士学位的软件专家补充说。

在养老院的电子帮手

　　在轮椅方面,人类已经有了电子帮手。例如,在西雅图的"国际机器人技术与自动化大会"上,加拿大的"基诺瓦"(Kinova)公司已经介绍了机器人手臂"雅考"(Jaco)[②]。这款机器人手臂主要是用碳纤维材料制作的,它只有5千克重,因此可以很实用地被固定在每个轮椅上。这个手臂可以用其有两到三根手指的手拿起最多1.8千克的东西:瘫痪的人可以借助机器人手臂,通过控制杆(Joystick)或者用嘴

[①]约瑟夫·冯·弗劳恩霍夫(Joseph Fraunhofer,1787–1826)是物理学家和玻璃技术员。他与瑞士人合作,成功地制作出用于天文望远镜上的高质量透镜。1814年,他用这种天文望远镜在太阳光谱中发现了昏暗的、用他的名字命名的"弗劳恩霍夫线"。他借助自己生产的、刻在玻璃上的"弗劳恩霍夫绕射光栅",得以精准测量这些线的波长。1949年成立的"促进应用研究的弗劳恩霍夫研究学会"(Fraunhofer-Gesellschaft zur Förderung der angewandten Forschung)总部在慕尼黑,旨在促进自然科学和技术领域的研究,为了有利于经济。该学会有许多公司作为会员,并维系自己的研究所。——译者注
[②]参见研发机器人手臂"雅考"(Jaco)的基诺瓦(Kinova)公司网站:www.kinovarobotics.com。

控制，以便举起瓶子，打开门，喂狗，或者干脆给自己挠一下鼻子。这为许多人开辟了全新的自由。"基诺瓦"公司的员工讲述，有些人28年以来第一次又能为自己的酒杯斟酒，给自己化妆。

自从20世纪90年代以来，"弗劳恩霍夫生产技术与自动化研究所"的科研人员们就已经开始研发服务类机器人，为了将来把它们应用到护理中心、医院、酒店和家政。[①] 他们研发的"3型护理机器人"（Care-O-bot 3）在2011年获得了某种知名度。这款机器人与它的"同事"卡赛罗（Casero）一起到斯图加特的"帕尔克海姆·贝格"（Parkheim Berg）老年公寓。卡赛罗是路德维希堡（Ludwigsburg）[②] 的MLR系统公司研制的。它是一款自动化的运输车辆，为护理人员把脏衣物送到地下室，或者取沉重的饮料箱子。护理人员可以干脆在它的触摸屏上输入目的地，卡赛罗自己导航到那里。在此过程中，它甚至会使用电梯。夜间，卡赛罗还承担另一项重要任务：它在护理中心的走廊巡逻，并且用它的照相机查看，是否发现非同寻常的情况，比如一个无助地到处乱跑的痴呆患者。如果卡赛罗发现异常，它就自动向护理人员报警。

"3型护理机器人"是"弗劳恩霍夫生产技术与自动化研究所"的机器人技术专家们设计的。它更像一个礼貌的用人。但是，它没有脑

---

① 参见伯恩特·米勒（Bernd Müller）撰写的关于家政服务机器人，尤其关于"3型护理机器人"（Care-O-bot 3）的文章"詹姆斯带着很多情感在服务"（"James bedient mit viel Gefühl"），刊于2012年10月的《科学画报》（*Bild der Wissenschaft*）和2010年11月的《德国科学网》（*Wissenschaft.de*）：www.wissenschaft.de/home/-/journal_content/56/12054/1618556，以及尼考勒·霍伊弗勒（Nicole Höfle）的文章"护理中心里的机器人"（"Roboter im Pflegeheim"），刊于2011年7月13日的《斯图加特报》（*Stuttgarter Zeitung*）：www.stuttgarter-zeitung.de/inhalt.stuttgart-roboter-im-pflegeheim.d0c9a7dd-9438-49b7-801a-bdfd13ece1ce.html。

② 路德维希堡（Ludwigsburg）是德国巴登－符腾堡州的一个城市，在斯图加特北部，内卡尔河左岸。——译者注

袋，只是在一个透明的罩子后面有安装进去的照相机。它有轮子，而没有腿。这款护理机器人前面带一个托盘，这个托盘也可以当触摸屏用。在它背面有一个非常灵活的机器人手臂。它可以用有三根手指的手在自动饮料机旁装满饮料杯，按操作按钮，开门，把托盘上的杯子递给老年人。它安全地在人群中活动，因为它安装了轮子，所以它甚至可以原地转身，灵巧地避开障碍物。

　　"您好，狄纳尔太太，我是'3 型护理机器人'。您肯定想喝点儿什么吧。"它在"帕尔克海姆·贝格"老年公寓典型的见面会上这样说。它还礼貌地鞠躬，然后得到一句有浓重的施瓦本口音①的回答："是的，你说得没错。"(Jo，do hosch recht.)② 这位老人举起杯子，对机器人说喝酒的祝福语："祝你长寿。"(Hoch soll er läbe.)③ 这位电子用人受到老年人的广泛青睐，就像受到狄纳尔太太的喜爱一样。此外，它还能叫出老人的名字，因为它安装了脸部识别系统。除此之外，它还在它的平板电脑上与老人们回忆，最好的方式就是播放民歌，负责在老年人中间营造开怀喜悦的氛围。④

　　"帕尔克海姆·贝格"老年公寓的工作人员也非常积极地评价机器人的帮助。负责护理的工作人员说，机器人可以帮助他们从事需要不断跑来跑去的工作，还有就是建立饮品备忘录。"3 型护理机器人"可以安排记录饮品备忘录，因为它细致地观察过，老年人中谁喝了多少饮料。护理人员说，对于他们而言，机器人所有这一切帮助都是一种

---

①斯图加特是德国巴登－符腾堡州的首府，在这里，人们讲施瓦本方言(Schwäbisch)。——译者注

②这句话的标准德语应该是："Ja, du hast recht."——译者注

③这是施瓦本方言，标准德语应该是："Hoch soll er leben."——译者注

④参见关于在"帕尔克海姆·贝格"(Parkheim Berg)老年公寓使用"3 型护理机器人"(Care-O-bot 3)和 2011 年 7 月卡赛罗机器人的视频资料：www.youtube.com/watch?v=nJj8wJg6jNM。

巨大的减负。老年公寓的负责人加比·布鲁姆(Gabi Blume)赞成技术帮助，她想给工作人员更多时间，让他们面对老年公寓居住者的真正工作。但是，她坚决拒绝把护理工作交给机器："我们不想要日本那种类似人的机器人。"

像人，但又不完全像

乌尔里希·莱泽尔(Ulrich Reiser)也持这种观点："我们的服务型机器人不应该看上去和人一样，因为，一旦那样，我们会指望它们做更多。"毋宁说，弗劳恩霍夫的科研人员偏爱的是一种圣像式的描绘。也就是说，一个机器人在形状、外貌和功能方面提醒人们，人具有这些特征。但是，机器人又不必长得太像人。机器人的外形图应该展示，它都会什么。因此，"3 型护理机器人"更像一个礼貌但又拘谨的侍者，而它今天的后继者即"4 型护理机器人"(Care-O-bot 4)则被设计成一种绅士："它有一种吸引人的、给人好感的外形，作为一款机器人，人们愿意走向它，愿意和它互动。"莱泽尔说。

"4 型护理机器人"有一个平顶的圆形脑袋，它的脑袋同时也当触摸屏使用，显示两只眼睛。[①] 它有用于语言识别的麦克风，还有为了能够识别人及其姿态的照相机。除此之外，它还会点头和摇头，制造不同的灯光效果，用它手上的一个激光笔指物体——所有这一切都使沟通变得非常轻松。莱泽尔解释说："机器人显示，它明白了什么，它想做什么，它掌握简单的手势，甚至会反映情感。"

此外，"4 型护理机器人"还有两条胳膊，比其前一代机器人更敏

---

① 参见"4 型护理机器人"(Care-O-bot 4)网站：www.care-o-bot-4.de。

感：借助一种向后推重心的旋转关节，它可以朝前弯腰60度，而不会摔倒，即便它用伸出的胳膊提着重物。假如人们给它的手上塞一个它不认识的物品，它会来回旋转它，然后生成一种3D模型。它熟悉这种模型之后就会自己找到、识别并且有把握地抓取这个物品。

然而，最重要的是："弗劳恩霍夫生产技术与自动化研究所"的专家们已经于2015年用"4型护理机器人"离开了基础研发和研究平台领域。机器人现在应该为商业服务类机器人提供基础。为了达到这个目的，机器人被按照模块建造：比方说，传感器可以被交换，这种外形无头、无四肢的裸体躯干机器人也可以仅仅被配备一只胳膊和一个托盘。软件建立在可自由获得的"机器人操作系统"（Robot Operating System）以及开放的接口基础上，以至于它们的功能性可以被全世界的软件工程师轻松学会。"我们已经围绕'3型护理机器人'搭建了一个研发集体，我们想不断扩大这个研发集体。"机器人专家莱泽尔说。

最后，科研人员也有目的地挑选制作机器人的材料，旨在降低机器人的成本。例如，机器人内部结构的绝大部分由金属折叠结构组成。如果生产制造商生产少量件数这种结构，那么厂方就可以低成本地加工制作机器人。雄克公司（Schunk）[1] 位于德国内卡尔（Neckar）[2] 河畔的劳芬（Lauffen）[3]。它已经设计了一种新型的、只有一根手指的手。它看上去简单而且漂亮，已经将传感器一体化。无论是齿轮、驱动装置、发动机，还是传感器，用于制作"4型护理机器人"的几乎全部

---

①雄克公司（Schunk）是全球最大的静压膨胀式夹具系统生产厂和全球最大的卡爪生产厂，其自动抓取机构的开发和生产位于欧洲乃至世界同业最前列。公司总部位于德国斯图加特。——译者注
②内卡尔（Neckar）是德国西南部一条河流，属于莱茵河支流，全长367千米。——译者注
③劳芬（Lauffen）是德国西南部一座小城市，属于巴登－符腾堡州。——译者注

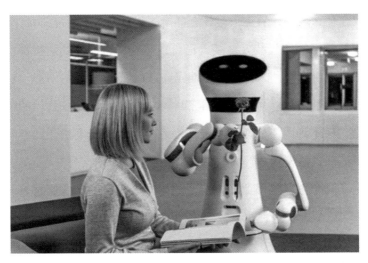

绅士机器人："4 型护理机器人"(Care-O-bot 4) 被塑造成殷勤的服务类机器人。它能够识别人和手势，鞠躬，并且显示它理解了什么、想做什么。然而最重要的是：它被如此设计，使得厂方能够低成本地加工制作它。

配件都来自斯图加特周边方圆 200 千米的地方。莱泽尔高兴地说："我们拥有一个机械电子的真正的硅谷 (Silicon Valley)。对于机器人技术而言，这是非常理想的。"

据说，所有这一切都会使人们买得起"4 型护理机器人"所代表的服务类机器人。而机器人的服务范围也多种多样：作为博物馆飞机场、建材市场和超市里移动的信息发布亭，发布关于在家里、酒店或者办公室，还有仓库的取件和送件服务信息。为了这些目标，莱泽尔与他的核心团队成立了"统一机器人技术"（Unity Robotics）公司，作为从弗劳恩霍夫研究所独立出来的、单独成立的公司。他认为，对于接收和处理订单的机器人而言，尤其有巨大增长率的互联网贸易和物流领域具有很大的未来前景。

在仓库的数据库里，保存着以下信息：在订货时涉及哪些物品，物品放在什么地方，看上去是什么样子的。机器人于是就到那个地方，抓取物品，把它们包装好，装入箱子，然后将它们交到送货部门。那么，机器人是否能和人一样快速地完成这些工作呢？虽然这还成问题，但机器人能够可信赖地一天工作 24 小时。莱泽尔说："我们的计算得出结论，在不到两年的时间里，使用者就可以用分期偿还的方式购买和使用这种机器人。"

在美国的加利福尼亚州，类似的机器人——但没有胳膊——已经在各种宾馆里被投入使用。它们由圣克拉拉 (Santa Clara)[1] 的萨维尤克 (Savioke) 公司研发。[2] 这些机器人的任务是，以此为宾馆的工作人员减轻负担：它们把放在一个小盒子里的小物品如牙刷、报纸或者纸巾送给房客。它们在宾馆的走廊里滚动，通过"机器人心灵感应（传心术）"即"网线说话"软件叫电梯，在顾客预订几分钟后，就按这位顾客的门铃。在打开房门时，它们也发出尖尖的说话声音，就像 R2D2 型机器人一样优雅，打开它们的盒子。机器人与其说因为收了小费而高兴，毋宁说是为电子评价或者喜欢的推特留言感到高兴。

一个打杂的机器人吗？

假如这一切都已经如此好地发挥作用了，那么，将自动化的服务类机器人也用于私人家政，这是否就是很容易理解的事了呢？彼

---

①圣克拉拉 (Santa Clara) 在美国加州旧金山湾区，是硅谷的腹地。——译者注

②参见索菲亚·施图亚特 (Sophia Stuart) 的文章"房间服务：机器人已经到达"（"The Room Service Robots Have Arrived"），附带有视频资料，刊于 2015 年 10 月 2 日的《Mag 系统个人电脑网络》(PCMag.com)：www.pcmag.com/article2/0,2817,2492060,00.asp, 以及阿什雷·伯尔奈特 (Ashley Burnett) 的论文"医院工业中的机器人的未来"（"The Future of Robots in the Hospitality Industry"），刊于 2015 年 10 月 16 日的《西方旅游时代》(Travel Age West)：www.travelagewest.com/Travel/Hotels/The-Future-of-Robots-in-the-HospitalityIndust。

得·哈特 (Peter Hart) 在 2015 年西雅图"国际机器人技术与自动化大会"上回忆说："早在 50 年前，当我们研发第一台活动的机器人'莎基'的时候，让机器人担任总管就是我们一个很大的愿景。也就是说，研发一个可以普遍被投入使用的仆人，一个打杂的机器人。"今天，这一点就比以往任何时候都更重要，因为，将来不会有足够的年轻人帮助许多老年人起床，穿衣服，做点儿吃的，或者去购物。

尤其日本的科研人员和公司这样认为，因为，日本已经有 3000 万人在 65 岁以上。他们已经解释过的目标是，借助机器人，尽可能长时间地给予老年人尽可能多的自动化。德国是全世界老龄化问题第二大的国家。在德国，企业在涉及与服务类机器人的生意方面比日本人更谨慎。然而，目前，德国人在这方面的态度也在发生改变。迄今为止，奥古斯堡 (Augsburg)[1] 的机械设备制造商库卡 (Kuka) 公司一直专门生产工业机器人，尤其为汽车工业生产。"库卡"未来也将提供家政和老年护理机器人。

"库卡"公司的董事长提尔·劳伊特 (Till Reuter) 在 2015 年春接受采访时说："到那时，机器人会帮助擦桌子，或者在护理中心和医院帮忙，帮助分发餐食和药品。"他还谈到带机器人手臂的自动化厨房，还有这种机器人：他们在起居室各处穿行，帮助老年人起床，提醒他们吃药，进行听写，在必要时组织人员帮助。[2]

在意大利，自我学习的机器人"艾库伯"(iCub) 的发明人乔奥尔乔·梅塔 (Giorgio Metta) 也谈论他对服务类机器人和相应的启动公司

---

① 奥古斯堡 (Augsburg) 是德国巴伐利亚州的一个城市，位于慕尼黑西部。——译者注
② 参见卡尔斯滕·狄里希 (Carsten Dierig) 的文章"'库卡'想为护理中心建造机器人"（"Kuka will Roboter für Pflegeheime bauen"），刊于 2015 年 4 月 12 日的《世界报》(Die Welt)：www.welt.de/139426894。

的理念。在他办公室的墙壁上，悬挂着图片，图片描绘与护理类机器人相似的机器人的样子。而且，这类机器人安装轮子，而没有安装腿。梅塔说："虽然安装腿的机器人在上楼梯时很有用，但是，给机器人安装腿很麻烦。主要是出于安全原因，因为，安装腿的机器人很容易摔倒，但又不允许机器人伤害任何人。"

从根本上说，制造全能型的私人家政机器人，这至少是一个与城市内交通中自动驾驶车辆一样大的挑战，因为环境是相似的，都没有规划好，没那么规整而有条理，而且在不断变化。在起居室里，它们不仅必须安全而且无事故地活动，而且还必须懂得语言、手势和表情，并且自己做出相应的反应，为了进行轻微的、直觉的服务。从目前的情况来看，所有这一切都会将机器人的价格提升到天文数字。

专家们期待，自动驾驶汽车的附加费用仅仅有几千欧元，因为，今天的汽车也有重要的元件。"家政机器人总管"将会是"一种新的购置"，尽管人们采取了所有降低成本的举措。在 2050 年的时候，这种机器人总管的价格会同一辆小汽车的价格持平。将来有一天，人们能够干脆走进电子商城，买一个高效率的机器人工作人员，也就是一个私人家政机器人，而不是买一个台式电脑。要达到这一步，还要假以时日。

用于烹饪意大利空心粉和熨烫衣服的手机应用软件

然而，科研人员们坚信，这种趋势是无法阻止的。乔奥尔乔·梅塔谈论带一种基础设备的机器人，这款机器人必须进行培训，为了让机器人了解私人的居所，必须了解空间和它们必须留意的物品。梅塔教授认为："虽然机器人从一开始就知道，玻璃杯看上去是什么样子的，但是，人们必须指出那些特殊的、特别容易碎的物品。"他们可以从云文档里额外下载重要的应用："在云文档里，或许有些应用软件，教机器人烹饪意大利空心粉，熨烫衣物，或者打扫房间。"用海报的方式说，未来机器人的一部分大脑会被存储在云文档中，人们可以借助云文档使用这些机器人。

梅塔教授预测："再过 20 年到 30 年，这类机器人会如此令人信赖，就像今天的智能手机一样。这也是必要的：因为，我们在家政行业至少需要 98% 的可信性。我们不希望机器人把我们的猫咪给煮了，而我们还在半路上！"卡尔斯鲁厄大学机器人技术的领军人物吕迪格·狄尔曼 (Rüdiger Dillmann) 与梅塔的观点完全一致："我们以洗衣机为例。洗衣机是我们完全信赖的完美机器。我们把衣物塞进去，按动洗衣机启动按钮，然后就不必再想它了，可以转身去看电影。我们与机器人的关系也必须达到这种程度。"

等我们成功做到这一点的时候，在家政领域，机器人的发展也会像道路上的自动驾驶汽车一样，走同样的路。会有越来越多的自动化循序渐进地、逐步地来临。控制暖气、空调、灯光、烤箱和电磁炉，整理烹饪节目，运送人们的电梯，吸尘和割草的机器人，等等。今天，谁会想到，这一切都是自动化的机器人呢？人们会在这个趋势上继续发展。

比方说，在明天的厨房里，会安装机器人手臂。它们就像在工厂里一样，作为人类的第三只手帮递物品，搅拌什么东西，清理打扫或者整理柜子。英国的机器人厂商"莫莱"(Moley) 宣布，为 2017 年生产一个机器人厨房，里面有两个承担烹调任务的机器人手臂。这个机器人厨房可以被链接到一个食谱数据库，该数据库里面有 2000 道菜。

这个机器人厨房售价为 15000 欧元。但是，配料必须由人准备，这些线条细密的机器人手还向人类的高级厨师学习手部活动。[①]

2015 年，在西雅图举办的"国际机器人技术与自动化大会"上，美国麻省理工学院（MIT）的女教授达妮拉·鲁斯（Daniela Rus）展示了一个更强壮的烘焙机器人：这款机器人主要能烤饼干。它从互联网上获得食谱，将自然的语言翻译成操作指南，并且致力于汇集食材，用搅拌器加工食材。这样，它搅拌奶油、糖、面粉、玉米片和可口粉，把所有这些食材都放入烤箱，然后，给这些饼干点上巧克力涂层，半个核桃仁。鲁斯教授会心地微笑说："烘焙机器人为我们烤制的这种巧克力阿富汗饼干真的非常好吃。"

当人们难过的时候，机器人"佩普尔"（Pepper）会察觉

这款烘焙机器人还是一款样机，但是，顾客花上 1500 欧元，再加上每月的预订费用，就能买到"烘焙机器人"友善的同事即机器人"佩普尔"（Pepper）。这款类似人的机器人身高 1.2 米，有稚气的、炯炯有神的大眼睛。在 2015 年 6 月，当制造商开始销售这款机器人时，最初的 1000 件产品在 60 秒内就被抢购一空。这款机器人的制造商是法国"阿尔德巴蓝"（Aldebaran）公司。该公司自从 2015 年以来属于日本电信公司"软银集团"（SoftBank）。该制造商把机器人"佩普尔"描绘成社会机器人，它应该与人们共同生活。机器人"佩普尔"有两只胳膊，手上有五根手指，身上配备两个照相机、3D 测距仪、超声波、

[①] 参见 2015 年 11 月厨房里的机器人即机器人莫莱（Moley）的视频资料：www.youtube.com/ watch?v=G6_LCwu7dOg，以及维尔纳·普鲁塔（Werner Pluta）的文章"今天机器人做饭"（"Heute kocht der Roboter"），刊于 2015 年 4 月 15 日的德国网站（*Golem.de*）：www.golem.de/news/ moley-robotics-der-roboter-bereitet-das-essen-zu-1504-113511.html。

激光扫描仪、对触摸敏感的传感器以及胸部上面的平板显示器，它用这个显示器可以借助图片和颜色展示信息和情感表达。[1]

机器人"佩普尔"身上特殊的地方在于，它能够分析它对面的人的面部表情、肢体语言和声音腔调，并且对此做出反应。比方说，它问："你难过吗？"当它的传感器向它发出沮丧信号的时候。然后，它就尝试，通过舞蹈动作、笑话和令人愉悦的灯光效果让对方情绪好转。目前，机器人"佩普尔"在软银集团的营业厅工作。但是，它还将被投放到学校中，作为辅导老师，比如，负责考问许多门外语的单词。

人们可以自由使用为应用程序准备的接口程序。结果是，该公司以外的软件专家和公司也能够研发新的应用软件。因此，生产商们估计，不久就会有数百个机器人"佩普尔"的应用软件。该公司还与美国的"国际商业机器公司"（IBM）的"沃森"集团签署了一份合作协议。2015 年秋天，在美国圣何塞（San José）[2]的机器人商业博览会上，研发人员展示了机器人"佩普尔"一个特别狡黠聪明的使用领域：在这里，这款小机器人当上衣导购员。[3]

研发人员使用机器人"佩普尔"当导购员的理念是：女顾客在家里根据她的尺寸和偏爱，制定一个网上轮廓，然后把这个数据存储起来，作为智能手机上的二维码。随后，女顾客在商店中，把这个二维码交给机器人"佩普尔"。接下来，这款机器人就根据大量因素，找出

---

[1] 参见阿尔德巴兰蓝机器人和机器人"佩普尔"网站：www.aldebaran.com/en/a-robots/who-is-pepper。

[2] 圣何塞（San José）位于旧金山湾区南部、圣克拉拉县和非正式地理名称硅谷境内，加州人口的第三大城，仅次于洛杉矶市和圣地亚哥市，并且在 2005 年超越底特律市，成为美国的第十大城市。——译者注

[3] 参见克里斯蒂安娜·胡伊普舍尔（Christiane Hübscher）撰写的关于机器人"佩普尔"当导购员的文章"机器人给予款式建议"（"Roboter gibt Styling-Tipps"），刊于 2015 年 10 月 31 日的《图片报》（Bild）：www.bild.de/lifestyle/2015/trend/roboter-gibt-styling-beratung-431，还配有视频资料。

一些适合顾客身材的衣服，并且面对这位有购买兴趣的顾客友好地阐明理由。机器人的眼睛忽闪地一眨一眨，却带着让顾客缴械投降的真诚："这件衣服会把人们的注意力转移到上面，延长拉伸了您的轮廓。这会让您的腿显得更长，这恰好是您需要的。您试穿一下吧！"

　　迄今为止，机器人"佩普尔"还仅仅面向日本顾客。但是，"阿尔德巴蓝"公司多年来已经向全世界许多国家销售比机器人"佩普尔"更小的伙伴机器人"瑙"（NAO）。[①] 机器人"瑙"虽然售价大约6000欧元。但是，这款58厘米高的机器人也有两条腿，会做瑜伽、跳舞或者可以在机器人世界杯足球赛时参加比赛。今天，机器人"瑙"主要被销售到70多个国家，主要在学校和大学里，为了教年轻人学习机器人的编程，或者帮助所有可能的课堂科目的老师：从书法到体操，一直到难民孩子的外语学习。

球形脑袋和抚摸用的毛绒枕头

　　麻省理工学院的传媒实验室个性化机器人团队领导辛提娅·布瑞希尔（Cynthia Breazeal）研发的"吉波"（Jibo）仅仅有条件地使人想起机器人。布瑞希尔谦虚地声称："假如R2-D2和一个iPad有个婴儿，那个婴儿就是吉波。" 从根本上说，"吉波"不过是一个半球体，带一个圆形的、平顶的显示器。它坐在一个小底座上，可以朝着所有方向活动。然而，"吉波"说话，大笑，识别面孔，显示忽闪忽闪的大眼睛，建立视频资料联系，检查新闻，应要求拍照，订餐，还能做许多其他事情。简言之，这个声音甜美的小球形脑袋是一个乐于助人的、

---

① 阿尔德巴蓝公司的机器人"瑙"（NAO）网站：www.aldebaran.com/en/humanoidrobot/nao-robot，以及德语"学校中的机器人'瑙'"（NAO in der Schule）：www.nao-in-der schule.de。

个性化的秘书和游戏伙伴。据说，从 2016 年起，顾客花费 749 美元就可以买一个"吉波"。①

日本机器人领军人物石黑浩（Hiroshi Ishiguro）与一家纺织厂合作，将一种遥控的、抚慰用的枕头"哈格维"（Hugvie）投放到市场。它的脑袋很有特点，有树桩一样粗壮的胳膊，看上去就更不像一个机器人。这款枕头有一个口袋，人们可以把手机放进这个口袋里。在打电话时，整个枕头会根据对方的声音和音量，用或快或慢的心率颤动。在未来的版本中，石黑浩还将把拥抱从一个枕头转换到另一个枕头上，另一个枕头会摆动它的小胳膊，这样一来，就可以远距离地抚慰。石黑浩说，那时候，痴呆症患者也可以与学习能力弱的学生一样受益：当它们怀里抱着能活动的抚慰枕头时，他们会注意力更集中，能更好地回忆起学习内容。他说，这是根据研究得出的结论。②

在这一方面，"哈格维"与白色的、毛茸茸的海狗"帕罗"（Paro）很像。"帕罗"在日本和其他国家已经被销售十几年了，主要被应用到护理机构中。"帕罗"会对触摸、光线和声音做出反应，能识别它的名字，并且有相应的反应。它甚至会做出人们喜欢的动作，例如，它会重复一定的动作和声音，为了被抚摸。因此，"帕罗"被视为有治疗作用的机器人，对于安慰人是很理想的，也可以用于减缓压力，尤其可以安慰患有痴呆症的病人。③

①参见吉波（Jibo）网站：www.jibo.com。
②参见"哈格维"（Hugvie）网站：www.geminoid.jp/projects/CREST/hugvie.html。
③参见"帕罗"网站：www.parorobots.com。

三角形爱上圆形了吗？

"吉波""哈格维"和"帕罗"明确地显示，为了唤醒人对机器的积极情感，需要多么少的内容。这使人回忆起1944年那些经典的实验。当年，心理学家弗里茨·海德尔（Fritz Heider）和玛丽安娜·西莫尔（Marianne Simmel）拍摄了仅仅由三角形和圆形组成的小型动画片。[①] 既然三角形都被赋予人类的情感，那么，聪明地被操控的球形脑袋或者用于抚摸的枕头会多出多少意义呢？

洛尔夫·普菲弗尔曾经研发骨架机器人"机器人男孩儿"(Roboy)。这款机器人会脸红，并且轻声地嘟囔说："我害怕嘛。"洛尔夫·普菲弗尔教授认为，能够模拟人类情感的机器人具有非常广阔的前景。他说："这些机器人尤其特别好地适合这些合作性质的游戏，适合朗读或者记忆训练。"普菲弗尔正在与石黑浩和曾经为迪士尼公司做了很多工作的动画片专家玛蒂亚斯·克洛斯特曼（Matthias Clostermann）合作，从事一项进一步研究的项目：一个有类似人的机器人的"机器人休息厅"(Robo-Lounge)。在这个项目中，类似人的机器人应该当酒吧招待和啤酒专家，招揽顾客，进行关于啤酒种类的谈话，当顾客打开预定的啤酒，开始斟酒的时候。普菲弗尔教授说："对于在博览会上亮相，或者将来在宾馆亮相而言，这种机器人肯定有很棒的展示效果，而且为我们的技术伙伴做很好的广告。"

我们未来的居住和业余时间的生活，将伴随从写字台上的球形机器人到厨房里的机器人手臂，再到类似人的酒吧招待。这将是很广泛的自动化机器。达妮拉·鲁斯甚至谈到一种机器人的集大成者，也就

[①] 参见2010年7月制作的、关于1944年经典的"海德尔－西莫尔实验"(Heider–Simmel–Experiment) 的视频资料：www.youtube.com/watch?v=VTNmLt7QX8E。

是这种程序：每个人都可以根据个人品位，用这种程序建造他喜欢的机器人。在 2015 年美国西雅图的"国际机器人技术与自动化大会"上，她描绘了这一点应该如何发挥作用："一位顾客想要一种像蚂蚁的机器人。她从大数据里挑选一种可能的款式，并且根据她的意愿来修改。程序在电脑屏幕上模拟形状和功能，如果她喜欢，那么，这款机器人很快就能被制作好。"①

"机器人－折纸"（Roboter－Origami）和带机器人花朵的花园

机器人的制作也可以高自动化地进行：人们借助激光，从不同材料的许多状态中剪切蚂蚁的身体、腿和触角，或者用 3D 打印技术打印它们，给它们补充微信息处理器和电池。这一切甚至可以作为自动延展的形式得以实现。达妮拉·鲁斯称这种方法为"机器人折纸"(Robogami)，根据日本的手工折纸方法 Origami 命名。如果人们正确地选择了材料，那么，在炉子中，一个用二维的方法制作的形式会自动地转化成一种三维的形体。可以说，这个小机器人是被烘烤出来的。

麻省理工学院的女教授达妮拉·鲁斯的很多大学生已经上百次地证明，他们可以按照这种方式制作蚂蚁或者几乎随便别的什么形状的机器人。他们甚至在实验室中建造了一座机器人花园。在那里，每株百合和每棵郁金香都是一个机器人。这些花朵的开合由一台计算机控制，并且色彩缤纷、争奇斗艳。在这些花朵之间，有机器昆虫在爬行，甚至有机器羊和机器鸭子在花丛中奔跑。这是一种迷人的展示，它显示了，在一个充满机器人的未来，等待我们的可能是什么。

---

①参见达妮拉·鲁斯在 2015 年美国西雅图的"国际机器人技术与自动化大会"上做学术报告的视频资料：www.youtube.com/watch?v=dgp7L7cgVDY。

第八章　投入使用的领域：在工业和基础设施中

当机器人制作机器人的时候

我们的重逢引起极端的情感波澜。当我的妻子戴丽娅（Delia）在花园大门看见坐在轮椅中的我时，她跳了起来。她哭着拥抱我。她一言不发，长达数分钟，然后，她仅仅小声低语道："我的心跳得这么快……"

她身边坐在桌子旁的漂亮女人，她肯定是……会是她吗？我的女儿？"艾娃（Eva）？"她当时只有10岁。

她点了点头，然后缓慢地站起来。"你好，爸爸……"她把手放在她身旁大概14岁的姑娘肩上，"这是我的女儿丽娅（Lea）。"

我再一次热泪盈眶。她的女儿！她梳着长长的金色披肩发，看上去很友善，好奇，或许有些怀疑，是谁突然闯进她的生活。可能一下子经历太多，对于我们所有人都是如此。我已经当姥爷14年了，可我对此却一无所知！

一直跪在我身边拥抱我的戴丽娅站起身，把我推到桌子旁。桌旁还坐着一个人，此时，他转过身来，有些心神不宁，但他微笑地看着我。这不是施泰凡·温格尔，我当年的同事吗？

"见到你真是太好了，丹尼尔。时间过去很久了，我希望，你真的睡足了觉。"是的，没错，就是他，他的声音清晰可辨。真的是施泰凡。他的戏谑调侃也没有比当年更好。

"你好，萨曼塔！"他又问候着。

"你们认识？"我惊讶地说。

我身边这位类似人的机器人点点头，并且解释说："温格尔先生是里斯科姆计算机技术部门的负责人，我陪同他四个星期。他教了我许多东西。"他显然有更多任务，就像我突然认识到的那样：戴丽娅这时走到他身旁，用胳膊抱住他的肩膀。"施泰凡当时……他现在是……他当时是我的救星，在那些可怕的日子里，……丹尼尔，我们同居了。"

我预料到了什么？30年！假如她整天仅仅坐在我的病榻旁，那才是一种疯癫。我的理智告诉我，我不得不接受这个事实。相反，我的心却说不。这是什么意思，我现在并不想听从我心灵的声音。我此时此刻想不出什么比装出一副善解人意的表情更好的了。我现在要打破这个尴尬的局面，于是，我就不断提出许多问题，关于过去和现在。我还不想思考未来……

我们在石头台阶上的这张早餐桌旁又坐了整整两个小时。然后，我们才慢慢地又彼此习惯。萨曼塔这时抽身，退到一个充电装置旁。一个小的、滚动的服务桌子把杯子、盘子和刀叉送到厨房里。我透过敞开的花园门看到，曾经被固定到厨房里的两个机器人手臂把所有餐具都精细而干净地清理到洗碗机里。与类似人的机器人相比，这可能是成本更低的版本。

我主要了解到，我们的实验室当时立刻就被关闭了。在瘟疫过后，人们不知道在什么时候把大楼给拆了。公司破产了，尽管整个事件被定级为事故。而且，没有任何人由于被释放的病菌而被司法判决。

我们的软件专家马克·拉拉斯(Mark Larras)和施泰凡·温格尔以及其他一些同事，最终都在一家年轻的里斯科姆机器人公司找到了工作，该公司成立于2025年，属于后起之秀。

戴丽娅和艾娃最终都有些坐立不安地坐在椅子上。她们得去大学里了。我的女儿和我的妻子一样，是大学教授，这使我非常自豪，而我没有为此做出任何贡献。我的外孙女丽娅在嘟囔着，一种会议要开始了。她与一个来自上海的中学生开展校际交流小组会。虽然我很乐意在我的老房子各处穿行，看一看，但是我不想打扰和纠缠任何人。我肯定还可以另外找时间满足我的好奇心。因此，我问施泰凡，我是否能够与萨曼塔一起，陪同他到他的工作岗位去。他欣然答应。生命钢材的伙伴，里斯科姆机器人技术中的里斯科姆就是为此而存在的。"用钢材制作的活生生的伙伴"……这听起来总有些荒唐，但很有意思。我当年的许多同事和员工都在这家公司工作，萨曼塔也是在这家公司诞生的。因此，我无论如何要结识这家公司！

里斯科姆区域最宏伟的大楼足足有200米长、30米高。一个巨大的大厅里，一片繁忙。当施泰凡推着我的轮椅穿过一扇大门时，我看见几十个两米多高的机器人。它们庞大而且强壮有力。它们有白色的金属脑袋，有白色的胸部铠甲和背部铠甲，它们还有文理分布精细的手指。它们甚至小心翼翼地把机械的关节、电线和发动机以及控制板条放到漂亮的形状中，它们大概展示了胳膊的上段和下段。

在大厅的一侧，沉重的胸部铠甲和背部铠甲正沿着一条吊轨，开往工作站。在那里，带有电池包的机器人填满它们。对面有一个机器人小组明显在做面具：闪烁银光的或者白色金属的以及少数几个肉色的面具，或大或小，有的具有女性的面部特征，有的有明显的男性面部特征。甚至有些面具是为年轻的机器人准备的。在这里，为耳朵准备的眼睛和麦克风被组合起来。综合的肌肉机械装置为嘴部和面颊活动准备。在这里，机器人还将核心镶嵌到其未来同事的脑袋里：被精准地制作的神经芯片，连同它们与供电和冷却的衔接部分，这部分插在胸部。

除了一些机器人以外，此刻，我终于发现一些人类的工人，他们捡起制作完毕的机器人头部，把它们插入测试室里。在测试室里，它们在金属片上旋转，红色的激光束在测量它们的形状。它们的眼睛的测试图形在闪光，发出最罕见的口哨声、唑唑声和嗡嗡声。我禁不住转过身去，因为我觉得，观察这个场景还是很恐怖的，让人感觉毛骨悚然：看到好似被砍下来的脑袋，上面的眼睛和嘴巴张着，好像在看着我。在大厅的每个角落里，都有小型运输机在转来转去地忙碌着，运输机的容器里装着所有可能的零件：镶嵌着麦克风的耳垂、带视网膜芯片的眼睛、为电子鼻子准备的气态传感器、肩部关节、零星的金属手指、管子、发动机、螺丝，或者还有完整的一只脚。

"这些乱七八糟的东西究竟是怎么被控制的？"我问施泰凡。

他笑了。"这并不是乱七八糟的东西。我们制作的每个机器人都是独立的个体。大小、形状、性别、功能等，所有这一切都是可以自由选择的。这堪称艺术之举：将标准元件和被个性化地制作的部分组合起来，并且尽可能做到最好，达到最低成本。在这里，每个零件都带一个小芯片，里面有其电子的产品记忆，因此知道，它必须在什么时候，用什么方式被组装起来。这看上去好像一片混乱，其实，这是一种完美的、自我组合的工厂，一种智能工厂。"他朝大厅那边做了一个很大的手势。"顺便说一下智能。'智能'这个词你会在所有的地方都用到：智能工业、智能健康医疗、智能教育、智能的可移动性、智能的能源……现如今，一切都被称为智能的。这也是对的：这些东西非常聪明地组合起来。离心的控制，高度的网络化，配备很多认知的智能。你只需要我们的能源供给：太阳、大风、水、可用于发电的有机燃料、地暖、大量可再生能源，有电子车辆，作为系统的一部分。此外，还有电能、热能和燃气作为被联合起来的能源载体，电池、热能存储器以及这些大楼里所有可以被控制的能源消费者，……为了调试校准它们，使它们达到最佳的磨合状态，你是需要大量智能的……"

很明显，施泰凡对他的研究工作如数家珍、滔滔不绝。他的话被打断，仅仅因为有人从后面拍了一下我的肩膀，然后气喘吁吁地大声说："这简直令人难以置信。我的照相机，此外还有智能的照相机确实没错：丹尼尔！我简直无法相信是你。欢迎来到未来，老男孩儿！你还认识我吗？我是马克·拉拉斯。"

智能工厂、智能电网、智能城市

走进美国西雅图华盛顿州会议中心正面玻璃墙后的大厅里，就仿佛置身于被一群小孩子侵犯过的玩具店一样：到处都是书、球、纸杯、饼干、铅笔、管状的胶水、发出尖叫声的小鸭子、剪刀、绘画用粉笔等。它们中间还有纸箱子和篮子，有嗡嗡叫地来回活动的机器。还有很多人，他们时而聚集在一张桌子后面，时而又蜂拥到另一个柜子前面。

然而，谁要是仔细看过去，就会看到，这些机器是机器人。而且，许多人在聚精会神、饶有兴致地观察这些机器人如何经过考验。来自美国、亚洲和欧洲的 25 支团队在这里角逐，在第一轮所谓的"亚马逊捡物品挑战赛"（Amazon　Picking　Challenge）中，2015 年 6 月在美国西北部举行的比赛中，要选出优胜者。[1] 机器人站在带格子的巨大架子前面，里面放着几十种物品：从橡胶鸭子到饼干盒子。它们并列或者前后摆放着，有时还面对面放着。

机器人的任务是，20 分钟内在格子里找到并且拿出评委指定的 12 个物品。当然，在取出时又不能损害其他物品，然后，把这些拿出来的物品放进一个准备好的容器里。机器人必须独立完成所有这些动作，也就是说，没有任何人的帮助。获得最多分数的团队赢得 2 万美元的一等奖。大赛组委会并没有明确规定，机器人如何被组成。而且，参赛团队展示的解决途径相应地多样化。

在参赛过程中，有些大学生搭建了一个简单的大架子，上面放着抓手和照相机。当发动机来回运送道具时，这架子看上去就像在舞台上一样。还有的大学生用机器人技术研究所"柳树车库"（Willow Garage）[2] 研制的 PR2 这种专业的机器人，或者用"再思考机器人技术"（Rethink　Robotics）研制的类似人的机器人"巴克斯特尔"（Baxter）。这些机器人尝试，用它们两个手臂上的抓手抓住物品。一台专业机器人虽然准确地抓住一个发出尖叫声的小鸭子，正处于送到容器的过程中，小鸭子却掉了下来，或者碰到另一个架子的格子里面的物体。这时，人们会听到站在周围的人群中一再发出失望的喊声

---

[1] 参见 2015 年美国西雅图"国际机器人技术与自动化大会"上"亚马逊捡物品挑战赛"的网站：http://amazonpickingchallenge.org/2015/index.shtml mit der Spezifikation des Wettbewerbs und Video unter www.amazonpickingchallenge.org/2015/details.shtml#prizes。

[2] "柳树车库"（Willow　Garage）是美国加州门罗公园的一家机器人研究实验室和技术孵化机构。它由传奇程序员斯考特·哈桑（Scott Hassan）（他是谷歌最初代码的编写者）创立。它开发了机器人开源操作系统软件 ROS、标准机器人 PR2 和 TurtleBot，为机器人行业做出了巨大的贡献。2014 年，它关闭了所有业务。——译者注

"哦！"

最后，机器人中的畅销货并非类似人的机器人，而是一个填满很多电子元件的、黑色的圆柱体。它的下面安装了轮子。在它上面的平台上，固定着一个带照相机的、白色的机器人手臂。这个圆柱体沿着架子运行，它朝那些格子里面看。在此过程中，为了发现被寻找的物品，它的机器人手臂有一次弯曲幅度很大。于是，它朝着最佳的初始状态活动，把它的长长的管子伸进架子里，然后靠着管子，用一种很尖锐的"扑哧"声牢牢地吸住小包裹或者书。

这款机器人由柏林工业大学的"机器人技术与生物学实验室"（RBO，Robotik-und Biologie-Labor）团队研发制作，该实验室由奥利弗·布洛克（Oliver Brock）领导。本书第三章已经介绍过的、柔软的硅材料机器人手也是在这个实验室中诞生的。在西雅图的机器人大赛中，这款柏林机器人凭借它的吸管，从格子里准确地取出 12 个规定物品中的 10 个，然后把它们放进红色的盆里。它获得的成果是：148 分。因此，这个分数几乎是第二名分数的二倍。第二名是麻省理工学院的代表队，获得 88 分。由此，两万美元的奖金实至名归地被颁发给了德国的科研人员们。[①]

当架子朝人们走来时

这场"捡物品挑战赛"当然不仅仅是国际科学家之间的一种游戏性质的竞赛。在这次挑战赛的背后，隐藏着"亚马逊"明显的经济利

---

①请参见 2015 年 10 月 28 日"德国物流联合会"（Bundesvereinigung Logistik）的网站上关于获奖团队柏林工大机器人"机器人技术与生物学实验室"（RBO）的文章，附带视频资料：http://www.bvl.de/veranstaltungen/bvl-veranstaltungen/veranstaltungsrueckblicke/32-deutscher-logistikkongress/news/dlk-15-kw-41-5-fragen-an-das-team-rbo。

益。"亚马逊"是互联网货物寄送公司，1995 年由西雅图一家网上小书店发展而来。今天，亚马逊公司每年的营业额达到几乎一千亿美元，除了聘用 22 万名员工以外，还雇用了大约一万台机器人。亚马逊在欧洲也已经拥有自动化的仓库，第一个亚马逊仓库位于波兰的布莱斯劳（Breslau），还有另外两个在英国。在亚马逊的仓库中，工作人员不必再在仓库的通道之间穿行达几千米，为了找全被预定的物品。在这些仓库里，货架子朝他们走来。

为了达到这个目的，人们在这些仓库里安置了几千个 2 米高的架子整体。每个架子有一个 1 米见方的底座。这些架子放在亚马逊机器人的许多车上，其中每个机器人都能负重 340 千克。一旦有位于这些机器人车辆上的订单到达，这个机器人车厢就会滚动着，以行走的速度滚向一个提货站。在那里，人们在提取商品，通过扫描仪再检查一遍，看看货物是否准确无误，然后组合这些货物，做好寄送准备。

这个滚动的底盘刚好与跟它一样的底盘排好队，然后带着它的货架又向前行驶，返回一个休息站。在那里，它自动地躲避障碍物。如果我们俯瞰这样一种仓库，它看上去就像一个不停地处于运动中的、自发组织的蚂蚁堆。只不过，在这些仓库里，没有蚂蚁往它们的建筑上搬树叶，而是橙黄色的机器人货车搬运数百万不同的物品，然后把它们交给工作人员继续处理。

亚马逊在 2016 年又举办了机器人"捡物品的挑战赛"。亚马逊打算通过这种赛事发现，机器人将来是否不仅能够在狭长的仓库通道中取代人类工作人员，而且还能在提货中心成为人类工作人员的帮手，甚至完全接管他们的工作。机器人的认知能力还明显地比人类低，处于劣势，尤其是当涉及快速而温柔地抓取准确的物品、检查并且准备寄送物品时。但是，"捡物品挑战赛"表明，机器人能够接管这些工作，这只是时间问题，还需要几年的时间。

在物品明显不像在亚马逊仓库中那么多种多样而且造型简单的状况下，机器人无论如何要准备好接管仓库工作，例如，在药店里，药品大多用小盒子包装。慕尼黑工业大学单独成立的公司马迦奇诺（Magazino）研发了机器人系统"玛鲁"（Maru）。药剂师只需要把由大经销商配送的箱子推进机器人系统里就行。[①] 机器人自动识别二维码和药盒上面印制的过期时间，然后，在一个只有 7 平方米的空间内，将那些药盒子码放成一个塔状结构，可以容纳 17000 个药盒子。这个机器人抓取药物时动作也很麻利：在平均 8 秒多一点的时间内，机器人递给药剂师正确的药物。

马迦奇诺公司还为传统的货架仓库设计了一款名叫"托鲁"（Toru）的机器人。这款机器人可以脚踩四个轮子，沿着仓库行驶。在仓库里，有一种带抓取胳膊和 3D 照相机的梯子行驶出来，用来扫描、辨认、包装和取走物品。其优点是很明显的：这些货架能够继续存放在它们今天所在的地方。使用者不必完全改建他的仓库，为了使得仓库实现自动化。除此之外，使用者还可以逐渐越来越多地使用这些机器人，假如它们值得信赖地发挥功能，而且能够识别大量不同的物品。因为机器人"托鲁"作为"机器人群体"（Roboter-Schwarm）被组织起来，所以，在一个机器人失灵时，其他机器人就可以接替它，完成其工作。

---

① 参见药店机器人"马迦齐诺"（Magazino）网站：www.magazino.eu/apotheke，以及贝内蒂克·霍夫曼（Benedikt Hofmann）撰写的关于货架机器人的文章"在 15 年之后只有捡物品机器人"（"In 15 Jahren wird es nur noch Pick-by-robot geben"），刊于 2015 年 3 月 31 日的《物流杂志》（*MM Logistik*）：www.mm logistik.vogel.de/foerdertechnik/articles/484421。

谁需要头和腿？

并不直接与人合作的协作性机器人，也首次成为 2015 年"汉诺威工业博览会"占据优势的主题。著名企业，诸如库卡、博世和艾波比集团公司 (ABB) 这样的德国公司以及日本的三菱电气公司 (Mitsubishi Electric)、发那科公司 (Fanuc)、安川电机公司 (Yaskawa) 等，还有丹麦的企业"通用机器人"(Universal Rotots)，都在这次工业博览会上展示它们为机器提供的方案。这些机器不必再躲避到工厂的保护栅栏和激光墙后面。对于工业应用而言，问题的关键并不在于把机器人打造成类似人的外貌，也就是说，给机器人配备头和腿，更重要的是机器人应该成为帮助人类的胳膊。绝大多数这种协作性的工业机器人因此也只有胳膊和照相机。

有鉴于此，奥古斯堡的设备制造商"库卡"在汉诺威工业博览会上介绍了机器人手臂 LBR iiwa。这是库卡公司与"德国航空航天中心"共同制造的 LBR IV 的后续产品。借助用来识别碰撞和非常快速调节的力量传感器，机器人手臂 LBR iiwa 应该使它能够与人进行安全的互动。它有七个活动轴，它也足够灵活，能够用一个以上的方法完成其工作任务，无论涉及很有感觉地拧紧螺丝，还是把插头插到什么地方，或者把一个物品放在一个盒子里的什么地方。[①]

机器人手臂 LBR iiwa 在它的肘部关节里有所谓的瞬间传感器。这些传感器能够非常精准地测量力量。它们给予机器人一种类似触觉的功能。机器人手臂可以通过这种触觉功能找寻物品的轮廓，或者能够通过稍微晃动与螺纹吻合，就像人所做的那样。其弯曲调节器可以

---

①参见机器人手臂 LBR iiwa 的网站和多媒体保护：www.kuka-lbr-iiwa.com/de。

被调节成不同的状态，从坚硬到非常柔软。在柔软的情况下，机器人手臂在最轻的触摸时就弯曲，就好像它被轻柔地弹了一下似的。视模型不同，机器人手臂 LBR iiwa 可以举起重达 14 千克的物品，对于自重 24 千克到 30 千克的机器人手臂而言，这已经是非常高的数值了。

比勒菲尔德(Bielefeld)大学"认知与机器人技术研究所"(Forschungsinstitut für Kognition und Robotik)的电气工程师阿尔纳·诺尔德曼(Arne Nordmann)展示了，这样的一个机器人手臂能多么好地应对狭小的几何图形，而且可以多么快捷地被人们训练，学会动作。诺尔德曼还开通了一个名叫"机器人时代"(Botzeit)的机器人技术博客。[①] 在他的实验室里，他引领这个机器人手臂穿越金属墙之间的一道很狭窄的缝隙，机器人应该在金属墙后面帮忙组装些什么东西。然后，它在墙壁转角处弯曲自己的手臂，将关节朝上、朝下、向左和向右伸展，然后在抓手处做几个摇晃的动作。诺尔德曼教授解释说："这样一来，这个机器人手臂就学会了，对于它而言，哪个活动空间是可行的。"

这种短暂的学习阶段就已经足够了，使机器人手臂接下来能够独自完成复杂的动作，拧紧螺丝或者把某些物品递给与它合作的人。这位机器人专家说："假如机器人手臂在递东西时与它的人类同事碰撞到一起，它就会立刻进入柔软的安全模式。在这个模式中，就再也不会出现任何力量。"

库卡公司在汉诺威工业博览会上展示了，这些运动过程可以进行得多么精准。在一个酒吧的吧台旁，机器人手臂 LBR iiwa 承担了一

---

①参见阿尔纳·诺尔德曼(Arne Nordmann)开通的博客"机器人时代"(Botzeit)：http://botzeit.de。

种博览会参观者喜欢要求的服务：机器人手臂冲洗装白啤酒的玻璃杯，打开啤酒瓶子，斟酒，熟练地摇晃酒瓶，为了溶解瓶底剩余的啤酒花，制作完美的冠状泡沫，然后把准备好的白啤酒递给顾客。[①]

"于米"（Yumi）在 1‰秒内停止

用于工业应用的协作性机器人的基本构想在许多公司都非常相似，尽管这些机器人在细节上有很大差别。日本发那科公司研制的 CR-35iA 型机器人负荷为 35 千克，但是，它明显比机器人手臂 LBR iiwa 大。发那科公司研制的机器人手臂在碰撞时立刻停止，而且在手臂的侧部安装了柔软的垫子。在 2015 年汉诺威工业博览会上，与发那科公司展位相隔几个展位的地方，德国电气与自动化领域的领先的厂商艾波比集团公司（ABB）的研发人员面对他们研发的机器人"于米"（YuMi）在谈论始终活跃的内在安全。人造混合词 YuMi 是指英文的"你"（you）和"我"（me），据说象征着制造业中人类和机器共同的未来。[②]

位于黑森州弗里德贝格（Friedberg）的应用中心主任托马斯·莱兴格（Thomas Reisinger）解释说："机器人'于米'总是处于协作的模式上。这就意味着，它不需要任何传感器来决定，现在是否应该协

① 参见 2015 年 4 月机器人手臂 LBR iiwa 斟白啤酒的视频资料：www.youtube.com/watch?v=oG7uOaen8HY。

② 参见德国艾波比集团公司（ABB）网站对"于米"（YuMi）的介绍，含有视频资料和图表：http://new.abb.com/products/robotics/de/yumi。还有格奥尔格·迈克（Georg Meck）对艾波比集团公司（ABB）负责人乌尔里希·施皮斯霍夫（Ulrich Spiesshofer）的采访"我们的机器人不排挤工人"（"Unsere Roboter verdrängen keine Arbeiter"），刊于 2015 年 4 月 17 日的《法兰克福汇报》（Frankfurter Allgemeine Zeitung）：www.faz.net/aktuell/beruf-chance/arbeitswelt/abb-roboter-yumi-13533280.html。

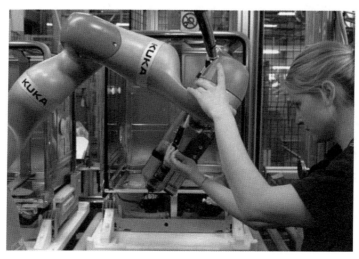

第三只帮手：机器人手臂 LBR iiwa 可以直接与人合作，比如在拧紧、插入和安放零件方面。当发生碰撞时，它会立刻停止并且柔和地弯曲。

作。"机器人"于米"由轻体材料如镁和塑料组成。假如这个机器人通过测量电机电流记录一种没有预料到的接触，那么它会在 1‰ 秒内中断它的活动。

机器人"于米"的独特之处在于，它不是仅有一个机械手臂，而是同时有两个机械手臂，每个机械手臂拥有七个自由角度，两个机械手臂可以快速活动，达到每秒钟 1.5 米的速度。与机器人手臂 LBR iiwa 一样，人们可以通过一种编程语言或者通过引领它的手臂为机器人"于米"编程：这常常在几分钟内就可以搞定，而同样的工作面对以往的机器人时要持续几个小时。这一切都使机器人"于米"成为人类工作场所中一种非常灵活而又精准的帮手。莱兴格说："比如，可以用于计算机领域和玩具制造领域的电子安装或者小零件的组装。"机器人"于米"可以用它的两个机械手臂独立地组装零件，或者为人们准备好零件，给零件分类。

在工作台旁，人面对机器人"于米"的两个手臂坐着。观察工作台的照相机帮助机器人"于米"确定它应该抓取的物品的位置。[①] 在此，还没有安装有学习能力的计算机算法的软件。但是，莱兴格认为，安装有学习能力的计算机算法软件对于未来是完全有意义的。他说："尤其有学习能力地识别图片，这会非常有帮助。"假如能做到这一点，机器人"于米"将来独立地、越来越好地识别物体，也会学会如何更好地躲避那些障碍物。

人们如何一起搬桌子？

比勒菲尔德大学"认知与计算机技术研究所"的约亨·施泰尔（Jochen Steil）教授正在研究，如何进一步完善人与机器的合作。他说："对新的、协作性机器人的力量控制是一大进步。凭借这一点，人和机器人可以零事故地共同工作。但是，人和机器人还没有做到共同运用力量，一起使劲。"对此，一个很简单的例子是，人和机器人一起抬一张桌子或者一个大包裹。人们如何做到这一点呢？"现在，一个走在前面，一个跟在后面，二者都彼此协调其活动和力量。"

如果是两个人一起抬东西，那么，一方可以根据另一方的肢体语言很好地判断物体的重量，然后调整自己的力量使用和分配。施泰尔教授说："但是，机器人还做不到这一点。它们虽然能测量自己的力量，而且在某种程度上控制自己的力量，也可以调节自身的活动。但是，让它们在与人合作时主动使用力量，这就是苛求它们了。人们彼此之间还可以说'请你抓住这儿，再稍微抬高一点儿，我在角落处倾

---

① 参见 2015 年"汉诺威工业博览会"上机器人"于米"（YuMi）与女工合作的视频资料：https://www.youtube.com/watch?v=BmoDGx-Ben4。

斜'，等等，但是，计算机还做不到这一点。"

约亨·施泰尔想在2015年启动的欧盟联合项目"柯吉蒙"（CogIMon）中改变这个状况。[①] 有些最优秀的专家汇集起来作为合作伙伴：主要有瑞士洛桑的奥德·比利亚尔德（Aude Billiard）领导的团队和热那亚的"意大利技术研究所"的机器人研究专家。他们想共同发现，机器人和人如何在复杂的情况下也能够合作，人们如何能够最好地编程并且操纵弯曲、身体控制和力量控制。

这方面研究成果的应用可能性非常广泛多样：从派送货物到在工地上一起工作，再到飞机的设计。施泰尔说："在这方面，类似人的机器人又是理想的。它们可以达到人能完成的水平，比如，值得信赖地用铆钉钉紧金属板。"每架飞机有数万个铆钉，倘若有了全自动化的钉铆钉过程，那将会在很大程度上简化劳动。而今天，人们只能部分地实现自动地钉铆钉。

生产效率高，同时又灵活——能做到这一点吗？

然而，对于自动化的工厂而言，人们并不需要类似人的机器人。当亨利·福特1913年在其设在底特律（Detroit）的工厂里采用最初的、持久的流水线时，他成功地实现了汽车制造的自动化革命：他简化了其 T 型汽车（俗称 Tin Lizzy）的生产，把价格降低了几乎60%，并且同时提高了其工人的工资。这是工业批量生产的开端，也是一种延续数千年的范式的终结：无论人们什么时候创造出什么，无论是饭锅、

---

①参见欧盟联合项目"柯吉蒙"（CogIMon）网站：www.cogimon.eu，以及2015年6月19日比勒菲尔德大学（Bielefeld University）的新闻发布：http://ekvv.uni-bielefeld.de/blog/pressemitteilungen/entry/wenn_mensch_und_roboter_gemeinsam。

衣服，还是马车、家具，都是孤本，都会打上手工业者或者艺术家能力的烙印。

随着福特 T 型汽车数百万辆地制造，这种孤本制作模式就一去不复返了：产品变成可以用来交换的。今天还有流水线制作，在食品加工、制药或者汽车技术领域。虽然在今天的汽车工业中主要有焊接机器人、喷漆机器人和粘贴机器人在车辆旁工作，而不是像在亨利·福特的汽车制造厂里那样主要是人工工作。而且，如果人们概括所有的颜色和特殊配件，那么，顾客面对许多款式时可以在数百万不同的产品中挑选。但是，在生产率和灵活性之间，始终还有一种看上去几乎无法解决的矛盾：假如汽车制造商想尽可能灵活地迎合顾客的个人愿望，那么，这与一种高效率的、低成本的制造几乎是难以协调的。谁想要孤本，谁就会去找手工业者，而且必须为此付出高昂的代价，多花很多钱。

每天生产数以千计个性化的产品

然而，从不久前开始，也出现了这样最初的例子：人们在一个几乎全自动化的工厂里也可以制作孤本。一个给人印象深刻的设备在墨西哥，在与美国的新墨西哥州接壤的胡亚雷斯（又译"华雷斯"Ciudad Juárez）。这家工厂属于美国加利福尼亚州的阿莱恩技术公司（Align Technology），它生产透明的牙齿夹板，即牙套，以"因维萨莱恩"（Invisalign）的名字被销往全世界 90 多个国家。在胡亚雷斯，人们每天制作大约 8 万个这样的牙套，却没有一个牙套与另一个牙套是一样的。[1] 没有比这更个性化了。生产技术的专家们称之为"命运 1

---

[1] 参见 2010 年 8 月墨西哥关于阿莱恩技术公司（Align Technology）全自动制作的视频资料： www. youtube.com/watch?v=aQ5eHZubs9U。

号"，这是所谓的手工制作的自动化。

这种产品只能通过庞大规模地投入机器人、最现代的工艺如 3D 打印以及全部价值创造过程的全部数据化才能被制作出来。从细节观察来看，从医生到生产完成的阿莱恩产品的步骤是这样的：首先，颌骨矫正师从带有需要矫正位置的牙齿的上颌骨和下颌骨取下牙模。这个牙模被扫描，并且被数据化。由此，在计算机上形成一个 3D 的牙模型，医生用电子方式，将这个模型传输给牙齿技术员。这位牙齿技术员可以随便坐在什么地方，比如，他与数百名同事处于哥斯达黎加 (Costa Rica) 的一个"阿莱恩技术公司"生产的设备中。这位牙齿技术员用一个专门的软件再制订一个治疗计划。他把治疗计划发回给那位医生，医生审查治疗计划，并委托实施该计划。

该治疗计划最重要的组成部分是牙套，即那些所谓的阿莱恩牙套。它们由一个稳定的和只有 0.75 微米厚的塑料构成。它们被插到牙齿上面，并且通过不停地加压将牙齿推进到正确的位置上：与传统的牙套不同，这种新型牙套没有夹子或者线。阿莱恩牙套是透明的，而且从外面几乎看不到它。通常，每隔 14 天就更换一个阿莱恩牙套，用那些更接近牙齿最终位置的牙套取代。在治疗过程中，顾客从颌骨整形师那里得到平均 20 个到 30 个阿莱恩牙套。

治疗方案中包含的这些阿莱恩牙套的精确数字 3D 模型是墨西哥工厂里的出发点。设计数据首先在 3D 打印机里出现，这些 3D 打印机用立体平版印刷术为每个阿莱恩牙套制作一个铸模。在此过程中，一个计算机控制的激光束扫过液态的塑料树脂，然后将树脂硬化。这样，铸模就逐层形成了。在下一个步骤中，一种专门的、医学上允许的阿莱恩塑料被加热，然后通过树脂铸模被带入其自己个性化的形态中。

一道激光标记带患者识别号的阿莱恩牙模，然后，这个牙模被放到一个有电子标签的小托盘上，然后继续其从机器人到机器人的旅行。牙套被清理和分类，被车削和测量，在此期间，再次被精细加工，最后被密封好，放入塑料袋里，与这次订货的其他阿莱恩牙模放在一起，打印好并补充患者信息，最后被包装好，准备寄送。

所有这一切工序完成了。在整个过程中，牙套居然不必经过任何人的手！因为有电子标签，这套系统随时都知道，每个阿莱恩牙套在什么地方，而且进行到哪一个加工步骤了。在这家工厂里，人员的作用仅仅在于，监控机器，进行质量抽检，检查进出往来的货物。除此之外，他们在没有预料到的情况下，缓步走过来，在必要的情况下修理什么，或者修改程序步骤。

第四次工业革命

墨西哥的阿莱恩技术工厂由此已经成为新的工业革命的一个先兆。这场工业革命目前正在全世界范围内发展。在德国和一些其他国家，这种趋势以"工业4.0"这个口号[①]著称，在美国则以"工业互联网""数字娱乐"或者"智能工厂"著称。那么，为什么要叫作工业4.0呢？第一次工业革命是指18世纪采用蒸汽机和机械化，第二次工业革命是指在20世纪初进行批量生产加工，第三次工业革命指在过去的几十年里，人们大量使用电子技术和计算机技术，用来实现制造业的自动化。这第四次工业革命是指，在上述三次工业革命之后，工厂

---

① 参见德国"电子技术和电子工业联合会"（ZVEI）2014年4月关于工业4.0的视频资料：www.youtube.com/watch?v=PMEoav353J8&list=PLJ6wqk8Bsetx421c3WBGXhnERtyMGm_YA&index=5。

里出现第四次大规模的变革。在这场变革中，绝大多数专家承认，关键并非涉及今后 10 年到 20 年内一场快速的工业革命。这是一次进化。

克劳斯·海尔姆里希 (Klaus Helmrich) 目前在西门子董事会中担任数字工厂、驱动装置和程序工业经理。他将工业 4.0 理解为"组织和控制全部产业链以及以顾客个人愿望为标准的产品寿命的新阶段"。也就是说，不仅涉及继续实现制造的自动化，而且还要将全部工业程序联网，并且使之尽可能灵活。

要实现这个目标，就应该达到从供货商到生产商直到客户的普遍数字化，从计算机旁的第一张图纸到模拟产品的制作流程和性能，再到产品寿命终结时对产品再利用的普遍数字化。最后，工业 4.0 的核心是生产加工方面数字、虚拟和现实世界的汇集。为此，人们首先需要智能地关联传感器技术、机器人技术和通信技术以及最新的软件解决方案。例如，所谓的虚拟世界的系统持续交换信息，由此改善了生产和物流程序。人们把这种虚拟世界的系统理解为，配备有传感器和执行器 (Aktoren) 的计算机联网，这些传感器和执行器被安装在所有可能的仪器和物体中，而且能够彼此沟通。

西门子公司设立在阿姆贝格 (Amberg)① 的电子厂以及埃尔朗根 (Erlangen)② 设备厂属于已经大部分实现这种转型的第一批德国工厂。也就是说，它们是德国工业 4.0 的先驱。在阿姆贝格，产品进行所谓的自主生产，因为这里出现了所谓的可以存储和编程的西门子自动化系列产品控制系统"希迈提克" (Simatic)。这些控制系统指挥大量工

①阿姆贝格 (Amberg) 是德国巴伐利亚州东部一座城市，距离纽伦堡 60 千米，完好地保存了中世纪的建筑风格。——译者注
②埃尔朗根 (Erlangen) 是德国巴伐利亚州北部的一座城市。——译者注

业中的机器人，它们控制滑雪电梯、交通红绿灯和挤奶机器、啤酒或者葡萄酒的装罐设备、玻璃杯或者塑料的生产以及输油管道中油的流动，或者还控制日内瓦"欧洲物理粒子研究所"(CERN)[1] 的粒子加速器的冷却。

99.99885% 的质量

阿姆贝格电子工厂[2] 每年出品大约 1200 万这种西门子自动化系列产品的控制系统。这些控制系统有 1000 种不同的类型，服务于大约六万个用户。在过去的 25 年里，在员工基本保持不变的情况下，该厂的生产率却是原来的八倍。而与此同时，产品质量改善的因子为 43：在 20 世纪 90 年代初，产品的出错率还在每 100 万个产品出现 500 个错误（500dpm）。但截至 2015 年，产品的出错率下降到仅仅为每 100 万个产品出现 11.5 个错误，即 11.5dpm。这就意味着，产品质量的准确率为 99.99885%。这种好的结果只能通过一种极高的自动化程度和同时频繁的质量检测才能实现。

在产品制造之初，没有配备的导体板还由人放置到生产通道上。从那时候开始，一切都由机器完成，由西门子自动化系列产品生产设备控制。板坯应该被配上电子元件如电阻器、电容器或者微型芯片。这些板坯在加工机器的轨道上行驶到加工机器。每个导体板都有一条个性化的二维码，为了与机器沟通交流，并且告诉机器，必须如何加

---

① CERN 的全称是 European laboratory for particle physics，成立于 1954 年，是世界最大的粒子物理研究中心之一。——译者注

②参见乌尔里希·克劳伊策尔（Ulrich Kreutzer）关于阿姆贝格数字化工厂的文章"99.99885% 的质量"（"99,99885 Prozent Qualität"），刊于 2014 年 10 月的杂志《未来景象》(Pictures of the Future)：www.siemens.com/innovation/de/home/pictures-of-the-future/induautomatisierung/digitale-fabrik-die-fabrik-von-morgen.htm。

工它。假如在一个地方恰好太拥挤了，那么控制系统就会自动地寻找一个空闲的工作岗位。从某种程度上说，工厂已经自动地进行组织。

与此同时，1000多个测量仪实时地记录生产加工过程的全部步骤：比方说，它们搜集产品信息，诸如配备日期或者质量检测的结果。这家电子工厂的厂长、机械制造专业博士卡尔－海因茨·比特纳(Karl-Heinz Büttner)解释说："人们可以跟踪每个产品的简历，直到最小的细节。每天由此产生5000万个记录过程的日期。"这个数字是2000年的1000倍。这些信息同样流入工厂的控制系统，效力于不断采取完善措施的研发部门。

凭借在阿姆贝格公司积累的经验，西门子的专家们于2013年在中国成都将一个几乎一模一样的工厂投产，开始运营。这家工厂事先完全用计算机计划和模拟。在上普法尔茨(Oberpfalz)①，专家们正在苦苦思索着下一步的改进：比如说，现在，质量检测规模越来越频繁地、如此迅速地被反馈给机器，以至于机器几乎可以实时地随后调节，因此能够进一步改进生产，专家们称之为"闭式回圈的优化"(Closed-Loop-Optimierung)。

客户的要求也尽可能直接地汇入生产合同和劳动岗位上，而且，供货商们同样被纳入一个共同的数据管理系统，为了能够从他们的角度提供所需要的零件。在这家工厂里，数字的互联网已经从供货商延伸到了生产商和客户。再过几年，在未来的工厂里，自动采取行动的计算机程序就会彼此澄清，在制造通道上，哪个产品必须以怎样的紧迫性被供货，因此享有优先权。当然，这是以遵守事先规定的生产规

---

① 上普法尔茨(Oberpfalz)位于德国巴伐利亚州。——译者注

数字工厂：在明天的工厂里，首先，产生数字的双胞胎，也就是说，产品和制作工艺会在计算机旁被模拟，并且在虚拟的 3D 世界里被优化。目标是更灵活、更高效地生产制造，更快捷地把新产品投放市场。

则为前提。

　　但是，尽管已经取得了所有这些自动化的进步，比特纳仍然强调说："我们的目标并不是，将来有一天，工厂变得空无一人。"因为人们并非自发地想起这些令人激动振奋的想法：系统如何进一步自我优化。这位厂长解释说：人们不能放弃所积累的经验：每年生产率提高，其中 40% 的功劳要归因于员工们提出的改进建议和合理化建议；其他的 60% 是由于向基础设施投资，即购买新的装配线。

　　在阿姆贝格电子厂，人们已经采用了特殊的生产岛。在那里，人们直接与机器人一起工作。在埃尔朗根设备厂，西门子的同事们几乎用类似的方式工作。这家工厂主要生产电子装置。在这里，人们不断根据产品和被预订的零件数量来决定：我们为此给一台机器编写程序呢，还是由员工完成这项工作？或者是，这个产品由一个轻质结构的机器人与一名员工一起制造，因为，这位员工之前在机器人手臂的引导下，刚刚领会这个机器人？还是涉及制造一个我们可以交给一台 3D 打印机的产品？

涡轮机的部分零件和来自 3D 打印机的汽车座位

在未来，恰恰 3D 打印技术会越来越强烈地改变工业制造过程。[①]零件不用被铣削、铸造或者浇铸。如今，零件可以逐层地被建造。而且，零件并不像以前那样是塑料，而是在此期间甚至是气体涡轮机钢材，这种钢材必须承受发电厂的涡轮发动机内部炽热的高温，达数千个小时。其原理很简单：一道激光束在一个用金属粉打造的机床内，勾勒出人们希望加工的零件的横断面，然后焊接精细的金属颗粒。接下来，放置新出现的零件的平台会被降低，它上面的一个新的、薄薄的金粉层被涂刷，激光开始重新勾勒。三维的结构逐层地开始增加。

激光束通过源自计算机的 3D 模型的数据被控制。这是一种非常直接的途径，即产品如何能够依据计算机数据产生，而且还有带极其复杂的空间形式的数据，它们根本无法用其他的方法被制造出来。比方说，在涡轮机叶片内部，有金丝编织的通风管道，它们负责冷却，

---

①参见 2014 年 10 月刊登在《未来景象》(*Pictures of the Future*) 中关于 3D 打印技术的卷宗，配有解释的视频资料、信息图表和市场分析：www.siemens.com/innovation/de/home/pictures-of-the-future/industrie-und-automatisierung/3d-druckdossier.html。

而且很难被打孔。人们还可以用 3D 打印技术仿造非常轻但很结实牢固的骨头那种精细分叉的结构。对于飞机制造用的轻体材料而言，这些结构往往是人们追求的一个典范。

虽然对于大众产品而言，3D 打印技术在绝大多数情况下都太昂贵，而且太费力难办。然而，对于小系列产品或者单个的产品而言，3D 打印技术却是理想的。因此，在火车、地铁或者城市有轨电车里，总有些配件，我们无法指望仓库会保存它们。可是，一旦这些配件损坏了，或者应该用轻的替代种类重新被制造，那么，这样做成本造价就会最低：扫描这些配件，在必要的情况下，在计算机旁再次加工它们，然后用 3D 打印机打印它们。如果发电厂或者工厂缺少一些重要的配件，那么，用 3D 打印技术的优势就更明显了。一旦设备被关掉很多天，一直等到替代设备到达，那么，费用就会迅速攀升到数百万欧元。一台 3D 打印机可以依据客户提供的数据，就近在客户附近生产配件，这样的 3D 打印机简直就像金子一般珍贵。

奥迪汽车公司负责生产的董事胡伯尔特·瓦尔特尔（Hubert Waltl）认为，对于未来而言，3D 打印技术也完全是汽车工业的重要元素，为了能够尽可能个性化地制造汽车。2015 年秋天，瓦尔特尔接受经济杂志《汽车生产》(Automobil Produktion) 的记者采访时说："比方说，请您想象一下按照尺寸制作的座位，厂商根据事先对顾客的激光扫描，完全为这位顾客自己制造汽车座位。这就是个性化的最大化。"[1]

---

①参见克里斯蒂安·克莱恩 (Christian Klein) 对奥迪负责人胡伯尔特·瓦尔特尔 (Hubert Waltl) 的采访"数据是未来的金子"(Daten sind das Gold der Zukunft)，刊于 2015 年 9 月 29 日《汽车生产》(Automobil Produktion)：www.automobil-produktion.de/2015/09/audi-produktionsvorstand-waltl-daten-sind-das-gold-der-zukunft.

瓦尔特尔还马上指出了其他要素，即他心目中从 2035 年起一家智能工厂的幻景的其他要素："于是，没有驾驶员的运输系统，将不同建造系列的汽车自由地从一站运送到另一站，运送到随便一个接下来的装配阶段，而不是按照高密度被确定下来的时间节奏来运输。彼此联网的机器自动组织，无人驾驶飞机承担紧急配件或者备用件的供给。担任员工助理的机器人知道，员工接下来需要机器人做什么。而且，汽车自动地从大厅里开出来。在智能工厂里，数据是核心的生产因素，而且，就像以往的石油或者金子一样珍贵。到那时，编程密码就会发展成生产中最重要的外语。"

数字的双胞胎将首先诞生

人们称以下的软件解决方案为"产品生命循环管理"(Product Lifecyle Management，PLM)。今天，借助它们的帮助，人们可以在虚拟世界里进行设计、研发和模拟，在哪怕只有一个零件被制作之前，或者在仅仅一个螺丝被投入使用之前。[1] 同时，全世界"产品生命循环管理"的工程师在一个共同的数据环境中工作。多亏有了这种数据环境，他们不必每天不停地下载或者上传数据，或者用电子方式发送数据。此外，他们通过这种方式可以确定，对于所有其他参加者而言，时间相同的改变也是可以被看见的。

首先，在计算机上出现了产品的一种数据双胞胎。产品研发人员和制造专家可以仔细地观看这个双胞胎，视之为三维模型，就像在一

---

① 参见桑德拉·齐斯特尔(Sandra Zistl)撰写的关于"产品生命循环管理"(Product Lifecyle Management，PLM)在西门子使用领域的文章，"制造业的未来"("Die Zukunft der Fertigung")，刊于 2015 年 4 月 13 日的《未来景象》(Pictures of the Future)：www.siemens.com/innovation/de/home/pictures-ofthe-future/industrie-und-automatisierung/digitale-fabrik-plm.html。

家互动的 3D 电影院一样。他们可以在虚拟的空间里旋转它，模拟并优化它的功能，甚至在同样事先用数字计划好的制造环境中测试它的安装。这样，它们能够快速地识别，是否还应该改变什么东西，由此可以缩短 30% 到 50% 从研发一个新的产品到投放市场的关键时间。

通过这种方法，玛莎拉蒂 (Maserati) 成功地借助西门子公司的数字化双胞胎和"产品生命循环管理"软件，将所谓的投放市场的时间压缩到不足 16 个月：在这段时间内，出现了对新汽车以及全部生产线的设计。另外一个例子是"火星转子好奇心"项目 (Mars–Rover–Curiosity)。2012 年以来，它成功地研究了火星这个红色的星球：它最初也作为数字的双胞胎诞生，主要凭借这对双胞胎的帮助，科研人员大约 8000 次模拟极其艰难的登陆火星。因为，在现实环境中，人们无法试验登陆，而且必须一次发挥作用。[①]

问题在于：当有一辆小汽车那么大的 900 千克重的火星转子进入火星大气层时，它以时速 21000 千米的速度前进。它只剩下 7 分钟。它必须在 7 分钟内把运行速度紧急降低到每小时不足 2 千米，以避免损坏许多仪器。为此，研发团队必须在没有人员帮助的情况下实施数百个过程步骤，因为，从地球发出的无线电信号至少需要 14 分钟，才能到达火星。科研人员可以事先用软件精准地模拟，所有在登陆时出现的剧烈颤动和不同材料在大约 1600°C 时极度的温度摆动情况下的热胀冷缩。

---

①参见阿尔图尔·F. 皮泽 (Arthur F.Pease) 撰写的关于"火星转子好奇心"项目模拟的文章"到红色星球的使命"（"Mission zum roten Planeten"），刊于 2012 年 10 月 1 日的《未来景象》(Pictures of the Future)：www.siemens.com/innovation/de/home/pictures-of-the-futuund-software/simulation-und-virtuelle-welten-mars-rover.html。

用虚拟的艺术图像测试工作步骤

然而，人们在电脑上不仅仅可以设计并测试太空飞船、轮船、摩托车、一级方程式赛车或者完全普通的汽车，就连人类本身也成为虚拟世界的组成部分。因此，2015 年，在其"技术日"（Techday）的框架内，戴姆勒公司关于工业 4.0 的主题这样报道虚拟的装配车间。就像一个游戏机用活动控制按钮模仿高尔夫球的跳跃和网球比赛中的击打一样，在虚拟的装配车间里，以假乱真的零件被固定在一辆汽车里。有经验的员工用虚拟的艺术图像来测试这一工作，他们就能够通过这种方法估计，在现实的工厂里，如何能最好地并且最符合人类工程学地完成各种工作，或者评估工作的改进是否有必要。

有人对德国 60% 的机械制造企业进行一项民意测验，该民意测验令人信服地表明，工业 4.0 将改变其未来的工作。与此相适应，目前已经有数百家公司和机构参与了工业 4.0 的平台。[①] 在联邦政府的倡议下，该平台被向前推进，旨在促进知识交流和研究，实现共同的标准和法律法规。除此之外，弗劳恩霍夫协会还和工业数据空间（Industria Data Space）发起了一项倡议，为了使企业能够交流数据，与天气数据、交通数据或者地球数据等公共资源进行简单的交流，这是工业 4.0 的一个重要前提。

在国际上，德国企业在重要的标准化委员会中也能够强势地发挥代表作用。同样，在各种联合中，比如，在 2014 年美国公司诸如通用电气公司（General Electric）、英特尔公司（Intel）、美国商业机器公司（IBM）、思科公司（Cisco）和通信控股公司（AT&T）创立的"工业互

---

①参见德国工业 4.0 平台：www.plattform-i40.de。

联网联合会"(Industrial Internet Consortium) 中，为了在全球范围内推进这个主题。德国中央合作银行 (DZ Bank)2016 年春的一项调查表明，工业 4.0 能够在多大程度上加强德国工业的竞争力：分析师们期待，截至 2025 年，德国经济的生产率能够通过工业 4.0 总共增长大约 12%。在有些行业，比如，在化学工业和机械制造业，对于电子配件的生产商而言，增长率甚至会达到 30%。[①]

什么推动了第四次工业革命？

专家们认为，主要是硬件巨大的效率提升，成为整个工业领域巨大变革的推动力。而硬件效率的提高包括微型芯片的运算功能以及存储功能和交际能力，传感器的成本下降，协作性机器人，在互联网中所有设备的联网，以及越来越智能地分析大数据的能力。

同时，越来越多的数据和应用可以被存储到互联网中即云附件中。使用者可以决定，他们从云附件中可以输出什么，他们在哪里可以动用安装在设备里的功能，如果关键在于机器非常精确的运行时间态度。

但是，人们还几乎无法操纵今天机器已经产生的大数据。单单一台大型燃气涡轮机的数百个测量温度、压力、电流运行和燃气组合的传感器中，每天就产生大约 25 千兆节的数据。在一台医疗用的计算机 X 线断层照相设备中，有 60 千兆节的数据。在"欧洲粒子物理研究所"效力的西门子自动化系列产品的设备"希迈提克"(Simatic) 中，数据为 100 千兆节。单拿德国柏林附近的波茨坦 (Potsdam) 城市交通

---

① 参见卡尔斯滕·克诺普 (Carsten Knop) 的文章"工业 4.0 明显提高生产率"（"Industrie 4.0 steigert Produktivit deutlich"），刊于 2016 年 2 月 17 日《法兰克福汇报》(Frankfurter Allgemeine Zeitung)：http://www.faz.net/aktuell/wirtschaft/industrie-4-0-steigert-produktlich-14071866.html。

管理来说，每天产生的数据就为 1000 个千兆节。

"大数据"(Big Data) 这个口号，今天早就已经成为现实。人们测量越精确，人们制造的数据就越多。"我们简直会让我们的客户在数据中淹死。"西门子公司负责工艺技术的董事、埃尔朗根－纽伦堡大学 (Erlangen-Nürnberg Universität) 机械电子学荣誉教授齐格弗里德·鲁斯乌尔姆 (Siegfried Russwurm) 这样说。[1]"我们所需要的并非大数据，而是智能数据。单单数据本身并没有任何价值。并非数量，而是内容才是关键。"

对于客户而言，只有当人们从数据中筛选出正确的内容时，才会产生真正的增值。而且，或许会通过新的服务产生一个新的商业模式：无论是为了节省能源，还是为了使经营更有利于环境保护，无论是为了降低成本，还是为了加速生产过程，或者使之更灵活，或者为了提高设备的可靠性。[2] 因此，"智能"是我们时代的座右铭：智能手机、智能汽车、智能之家、智能电网、智能健康、智能工厂等，不一而足。几乎没有哪一个技术产品或者哪一个生活领域不应该通过分析大数据而变得更加智能。

然而，数据之间的内在联系经常是错综复杂的，数学家们称这种

---

[1] 参见西门子公司的齐格弗里德·鲁斯乌尔姆 (Siegfried Russwurm) 论及数字化未来的论文，主要刊登于 2015 年 11 月 13 日的《未来景象》(*Pictures of the Future*)：www.siemens.com/innovation/de/home/pictures-of-the-future/industrie-und-fabrik-chancen-der-digitalisierung.html。

[2] 参见沃尔夫冈·豪伊灵 (Wolfgang Heuring) 的文章"为什么大数据必须变成智能数据？"（"Warum Big Data zu Smart Data werden muss"），刊于 2014 年 4 月 13 日的《赫芬顿邮报》(*Huffington Post*)：www.huffingtonpost.de/wolfgang-heuring/warum-big-data-zu-smart-data-werden-muss_b_51330 以及科学卷宗"从大数据到智能数据"（"Von Big Data zu Smart Data"），刊于 2015 年 7 月的《未来景象》(*Pictures of the Future*)：www.siemens.com/innovation/de/home/pictures-of-the-future/digitalisierung-und-software/von-big-data-zu-smart-data-dossier.html。（《赫芬顿邮报》是一个新闻博客网站，兼具博客自主性与媒体公共性，通过"分布式"的新闻发掘方式和以 WEB2.0 为基础的社会化新闻交流模式而独树一帜。——译者注）

情况为高维度的：[1] 很显然，冬天为了取暖而比夏天需要更多的天然气。同样，人们圣诞节期间在家里比在平时上班的时日里有更高的能源需求。然而，当圣诞节恰好在周末而导致休假时间延长的时候，能源的消耗就会上升更多。日历的效应也发挥一种作用。另外，假如温度骤然下降之前，天气一直很热，那么，降温就不会有太大影响；相反，假如天气寒冷有些日子了，房屋的墙壁和屋顶已经冰冷了，那么，突然降温就会有很大影响。因此，一种用于燃气消耗的预测性质的软件工具必须包括记忆效果。

最后，许多内在联系并非线性的。这样，假如风速为原来的二倍，那么，风能就提高不是一个因子"二"，而是为原来的八倍。与此相应，一台风力涡轮机就会提供很多电能。在分析数据时，大多并不涉及线性的、活跃的和高维度的系统，带有巨大的数据量。对于数学家和软件研发人员而言，这就是一项最后的挑战，假如他们想建立这样的模型：它们能最好地再现真实，允许预测，或许还会在运行过程中额外学习新内容。在此，神经型网络和深度学习方法就经常是所选择的方法。

大数据是不够的

然而，人们如何能把大数据变成智能数据呢？为此，人们不仅需要数学方面的分析诀窍，而且还需要一种深刻的认识，也就是认识到，数据意味着什么。人们需要了解产品和设备以及行业和应用。也就是

---

[1]参见 2014 年 10 月的《未来景象》(*Pictures of the Future*) 中关于远程保养的卷宗：www. siemens. com/innovation/de/home/pictures-of-the-future/industrie-undautomatisierung/fernwartung-dossier.html。

说，关键是知道：设备在细节上如何运行，顾客的流程和需求是什么，人们应该运用哪些计算机算法软件，如何最好地评估数据。智能数据不仅应该显示机器里面发生了什么，还应该显示为什么发生，人们能够进行哪些预告，应该从中产生哪些行动。

我们可以通过风力发动机这个例子来很好地、形象地说明。目前，人们在西门子的远程防护中心观测全世界大约 7500 台风力涡轮机。每台涡轮机有 100 个到 300 个传感器，它们主要测量振动或者发动机转动部分的膨胀延伸、被制造产生的电流。异常的摆动或者一种不均匀的运行都会说明，转动部分或者中心轴承部件受损。每天对每台涡轮机的测量会产生大约 200 千兆节的数据。

这些数据首先由计算机系统进行自动评估，但是，在出现异常情况时，即当数据在被定义的范畴之外时，计算机系统就会向人类的专家们发出警报。这种警报大多发生得如此早，以至于防护团队有几天甚至几个星期的时间进行维修。西门子公司以此可以向客户保证其设备确定的可使用状况，这是前瞻性设备防护的很大好处。[①]

这一点不仅适合风力发动机，而且还适合大量其他设备：医院里拍摄 X 射线断层照片的医疗设备、楼房和红绿灯装置，还有发电厂的涡轮机、轮船发动机和火车。西门子公司在其远程防护中心观测大约 30 万台机器和设备：依据那些源自发动机和机器底盘的数据流。专家们不仅可以说明设备目前的运行状况，而且还可以借助预测模型，确定最好的维修时间。这样做很有成效。通过这种方法，西班牙的高铁维拉洛（Velaro）达到 99.9% 的可靠性。在出现晚点超过 15 分钟的情

---

① 参见 2014 年 10 月《未来景象》中关于远程防护的卷宗：www.siemens.com/innovation/de/home/pictures-of-the-future/industrie-undautomatisierung/fernwartung-dossier.html。

况时，高铁运营商"伦菲"（Renfe）会向乘客赔偿全额票款。这是一种非常值得的、强有力的供给，因为，在2300次运行中，这种情况只出现过1次。西门子在此不仅销售火车，而且还销售整包可以高效使用的运输能力。

对于许多设备而言，西门子公司也不用经常派维修保养的工程师到用户现场，而是启用一个新的软件就可以了。然而，对智能数据服务的使用还远远超过了远程防护。这样，工程师们可以将数据分析和学习系统结合起来，以便提高效率，或者减少燃气涡轮机的侵蚀。以风力发动机为例：工程师们可以根据风力，调整发动机转动部分的间隙角度，使之在一定界限内变化，而且让计算机学习，所发的电，其功率如何发生改变。在某种程度上，这是重要的，比如，在风力相同的情况下，苏格兰高地的风力发电设备提供与在德国北部低地平原或者在远离大陆的公海上完全不同的数据结果。

风车位于一个风园（Windpark）的前面还是最后面，数据结果也会有很大差别。当风车位于一个风园的最后面时，会出现前面风车起旋涡的情况。如果通过数据分析、计算机学习方法、模拟和优化成功地做到，在一组有500千瓦安装功率的风园里，挠痒痒似的多抠出哪怕1%的功率，那么，这就相当于一台五千瓦额外的发动机，也就相当于节省几百万欧元的成本。

除此之外，通过智能数据可以提高预测能力：如果风力发动机组运营商知道，在哪种天气预报中，风车的旋转部分必须处于什么状态，简言之，他必须如何操控一台涡轮机来发电，那么，他就可以更好地预测，他的整组风力发动机什么时候能够向电网提供多少功率的电。人们已经依据丹麦奥弗斯霍尔（Offshore）一个巨大的风力发动机组的数据，测试出一个相应的分析模型。该分析模型凭借已经学会的、过去的数据，依据风速、温度和空气湿度的预报，预测该风园在未来三天的发电量，准确率大约 7%。[①]

潜在可能的发电厂和软件代理

对于未来的能源体系来说，这些预测能力将越来越重要。德国在千年之交时有数百家中型和大型发电厂提供电力。而如今，电网上已经主要有 150 万个非核心的能源制造设备：屋顶上的太阳能模板、风力发动机、水力发电厂、有机燃料发电厂、地热发电厂或者住宅区域供热 (Blockheiz) 发电厂等。此外，将来还会有电动汽车的蓄电池或者充电装置以及天然气和热能存储器，还有大量设备既可以充当发电设备，又能作为电的消费者亮相。出现了能源网络，具有朝所有可能方向发展的能源流。

这种趋势使明天的能源体系极其复杂，这将是一个很大的挑战：使能源保持安全、清洁，而且使用户支付得起能源费用，尽可能平衡供给和需求。在这个问题上，一个关键的因素就是，随时都知道某个地方在接下来的几个小时和几天内会需要和消耗多少能源。智能电表和智能电网在此发挥最重要的作用。这种智能电网的一部分是潜在可能的发电厂，它们联结小型设备，共同开发小型设备制造能源的市场。同样，软件代理，即独立行动的计算机程序，会以其主人的名义，在

---

① 参见阿尔图尔·F. 皮泽（Arthur F.Pease）2014 年 10 月 1 日的文章"预测的科学"（"Die Wissenschaft der Prognosen"）：www.siemens.com/innovation/de/home/pictures-of-the-future/digitalisierung-und-software/kuenstliche-intelligenz-die-wissenschaft-der-prognosen.html，以及 2014 年 10 月的《未来景象》(*Pictures of the Future*) 中人工智能的卷宗：www.siemens.com/innovation/de/home/pictures-of-thefuture/digitalisierung-und-software/kuenstliche-intelligenz-dossier.html。

潜在的能源市场发挥作用，并且商议最好的价格。[①]

明天的电动汽车不仅时刻与互联网及其车主的智能手机联系在一起，以了解其旅行目的地及喜爱的场所；这些电动汽车还了解时下的能源价格，参与能源市场，充电或者在电价上涨时，再把电输送到电网上，通过这种方式来赚钱。同样的道理适用于智能楼房和智能家居。它们也能通过屋顶上的太阳能电池和地下室里的蓄电池发电，储存电，然后向电网卖电。将来或许还会有热存储器和燃气制造设备。科研人员已经致力于研究被安装在大楼上的模块，它们借助太阳光和空气中的二氧化碳，制造能源的分子比如甲醇，将之作为生物驱动燃料。[②]

今天的"热惰性房屋"（Passivhäuser）[③]有保温做得很好的窗户、墙壁和屋顶，并且有可以回收热能的空调。与30年前相比，这种房屋需要的采暖能量已经减少了90%。甚至还有"增加能源的房屋"（Energie-plus-Häuser），它们制造的能源多于它们消耗的能源。但是，同样用智能的楼房技术，能量的消耗已经降低了30%到50%：智能的楼房技术为此使用传感器，它们测量，是否有人在一个房间里，然后再调节暖气、灯光和通风。除此之外，一栋智能楼房还可以自动地从互联网上获取天气预报：比如说，在第二天之内有热气流接近，

---

①参见塞巴斯蒂安·维伯尔（Sebastian Webel）关于智能电网和能源联网的文章"在通往动态网络的路上"（"Auf dem Weg zum dynamischen Netz"），参见2014年10月1日《未来景象》（*Pictures of the Future*）：www.siemens.com/innovation/de/home/pictures-of-thefuture/energie-und-effizienz/smart-grids-und-energiespeicher-uebersichtsmart-grids-und-energiespeicher.html。

②参见蒂姆·施罗德（Tim Schröder）的文章"人工的光能合成——从二氧化碳中提取原料"（"Künstliche Photosynthese aus Kohlendioxid Rohstoffe gewinnen"），刊于2014年12月19日的《未来景象》（*Pictures of the Future*）(19.12.2014)：www.siemens.com/innovation/de/home/pictures-of-the-future/forschung-und-manage ment/materialforschung-und-rohstoffe-co2tovalue.html。

③又叫被动式房屋（Passivhäuser），这种房屋的能源主要来自阳光照射以及房屋内用具和人本身产生的能量，不需要主动提供能量。——译者注

那么，大楼就已经缓慢地调低暖气温度，因为在墙壁、地板和屋顶上储存了足够的热量。

一切都变成智能的

在未来，智能家居也越来越好地适应其居民的需要和习惯，了解它们的行为，具有前瞻性地调解新鲜空气、灯光氛围和所希望的芳香。有些传感器会监控活力值，并且在紧急情况下发出警报。服务类机器人会越来越多地承担清洗、游戏、朗读和烹调、采购等任务。在家里，也会有越来越多的器具设备彼此之间并且与外部世界联结成网络。在此，智能的数据利用、一种安全可靠的通信以及国际标准的发展都是决定性的成就因素。这些趋势都并非偶然：中国最大的互联网公司集团阿里巴巴想要为居家发展网购。谷歌在 2014 年花费 32 亿美元购买了智能家居企业"鸟巢实验室"（Nest Labs）公司，该公司主要研发自我学习的调温器。

最后，所有智能系统（智能家居、智能汽车、智能电网）未来将成为一个智能城市的一部分。其最重要的任务是，尽可能高效地分配和使用现有的资源。为了这个目的，大量传感器数据通过能量消耗和水消耗以及通过交通数据或者一种信息体系中有害物质的数值进行汇总。在这里，研究人员进行分析和预测，提出优化建议，并且保证能源网络、飞机场或者计算中心等重要的基础设施。在维也纳第 22 区的湖边城市阿斯佩恩（Aspern），奥地利人正在建造目前这种智能城市的一个先驱，据说这里将来会有 20000 人居住，并且会有 15000 个办公岗位。[①]

通过物联网，也就是温度感应器和灯光与活动传感器在一栋大楼里会彼此联网，将来会出现各种系统的联结。因为，气候系统和空间管理都是一栋楼房整个体系的一部分，而这部分又是许多大楼联盟的一部分。大楼在智能电网中彼此联网。而这又是智能城市的一部分。所有这些系统都被多重地联系在一起，并且彼此交叠。它们通过互联网服务提供有关以下内容的信息：它们能够做什么，应该如何使用它们，而不是仅仅提供数据。

这样一来，数据的细节也可以被广泛地保存在设备或者系统中。只有少数其他系统需要的关键数据必须被传输，保存他处（比如作为应用软件 App）。那些对于安全而言重要的信息或者那些运营商想要保存的信息，可以被保存在机器里。在自动化和智能的、由机器进行的数据分析取得的所有进步中，主要提出了一个重要的问题：人留在什么地方？在将来，还有哪些工作能够而且必须由人来完成。

---

① 参见阿尔图尔·F. 皮泽（Arthur F.Pease）关于阿斯佩恩(Aspern)作为智能城市的文章"一个世界水平上城市发展规划项目"（"Ein Stadtentwicklungsprojekt auf Weltklasseniveau"），刊于 2015 年 9 月 18 日的《未来景象》(Pictures of the Future)：www.siemens.com/innovation/de/home/pictures-of-of-the-future/digitalisierung-und-software/von-big-data-zu-smart-data-aspern-stadtentwicklungsprojekt.htm。

第九章　市场和工作：谁来从事明天的工作？

人还能做什么？

马克·拉拉斯已经变成了一位身材臃肿的、接近60岁的男人。显然，这位和我一起创建我们公司的软件天才一直忠实于他的偏好。2020年，他就已经主要食用比萨饼、炸薯条和其他快餐。他因此能通宵达旦地熬夜工作。我们当时能够非常迅速地辨认遗传基因部分，并且借助这些遗传基因部分不得不开始激活我们研究的菌类的黑色素，这一切都要归功于他的数据分析方法。天啊，这些病菌！

"马克，我……"

他打断我的话，根本没有注意我要说什么。他还像以前那样冲动。

"嘿，你对这里这个令人发疯的工厂有何看法？这种玩意儿你以前肯定从来都没有看见过！"他拍打着自己的头，然后发出嗡嗡的大笑声。

一直站在我们身旁的施泰凡·温格尔撇着嘴笑。

那好吧，那就稍微聊一聊。"马克，施泰凡，你们在这里干什么呢？你们说说看。"马克很自豪地说："我在这里领导一个软件开发团队。我们主要研发神经芯片的软件。液态计算机算法软件、极端学习、随机的干扰，对付这些东西，我们当年的编程技巧就像是来自石器时代一样。"他一边说着，一边指着离我们最近的一台机器人，好像他想用手指戳破机器人一样："我们如何做到，让这些金属板制作的脑袋尽

246

可能高效率地学习呢？我们如何控制它们的注意力呢？我们如何让它们实现目的，尤其是让它们执行规则呢？你知道的，我们研究这些问题。我们毕竟不希望，机器人不知道在什么时候伤害我们！"他有些气喘吁吁，……这在30年前就意味着，他的一段话陷入了停滞状态。

"那么你呢，施泰凡？"

"我负责培训类似人的机器人。你在这里根本就看不见这些类似人的机器人。我们后面有专门的房间安置它们。过一会儿我想带你到那里瞧一瞧。我们使用像萨曼塔和那边的机器人一样的特优机器人时，还需要很多手工操作。"

他用手指了指我们身旁的墙上一幅镶相框的照片。照片上有一个身穿黑色连衣裙的年轻女人。她站在一座敞开的坟墓前，她身边站着两个类似人的机器人。她用额头黑色的发带扎起她黑色的长发，她的面部表情棱角分明，她看上去几乎像一个印第安人。有一些毋宁说传统的工作机器人和配备平顶的、不锈钢脑袋的居家机器人站在她周围。可是，它们和她一样，戴着黑色的披肩或者黑色的头巾。

"这是谁？"

"你是说那位女性吗？她是我们的头儿，塞丽娜·默拉里斯(Selina Molaris)。其他的是我们研发的第一批类似人的机器人。"

我有些惊愕。"什么？你们有一个如此年轻的头儿？她最多不过20岁。"施泰凡会心地微笑着说："准确地说，她只有17岁。这就说来话长了。[1]就像古希腊悲剧一样悲惨，或者就像莎士比亚的悲剧一

---

[1]谁想更多地了解关于里斯科姆机器人的黑暗历史，请在我的未来恐怖小说中找到答案：乌尔里希·艾伯尔(Ulrich Eberl)：《未来的犯罪现场——当机器人醒来时》(*Tatort Zukunft Wenn die Roboter erwachen*)，2014年亚马逊创造空间（Amazon Createspace）和电子书(Kindle)，以及我的博客：www.zukunft 2050.wordpress.com。

样悲惨。我下一次讲给你听。我们为此需要一个夜晚和一瓶上好的红葡萄酒。"

我点了点头，又指了指那幅照片。"那里除了她以外只有机器人，假如我没看错的话。难道在你们这里就再也没有其他人工作了吗？"

"哦，这仅仅是专门的照片截图。在这个葬礼上，还有许多人——而且，这里也不是没有人的工厂。对于传统的机器人的生产而言，我们虽然只在质量检测部分需要人类员工。但是，在楼上几层办公区域里，有大量的人类员工：在营销、服务、测试、设计和软件等部门，当然，还有在研发新的机器人类型的部门。"

马克几乎打断他的话："我们最近两年新聘用了 100 名员工。"他热情兴奋地说："全都是高素质的专业工人。"

施泰凡补充说："但是，我们还解雇了 60 人，在这方面，你必须实话实话。"

马克嘟囔着说："可是，他们大多没有通过进修课程的结业考试。"

这两个人的争执让我很走心。难道他们根本就没有改变吗？"你们两个说一下……其他话题。我需要你们的帮助。无论如何我要调查清楚，我当年到底犯了什么错误。这件事让我心神不宁。为什么会发生那场灾难？"

施泰凡的样子，看上去仿佛我突然给他拳击手般重重的一击。他最后嗫嚅道："因为你的衣服上到处都是病菌的孢子。"

马克气喘吁吁地说："天啊，这事已经过去 30 年了！早就被遗忘，被原谅了。"

我一直很执拗："可是，对我而言，仿佛就在昨天。"

马克目不转睛地盯着我看，好像他要给我施催眠术一样。他做了一个让我安静下来、但是又给人无助感的手势："是的，我理解。"这时候，他把手放到我的胳膊上说："嘿，老伙计，我真的不知道，当时发生了什么。我刚巧开车度假去了，当时就为了躲避二月份的寒冷。"

施泰凡插话说："我当时正在进修。我星期天时还在泰内里法(Teneriffa)给你打过电话。当时你说过，你周末在实验室，一个人。"

他说的没错。现在，我又回忆起来了。我当时还想办点儿什么事。有点儿急事。可是，什么事呢？那么，为什么后来这些病菌孢子被释放出来了呢？这件事让我感到不安。马克的下颌颤抖了一下，然后，他摇了摇头说："很抱歉，丹尼尔，我真的不能再说了。你干脆忘记这件事吧。我们现在进入了 2050 年，不是 2020 年。抱歉，现在我不得不去参加团队商讨会了。如今，我也不是自己编写软件，大多数情况下无论如何……好吧，我们正在研究……"他撇嘴笑了笑，稍微摆了摆手，然后，就大步流星地、急急忙忙地走开了。

施泰凡抓起我的轮椅："丹尼尔，来，你就别再这么折磨自己了。你必须想点儿别的事。我现在给你看一下，人们现在如何培训类似人的机器人。"

创造性的头脑与机器人合作

美国企业"高德纳"(Gartner)集团公司[1]的市场研究人员认为，智能机器的时代将会导致信息技术时代历史中最大的变革。目前，技术变革已经造成了雇员的不安：因此，当英国在 19 世纪初采用纺织机时，爆发了攻击机器的纺织工人起义，这些纺织工人担忧自己丧失社

---

[1]高德纳集团公司(Gartner Group)是 1979 年成立的第一家信息技术研究和分析公司。它为有需要的技术用户提供专门服务。——译者注

会地位和特权。在 20 世纪 80 年代，也出现了大规模的抗议。当时的人们抗议在汽车制造厂里采用机器人，抗议在印刷厂里采用计算机控制的方法。

榨取、焊接、油漆和印刷，所有这些工作实际上都由机器取代了，就像过去织布、农业中的犁地和收割后来被机器取代一样。许多人不得不寻找新的工作：比如说，根据"国际数据联合会"（International Data Corperation）的调查研究，目前全世界有大约 1850 万软件研发人员，这种职业在 20 世纪 80 年代实际上还根本不存在。那么，事情现在该如何继续发展呢？在接下来的几十年里，我们还会遇到什么呢？

许多迄今为止的商业模式今天已经遭到质疑：出租车因为网上约车服务平台"优步"（Uber）而失去了其乘客。宾馆因为空房出租服务型网站"爱彼迎"（Airbnb）①公司而失去了其房客。CD 盘销售者因为正版流媒体音乐服务平台如"斯伯提菲"（Spotify）②而失去听友。印刷厂和书店因为电子书而失去读者。现在有了维基百科，谁还会拿起布鲁克豪斯（Brockhaus）词典查阅呢？有了网上酒店预订和网上转账，谁还会进旅行社和银行呢？而哪位医生没有抱怨过，患者通过互联网调查，往往比他这位医生自己还了解疾病呢？

这些过程发生了巨大的变化，但是，人的需求一直是一样的。虽然今天的年轻人因为有了最大的视频网站"优兔"（YouTube）和在线影片租赁提供商"网飞"（Netflix）公司而可以随时随地看电影，但是，他们依然渴望那些讲得好的故事。他们通过音乐服务平台听歌。

---

①爱彼迎（Airbnb, AirBed and Breakfast ）是一家联系旅游人士和家有空房出租的房主的服务型网站，它可以为用户提供多样的住宿信息，即"民宿"出租。——译者注
②瑞典的音乐服务平台"斯伯提菲"（Spotify）是全球最大的正版流媒体音乐服务平台之一。——译者注

但是，他们对音乐的消费并不比他们的上辈人少。如今，人们甚至比以往更快捷而且更频繁地交往了，方法是：通过即时通信和微博，还通过通信应用软件"瓦茨普"（WhatsApp）、阅后即焚照片分享软件"色拉布"（Snapchat）和推特，通过分享平台如照片分享软件"照片墙"（Instagram），或者社交网络，比如，脸书、"醒"（Xing）①和商务化人际关系网"领英"（LinkedIn）。至于获得新鲜事，人们或许宁愿通过其社交网络中朋友们的介绍、"社会化杂志"免费应用软件"红板报"（Flipbord）②这种联动装置、通过他们喜欢的博主，或者通过引人注目地被打开的媒体门户网站，例如，美国的新闻聚合网站"网络口碑馈送"(Buzz Feed)，而不愿意通过传统的报纸和杂志。但是，新闻、闲聊和八卦的声音与以前一样红火。

几万亿欧元的新市场

不过，对于数字革命而言，在以往几次技术革命中并不存在的因素却是至关重要的：一种数字产品可以很实用地在全世界范围内几百万倍甚至几十亿倍地被复制和传播，却没有任何质量损失，几乎是零成本。这不仅适用于文本数据、音乐数据或者视频数据，而且还适用于翻译语言、分析图片内容或者操控机器人的软件。这使得数据变革如此强大有力，并且，在其速度方面恰恰是爆炸性的。在明天的世界中，更重要的是把数据当成商品寄送到全球。

那么，我们在包罗万象的数字化和智能机器时代还能期待什么呢？首先，工业分析师预测，会出现许多具有高增长机会的新市场。

---

① "醒"（Xing）是德国负责找更好的工作、紧张刺激的交往和有启发性新闻的平台。——译者注
②这是一款免费的应用程序，它整合"脸书"和"新浪"媒体上的内容，以杂志的形式呈现。——译者注

单单对于在本书第八章中讲过的智能技术（包括智能大楼、智能能源、智能工厂、智能健康、智能运输和智能安全）而言，专家们就预测，在接下来的几年里，每年的市场总体量达到超过一万亿欧元，会出现许多新的商业模式。美国网络电子杂志《有线网》（$Wired$）的联合创始人凯文·凯利（Kevin Kelley）这样表达这一点："我们可以很容易地预测未来一万个新企业的商业计划：请您选取 X，然后，请您再加上人工智能。"[1]这句话简直涉及一切和每个人。[2]

在认知计算机方面，在通过庞大的数据识别图形以及自己从中得出结论的自主学习的软件方面，德国数据联盟（Bitkom）预计，截至2020 年，全世界每年的营业额为大约 130 亿欧元。提供高品质市场调查报告、电子报以及会议咨询之大型市场调查公司。"大型市场调查公司"（BCC Research）[3]的市场研究人员甚至预测，截至 2024 年，智能机器的世界市场会增长到 390 亿欧元——它们把这理解为专家体系、神经型网络、数字助理和自动机器人。[4]

由于有"国际机器人技术联盟"（Internaional Federation of Robotics，IFR）的精确统计，我们恰恰可以更精确地掌握机器人的数

---

①参见凯文·凯利（Kevin Kelley）关于人工智能的文章"最终在世界上解开人工智能的三大突破性思想"（"The Three Breakthroughs That Have Finally Unleashed AI on the World"），刊于 2014 年 10 月 27 日的《有线网》（$Wired.com$）：www.wired.com/2014/10/future-of-artificial intelligence。

②参见霍尔加·施密特（Holger Schmidt）2015 年 9 月 27 日博客中一篇关于未来工作的、全面的好文章"网络经济"（"Netz konom"）：https://netzoekonom.de/2015/09/27/die-jobs-der-zukunft-hauptsache-digital。

③"大型市场调查公司"（BCC Research）以美国为据点，提供高品质的市场调查报告、电子报以及会议资讯。——译者注

④参见吉塔·洛灵（Gitta Rohling）关于人工智能的市场的文章和图表"自己就是机器"，刊于 2014 年 10 月 1 日的《未来景象》（$Pictures\ of\ the\ Future$）：www.siemens.com/innovation/de/home/pictures-of-the-frung-und-software/kuenstliche-intelligenz-fakten-und-prognosen.html。

字。[①]2014 年，全世界有大约 150 万个工业机器人在使用中，这个数字到 2018 年可能会增长到 230 万个。2014 年就创纪录地销售了 23 万个工业机器人，市场价值达 100 亿欧元。工业机器人最大的市场是中国、日本、韩国以及德国和美国。2014 年，在全世界范围内，单单汽车工业就安装了几乎 10 万台新的机器人。

在中国，目前恰好正开启一种跳跃式增长的自动化：这样，与 2013 年相比，2014 年已销售的工业机器人的数字提高了 56%。我们可以预测，这个趋势还会持续下去。因为，在中国各个行业中，每一万名工人才有 36 个机器人；而在韩国，每一万名工人已经有 478 个机器人，日本 315 个，德国 292 个，美国 164 个。美国在几十年内忽视了其工业基础。几十年过去后，美国目前正开启一种再工业化的趋势，因此，美国目前的机器人市场以每年大约 11% 的比例增长。德国机器人市场的比例为 10%，紧随美国之后。在估计大约 1850 亿欧元的整个工业自动化市场中，德国已经达到一个很可观的比例。

除了工业机器人以外，在此期间，服务性机器人市场也繁荣兴旺。根据"国际机器人技术联盟"的统计数据，目前，服务性机器人的销售额为每年大约 60 亿欧元。在专业领域里，机器人的使用范围从农业机器人到仓库里的物流机器人，再到水下和太空研究机器人、矿山开采中的机器人，还有军事技术方面的无人驾驶飞机。除此之外，2014 年，还有几乎 500 万个小型机器人被销售给个人：主要用于吸尘、割草、房屋和花园监控以及娱乐。残疾人的助理机器人市场特别火爆：这些助理机器人的数字在 12 个月内上升了 5 倍。根据"国际机器人技

---

①参见"国际机器人技术联盟"的统计：www.worldrobotics.org und der Stand am 30.09.2015：www.worldrobotics.org/index.php?id=home&news_id=283。

术联盟"的调查，截至 2018 年，全世界有大约 5000 万个服务性机器
人投入使用。

一个机器人的时薪：在 6 欧元以下

人力工作岗位是否会被机器人取代？在工业领域里，这在很大程度
上取决于劳动成本。因此，日本尼桑（Nissan）公司很大力度地使用机器
人。而在印度的尼桑汽车制造厂里，汽车还大多由廉价的人工劳动力安
装。截至 2015 年，霍斯特·瑙伊曼（Horst Neumann）担任大众汽车集
团负责人力资源的董事。他非常清楚地算了一笔账：如果按照运行时间
35000 个小时来计算，在大众汽车制造厂，今天的一个机器人包括其运营
成本费用在 10 万到 20 万欧元，这意味着，每个小时的费用是 3 到 6 欧
元。①

相反，在德国的汽车工业中，一名工人的费用是机器人费用的 10
倍，接近每小时 50 欧元。而在中国，工人每小时的工资在 10 欧元以
下。因此，瑙伊曼的计算说明，就连在中国，从长远来看，使用机器
人慢慢也变得是值得的。在中国台湾，自 2010 年以来，劳动成本甚至
翻了一番多。因此，以下情况也就不足为奇了：② 像"富士康"技术集

①参见尼考劳斯·道尔（Nikolaus Doll）的文章，里面有大众汽车集团霍斯特·瑙伊曼（Horst Neumann）
的观点"机器－同事的时代开启了"（"Das Zeitalter der Maschinen-Kollegen bricht an"），刊
于 2015 年 2 月 4 日的德国《世界报》（Die Welt）：www.welt.de/wirtschaft/article137099296/Das-
Zeitalter-der Maschinen-Kollegen-bricht-an.html，以及斯文·阿斯特海莫尔（Sven Astheimer）的
文章"计算机取代了人吗？"（"Ersetzen Computer die Menschen?"）刊于 2015 年 8 月 6 日的《法
兰克福汇报》（Frankfurter Allgemeine Zeitung）：www.faz.net/aktuell/wirtschaft/smarte-arbeit/
roboter-ersetzten-menschen-wie-wir-in-zukunft-arbeiten-13736124.html。
②参见米歇尔·坎（Michael Kan）的文章"富士康的执行总裁变卦，在工厂里让机器人接管工作"
（"Foxconn's CEO backpedals on robot takeover at factories"），刊于 2015 年 6 月 25 日的
《台式电脑世界》（PC World）：www.pcworld.com/article/2941132/foxconns-ceo-backpedals-on-
robot-takeover-at.html。

团（Foxconn Technology）这样的企业宣布，在五年内，将由机器人承担 30% 的人工劳动。目前，富士康集团雇用 120 多万名员工，为苹果公司制造智能手机和平板电脑。

不过，专家们并不担心会出现空无一人的工厂。通过与机器人的合作，生产流程会变得更加符合人类工程学。也就是说，年迈的工人会更容易操作机器人，尽管在操作内容上要求更高。将来，车间里的师傅就不是那位最好的手工业者了，而是那一位：他知道，必须如何用数据控制程序，奥迪汽车集团负责生产的董事胡伯尔特·瓦尔特尔如是说。将来的工人必须能够很熟练地与平板电脑和传感器打交道，就像他们能够很熟练地使用今天的机床一样。将来也不能放弃真正的专家，因为他们经过多年的工作，已经获得了达到非常详细程度的知识，而机器很难达到这种详细程度：汽车工业的师傅们能看见金属板上最细小的凹陷，或者能听到发动机轰鸣声中一声轻微的震颤。于是，他们的直觉会告诉他们，什么地方不正常，必须进行修理了。

然而，数字革命涉及的可远远不局限于产业工人。原因是：在此期间，不仅仅事关手工劳动自动化问题，而且还首先涉及这个问题：机器替代了人类简单的思维工作。今天，计算机就能够根据被测量的仓库库存量，自动补充商品。而再过几年，软件甚至能独自举办拍卖会。西门子集团负责技术的董事齐格弗里德·鲁斯乌尔姆说："计算机到时候会把一个工件的数字模型举在空中，然后问：'谁在下星期五向我提供一千个这样的工件？价格是多少？'"①

---

①参见约翰内斯·温特尔哈根(Johannes Winterhagen)对西门子集团的齐格弗里德·鲁斯乌尔姆(Siegfried Russwurm)的采访"每个人都了解大数据"（"Big Data kann jeder"），刊于 2015 年 1 月的《德国电气工业中央协会安培杂志》(ZVEI-Zeitschrift AMPERE)：www.zvei.org/Publikationen/AMPERE-1-2015.pdf。

所有活动的近一半都可以实行自动化

如今，在许多国家，绝大多数职业人员在服务行业工作：在美国，这个比例是 80%，在欧洲是 70%。因此就出现了这样一个事实：目前，智能机器学习看书、写字、说话和理解、识别图片以及分析大数据，即我们国民经济的核心。2013 年，两位英国剑桥大学的科学家卡尔·B.弗雷（Carl B.Frey）和米歇尔·A.奥斯本（Michael A.Osborne）在他们的研究报告《未来的就业》（*The Future of Employment*）中调查了美国 700 多种职业，看看它们在多大程度上受到人工智能的威胁。这两位科学家得出一个可怕的结论：在未来 20 年内，所有职业领域的 47% 都很可能（受访专家中的 70% 这样认为）面临被机器取代的危险。[①]

在关键的问题上，弗雷和奥斯本绘制了三个比色图表。它们各自从较小的自动化可能性到较高的自动化可能性。刻度表"感知与操纵"涉及这种能力：在错综复杂的环境中正确地行动。外科医生处于这个刻度表的末端，这就意味着，外科医生不用担心，将来会有机器人抢夺他的工作。而清洁工、食品售卖员、公共汽车司机、卡车司机、仓库管理人员或者手机销售人员处于刻度表的另一端，他们的工作很可能要让位给机器人。在第二张刻度表"创造性"方面，相应的职业，例如，时装设计师、建筑设计师和科研人员受到的危害较小，而律师助理、会计、信贷分析师以及仅仅接受委托或者输入数据的工种，则会受到很高程度自动化可能性的威胁。第三个刻度表"社会的智能"

---

① 参见 2013 年 9 月弗雷（Frey）和奥斯本（Osborne）的研究报告《未来的就业》（*The Future of Employment*）：www.oxfordmartin.ox.ac.uk/downloads/academic/The_Future_of_Employment.pdf（ZVEI 的全称是：Zentralverband der Electechnischen Industrie，指德国电气工业中央协会。——译者注）

涉及谈判、说服他人或者涉及教学与培训职业以及护理职业。将来的社会也会需要市场营销专家、教师和社会福利领域的工作人员。而收银员或者洗碗工这类工作不太需要社会的智能，因此，机器人能像人一样完成这些工种的工作。

尤其受到正在到来的自动化浪潮冲击的是，那些从事例行工作的人，无论是在生产流水线上，还是在办公室里或者管理、物流和个体经营方面。以往的律师助理要在所有的判决卷宗里翻找材料。如今有了智能搜索引擎，可以汇集重要的资料。既然如此，那么，现如今，还有哪一位律师有必要聘请助理呢？在互联网贸易中，还有多少人在清点库存、绘制销售统计表或者补订经常被购买的产品呢？既然一种高效率的图像处理可以观察人体组织的检验结果，确定是否为癌细胞，那么，谁还会聘用从事这项工作的实验员呢？既然一位雇员花39美元买个软件，就能解决纳税疑问，那么，哪位雇员还会去找税务顾问咨询纳税方面的问题呢？至少在美国，目前已经有17%的税务顾问因此而失去了他们的工作；在德国，错综复杂的纳税体系似乎更好地保障了税务顾问的职业。

既然例行公事的职业消失了，因为它们被计算机和机器人取代，那么，这同时也就意味着，更加错综复杂而艰巨的任务留给了人们。他们的日常工作会因此而比现在更密集，给人更大的压力，而且，人们要承担更大的责任。我们以一家银行为例：计算机承担了简单的咨询、支付钱款和预约等工作，客户在互联网上办理业务，等于也承担了上述工作。人们只有在涉及诸如投资咨询或者贷款申请等更复杂的业务时，才会要求银行职员服务。然而，即便涉及这些业务，也由计算机系统进行例行公事的调查。而工作人员的任务就是，了解顾客的需求，向顾客解释特定的产品。

建造房屋和写文章的机器人

然而，即便在人们不一定期待机器人的领域，机器人在未来也会是有威胁的：澳大利亚"快砖机器人技术"（Fastbrick Robotics）公司研发的建筑机器人"哈德良"（Hadrian）仅仅在两天内就建造了一整栋房子，误差只有0.5微米。而建筑工人要盖一个房子需要几周的时间，就更不用说精准程度了。建筑机器人"哈德良"看3D的建筑图纸，用其28米长的机械臂抓取瓦片，把灰浆抹在上面，然后冷静地一块石头一块石头地往上砌，丝毫没有感到疲惫。①

记者们也获得竞争对象。最迟从2014年3月17日起，计算机算法软件"雷神之锤机器人"（Quakebot）在几分钟内就为《洛杉矶时报》（*Los Angles Times*）撰写了一篇关于一次正在发生的地震的报道，并且在网页上发表了这篇报道。② 然后，其人类的同事留下后续报道、视频资料和评论，以丰富该报道。但是，"雷神之锤机器人"的反应比任何一位记者都快速。这还给《洛杉矶时报》带来一个好处：在搜索引擎中，该报总是第一个被提及。在此期间，像美国企业"自动化观

---

① 参见帕德里克·施洛伊德尔（Patrick Schroeder）的论文"澳大利亚机器人'哈德良'在48小时内盖房子"（"Australischer Roboter Hadrian mauert Haus in 48 Stunden"），刊于2015年7月1日的《德国工程师网》（*Ingenieur.de*）：www.ingenieur.de/Branchen/Bauwirtschaft/Australischer-Roboter-Hadrian-mauert-Haus-in-48-Stunden。

② 参见尤利安·迈特拉（Julian Maitra）的文章"机器人记者们已经在我们中间"（"Die Roboterjournalisten sind schon unter uns"），刊于2014年5月15日的《世界报》（*Die Welt*）：www.welt.de/128017233，还可参见洛伦茨·玛萨特（Lorenz Matzat）的文章"究竟何为机器人新闻报道？"（"Was ist eigentlich Roboterjournalismus?"），刊于2014年3月17日的《数字新闻》（*Datenjournal*）：http://datenjournalist.de/was-ist-eigentlich-roboterjournalismus-teil-1-was-die-softwaremaschinen-koennen-werden。

察"(Automated Insights)开发的"文字能手"(Wordsmith)程序这种书写机器人，或者德国"艾克希亚"(aexea)公司研发的 AX 程序，每年书写几十亿个文本，关于电影预算、交易所信息、天气或者足球比赛。

其特殊之处不仅在于，软件根据数据库信息，像变魔术一样，非常迅速地幻化可阅读的文本，而且还在于个性化的可能性。如果计算机认识到，在哪儿运用一个网页，它就会以迅雷不及掩耳的速度精确地提供那篇文本。这个文本是为读者的地点量体裁衣准备好的，无论现在涉及地方的天气预报，还是涉及乡镇委员会的选举结构，抑或涉及当地手球协会的比赛。这些年来，同样被个性化的还有基金会的文本，基金会借助书写程序，以非常贴近个人习惯的方式通知客户：它们用什么策略将客户的钱用于投资，基金会以后将如何发展。

慕尼黑路德维希·玛克西米利安大学(Ludwig-Maximilian-Universität)的一项研究表明，读者阅读"机器人新闻记者"写的文章，没有任何问题。唯一被测量的区别在于：读者觉得，人类记者写的文章读起来更有人情味儿。而相反，他们甚至觉得计算机生成的文本更客观，更可信。这种发展逐渐会显示，它最终是否会殃及岗位，或者说，向记者们敞开了机会，使计算机从事他们例行公事的工作，而他们自己则有更多时间进行深入研究，进行充分的分析，撰写充满情感的通讯报道，或者进行优质的访谈。

艾米丽·贝尔(Emily Bell)曾任英国杂志《卫报》(Guardian)数字化内容部门的负责人。她现在是美国纽约的哥伦比亚大学教授。她无论如何坚信，新闻报纸和杂志的品牌即便在将来也仍然会保留下来，尽管较少以纸媒的形式发表，而更多出现在数字世界中。她说，人们一直都会需要那些对于人类而言有用的并且会帮助他们的重要的、具有核心意义的信息。然而，为了实现这个目标，出版社必须不断地建设，增强数据能力：视频专家、编程人员、应用软件 App－经理、以及互动和进行解释的图表。[1]

令人惊讶的是，就连艺术家将来也要面临与计算机算法软件的竞争。德国图宾根大学 (Tübingen) 的物理学家、神经科学教授玛蒂亚斯·贝特戈 (Matthias Bethge) 与他的同事们一起教授一种神经型的网络，让它学习区分图片中的内容和风格，然后将它们重新组合。[2]这样做的效果是：比方说，系统可以把一张照片输入到计算机里，然后用康丁斯基 (Kandinsky)[3]、凡·高 (van Gogh) 或者蒙克 (Munch)[4]的风格画这张照片。计算机系统没有创造新的绘画风格，却可以在现存的绘画风格基础上设计随便的画。以相似的方式令人感到惊讶的是，音乐计算机"库里塔"(Kulitta) 取得的成就：一项调查表明，听众并

①参见米歇尔·玛尔蒂 (Michael Marti) 对艾米丽·贝尔 (Emily Bell) 的采访"报纸是坚韧的，它们缓慢地死去"("Zeitungen sind zach Sie sterben langsam")，刊于2015年11月1日的《日报》(Tagesanzeiger)，www.tagesanzeiger.ch/wirtschaft/konjunktur/zeitungen-sind-zaeh-sie-sterben-langsam/story/18115145。
②参见拉尔斯·盖德 (Lars Gaede) 就绘画的计算机进行的采访"图宾根的博士生们解释，如何创造一种进行绘画的神经型网络"("Tübinger Doktoranden erklren, wie man ein neuronales Netzwerk zum Malen bringt")，刊于2015年9月17日的德国《有线网》(Wired.de)：www.wired.de/collection/latest/so-bringt-man-einem-neuronalen-netzwerk-das-malen-bei。
③康丁斯基 (Kandinsky, 1866-1944) 是俄罗斯现代艺术的伟大人物之一，现代抽象艺术在理论和实践上的奠基人，其绘画作品对勋伯格 (Schoenberg) 的影响颇深。他于1896年前往慕尼黑，师从施笃克 (Stuck)，他是"蓝色骑士"画派的创始人之一。他1910年首次创作无景物画。他强调富有动感的对色彩的想象，将彩色的几何图形与强调方向的线条结合起来，以此传授对空间和运动的想象。——译者注
④爱德华·蒙克 (Edvard Munch, 1863-1944) 是挪威表现主义画家、版画复制匠，现代表现主义绘画的先驱。其绘画带有强烈的主观性。——译者注

不能区分，一段音乐到底源自人还是源自计算机的算法软件。[1]

那么，这种发展的精髓是什么呢？"麦肯锡全球研究所"(McKinsey Global Institute)预测，在接下来的十年内，智能机器主要会使得全世界1.1亿到1.4亿的"知识工人"的内容和方向实现自动化，或者至少强烈改变其内容和方向。"麦肯锡研究所"的分析师们推算，这种自动化的经济效益是每年每人3万到6万欧元，尤其通过节省能源和提高生产率。其结果就是，每年大约六万亿欧元，这是一个庞大的数字，这大约相当于德国国内生产总值的二倍。[2]

涉及雇员的中间层次

正如麻省理工学院的两位经济学家和管理学研究者艾瑞克·布莱恩卓尔弗森(Erik Brynjolffson)和安德鲁·迈卡菲(Andrew McAfee)在他们合著的书《第二个机器时代》(*The Second Mashine Age*)[3]中描绘的那样，这次数字革命首先会涉及雇员中的中间层次，而不会波及高端人才，但也不会冲击收入微薄的人。在可预测的时间内，高端人才还不会被机器取代；而用机器取代收入微薄的人，其成本造价也太高。只要其劳动力比购置机器及其运营成本低，他们就会保住他们

---

[1]参见音乐计算机"库里塔"(Kulitta)的网页：http://donyaquick.com/kulitta，以及吉姆·谢尔顿(Jim Shelton)的文章"你永远都不会知道，那不是巴赫的音乐（甚至不是任何人类创造的音乐）"["You'd never know it wasn't Bach (or even human)"]，刊于2015年8月20日的《耶鲁新闻》(*Yale News*)：http://news.yale.edu/2015/08/20/you-d-neverknow-it-wasn-t-bach-or-even-human。

[2]参见"麦肯锡研究所"2013年5月28日的报告：www.mckinsey.com/global_locations/europe_and_middleeast/russia/en/latest_thinking/smart_computers。

[3]参见艾瑞克·布莱恩卓尔弗森(Erik Brynjolffson)和安德鲁·迈卡菲(Andrew McAfee)合著的书《第二个机器时代：下一场数字革命将如何改变我们的生活》的德语译著《下一场数字革命将如何改变我们的生活》(*Wie die nächste digitale Revolution unser aller Leben verändern wird*)，普拉森出版社(Plassen Verlag)，2014年。

的工作。

这同样也会导致，收入的剪刀差会进一步加大：高端人才收入丰厚；而那些处于中游的人只能选择：通过不断学习精进，努力工作，向上提升，或者下滑到大量薪水低的人群中。机器引发的财富增长不会惠及绝大多数人。[①] 这也是以下情况的原因之一：越来越多的经济研究者要求一种无条件的底薪，或者一种企业让利性质的缴税，这是一种自动化的股息红利，它由创造价值产生。经济学家们通常把这种企业让利贬低地称为"机器税"。那些通过计算机或者机器人合理化地取消劳动岗位的公司，必须通过让利性质的缴税分担社会福利的压力。

即便在 2016 年全世界政治和经济精英齐聚一堂的达沃斯(Devos)世界经济论坛上，大会主办方选择的议题都不仅仅涉及难民运动、战争、金融危机和气候变化，还涉及数字化、机器人技术和人工智能的影响。诺贝尔经济学奖获得者，耶鲁大学的罗伯特·J.席勒(Robert J.Schiller)教授认为，人们不能等待，直到出现大规模的社会摒弃，而是必须现在就变得积极主动："人们不会等到房子都烧毁了才去签房屋火险合同。"[②]

预言预测了哪些针对德国的巨大变化呢？假如人们把"弗雷

---

① 参见阿尔图尔·F. 皮泽(Arthur F.Pease) 对艾瑞克·布莱恩卓尔弗森(Erik Brynjolffson) 的采访"数字化能够创造价值或者毁灭价值"（"Die Digitalisierung kann Werte schaffen oder vernichten"），刊于 2014 年 4 月 2 日的《未来景象》《*Pictures of the Future*》：www.siemens.com/innovation/de/home/pictures-of-the-future/digitalisierung-und-software/von-big-data-data-zu-smart-data-interview-brynjolfsson.html。
② 参见罗伯特·J. 席勒(Robert J.Schiller) 在 2016 年"达沃斯世界经济论坛"上宣读的关于第四次工业革命的报告：www.weforum.org/agenda/2016/01/four-nobel-economists-on-biggest-challenges-2016，以及关于 2016 年"达沃斯世界经济论坛"的报告：http://www3.weforum.org/docs/WEF_AM16_Report.pdf。

和奥斯本研究"（Frey-Osborne-Studie）[1] 转换到德国状况上，那么，在今后 20 年内，会有 1800 多万雇员受到机器和软件的威胁。[2] 但是，曼海姆"欧洲经济研究中心"（Zentrum für Europäische Wirtschaftsforschung，ZEW）的经济学教授霍尔加·伯宁（Holger Bonin）领导的研究团队更精确地审视过"弗雷和奥斯本研究"的数据。[3] 一方面，科研人员们强调，"弗雷和奥斯本研究"谈论的是人们从事的工作而非职业：虽然劳动岗位会发生很大变化，但还不一定被废除。在将来，人们也会从事很难实现自动化的工作，例如，设计、操控和监控机器，更不用说通过新的市场和要求产生的新工作了。另一方面，在布莱恩卓尔弗森和迈卡菲的研究中，问题涉及这种可能性：一种工作可以通过技术实现自动化。但是，这项研究还没有考虑到，使用这些技术也会遇到法律、社会或者经济层面的障碍。总而言之，"欧洲经济研究中心"的科学家们得出结论：根据德国今天的技术状况，大约 12% 的职业人员即 500 万人经常从事可能实现自动化的工作。

但是，他们也没有必要产生恐慌心理：过去的发展经验表明，大部分人在其常规工作消失的情况下，会在相同职业中找到新的任务。但是还存在一个问题：有大学文凭的从业人员所从事的工作有 25%

---

①经济学家卡尔·本内迪卡特·弗雷（Carl Benedikat Frey）和机器学习专家迈克尔·奥斯本（Miachael Osborne）是牛津大学马丁学院的研究员。他们量化了技术创新对失业潜在的影响，并且根据自动化的概率，对 702 个职业进行了排名，涵盖了自动化风险最高和自动化风险最低的职业。——译者注

②参见托比亚斯·凯泽尔（Tobias Kaiser）的文章"机器会排挤 1800 万雇员"（"Maschinen könnten 18 Millionen Arbeitnehmer verdrängen"），刊于 2015 年 5 月 2 日的《世界报》（Die Welt）：www.welt.de/140401411。

③参见"欧洲经济研究中心"的霍尔加·伯宁（Holger Bonin）2015 年 4 月的文章"弗雷-奥斯本研究转换到德国"（"bertragung der Frey-Osborne-Studie auf Deutschland"）：http://ftp.zew.de/pub/zew-docs/gutachten/Kurzexpertise_BMAS_ZEW2015.pdf。

实现自动化的可能性，而有博士文凭的从业人员所从事的工作实现自动化的可能性只有18%。但是，只接受过很少教育的人，他们所从事的工作被自动化取代的可能性却高达80%。在德国受到冲击最大的是管理人员，如会计、采购员或者订单管理人员。托马斯·鲍恩汉斯尔（Thomas Bauernhansl）是工业制造专业的教授，斯图加特"弗劳恩霍夫生产技术与自动化研究所"（Fraunhofer Institut für Produktionstechnik und Automatisierung）所长。他认为，"在这些领域中，所有雇员的一半将不得不寻找新的工作"。

美国科尔尼管理咨询公司（A.T.Kearney）[①]的企业顾问在其"德国2064年——我们的孩子的世界"倡议框架内尝试，让"弗雷和奥斯本研究"适应德国状况。他们也得出结论：在未来20年内，数百万人会受到工作模式的影响；之后，尤其受到冲击的将有办公室和秘书工作室中的270万人，销售和美食领域的210万人，170万人的企业经济学家、会计和银行职员，还有40万在物流和仓库保管领域工作的人员。[②]

工作回归，并产生新的工作

然而，通过数字革命会同时产生多少新的工作呢？鉴于许多不可

---

①美国科尔尼管理咨询公司(A.T.Kearney)于1926年在芝加哥成立，经过80多年的发展，科尔尼咨询已发展为一家全球领先的高增值管理咨询公司。科尔尼在所有主要行业都拥有广泛的能力、专门知识和经验，并且提供全方位的管理咨询服务，包括战略、组织、运营、商业技术解决方案和企业服务转型。科尔尼公司在全球38个国家和地区、55个商业中心设有分支机构，在全球拥有超过2000名咨询顾问。——译者注

②参见科尔尼（A.T.Kearney）的网站"德国2064年——我们的孩子们的世界"（"Deutschland 2064 Die Welt unserer Kinder"）：https://www.atkearney.de/web/361-grad/deutschland-2064。

权衡性，这一点几乎无法用数字来表达。因此，有些科学家认为，甚至有些因为低工资的缘故而搬迁到中国和印度的劳动岗位，现在又返回来了，尤其是那些智能机器可以承担的劳动岗位。安德鲁·迈卡菲说："到人员素质最好的那些地方去，那里有教育层次高的人，而且有最大的市场。"到那时候，高薪发挥的作用就更小了。更重要的是，人们在客户附近，而且能够尽可能灵活并符合个性地制造。还有，人们能够很好地使用机器。因此，凯文·凯利(Kevin Kelly)针对明日的雇员做了一个简单的比喻："他们将来的薪水取决于，他们能够在多大程度上与机器人合作。"

在波士顿咨询公司(Boston Consulting)做的一项关于工业4.0的调查报告中，23个不同的工业领域中的40个职业被调查。调查报告的结论是：到2025年，在德国，通过数字化甚至会产生100万个新的工作岗位。与此同时，会有61万个工作岗位消失。会保留39万个新劳动岗位这种积极的差额。齐格弗里德·鲁斯乌尔姆对此也持乐观态度："我们已经很好地经历过第三次工业革命。今天在德国，我们有很强大的工业基础，我们达到前所未有的低失业率。"实际上，在德国，工业创造的价值占整个经济成果的比例为23%，这已经是英国、法国或者美国的两倍还多。德国工业重要的支柱，例如，汽车工业、机械制造、电子技术或者化学工业都属于世界顶尖水平。这些工业支柱在智能机器时代也有很好的机会，会继续保持世界顶尖水平。

受教育程度与自动化可能性之间的内在联系

我们已经能够看到这一点：聪明地使用新技术，这会加强德国工

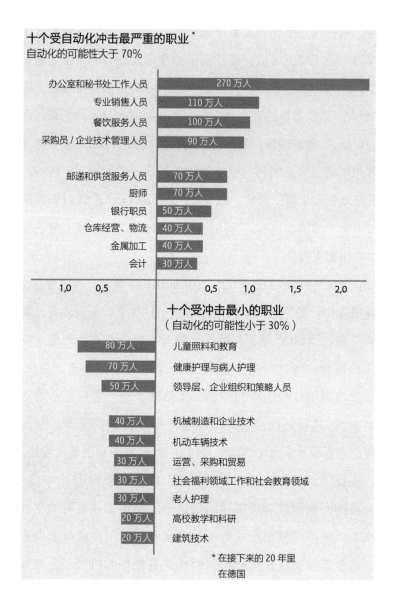

受到威胁的工作：在德国未来的 20 年里，具有很高的常规工作比例的职业活动会尤其受到自动化的冲击，这些职业包括，会计或者收银，还有保险、银行或者在秘书行业。同样，仅仅以很低的文凭为前提的工作也会受到冲击。

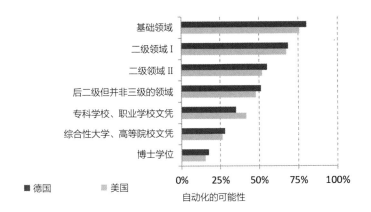

业的世界竞争力，甚至以此保障劳动岗位。[1] 恰恰具有最高的机器人使用密度的国家（例如，韩国、日本和德国），其失业率非常低。此外还有，根据"贝尔特斯曼基金会"（Bertelsmann Stiftung）的一项调查，到 2050 年，处于就业年龄者的数量（没有算移民到德国的人数）会从今天的 4500 万人减少到 2900 万人。[2] 我们据此可以得出两个结论：一方面，会出现劳动岗位平缓的减少，这不一定就意味着失业率更高；另一方面，德国应该针对新移民，着力打造尽可能好的职业培

---

①参见米利亚姆·霍夫迈耶尔(Miriam Hoffmeyer)就劳动的未来问题主要对"德国工程院"(acatech)主席、截至 2009 年任"系统、应用和数据处理中的产品"软件公司"萨普"(SAP)董事会主席海宁·卡格尔曼(Henning Kagermann)的采访"机器人，请您接管吧！"（"Roboter，übernehmen Sie!"），刊于 2016 年 1 月 9 日的《南德意志报》(Süddeutsche Zeitung)：www.sueddeutsche.de/karriere/zukunft-der-arbeit-roboteruebernehmen-sie-1.2807971 (acatech 全 称 为 Deutsche Akademie der Technikwissenschaften e.V，即"德国工程院"，创立于 2002 年，总部设在慕尼黑。"德国工程院"是德国工程技术界的最高荣誉性、咨询性学术机构，由院士组成，对国家重要工程科学与技术问题开展战略研究，提供决策咨询，致力于促进工程技术事业的发展。——译者注），（SAP 的全称是 System,Applications，Products in Data Processing,指"系统、应用和数据处理中的产品"软件公司。——译者注）

② 2015 年 3 月 27 日贝尔特斯曼基金会 (Bertelsmann Stiftung) 的新闻报道：www.bertelsmann-stiftung.de/de/presse/pressemitteilungen/pressemitteilung/pid/arbeits markt-braucht-kuenftig-mehr-einwanderung-aus-nicht-eu-staaten。

训。

同样的道理也适用于本国的雇员：明日的工作关键取决于正确的职业培训和继续教育。虽然经济不仅需要数据专家、安全专家、机器人工程师和软件研发人员，但是，谁学习机械制造或者电子技术，谁就应该知道，人们用软件能做什么，反之亦然。恰恰在今天的职业领域之间，还有很大的白色空白点。

例如，生物芯片的研发：谁要想创造在人体中测量或者发挥作用的微型芯片，谁就不仅要懂得微电子技术和通信技术，而且还要懂得医学和生物学。人们今天几乎无法找到这种培训课程，但是，这些培训课程将会非常必要。或者，至少是一种跨专业的"嗅进来"，进入另一种大学专业，以便将来从事医学、生物学和电子技术的工作人员能更好地彼此沟通，而不至于彼此毫不相干、风马牛不相及地交谈，互相不懂对方的专业领域。

另一个例子就是对机器人本身的研发：既然未来的机器人应该能阐释语言、手势和表情，为了保证尽可能直觉的操作，那么，机器人的设计师们就必须不仅掌握机器人技术，而且还知道，人们如何彼此沟通交流，人们如何建造对使用者具有高度友好态度的机器，专家们称之为"使用者经验"(User Experience)或者"使用能力"(Usability)。比方说，慕尼黑工业大学以"机器人技术、认知、智能"的专业设置，朝着人工智能的能力建设这个方向迈出了第一步，这是为计算机专业、电子技术专业和机械专业的学生共同设置的一门课程。

潜在的团队，创造性和对整体问题的思索

工作程序本身也将发生变化：终生的学习会变得不可放弃。在什

么地方以及什么时候完成工作，这已经失去了意义。人们司空见惯的结构会被打破，潜在可能的团队会在全世界结成网络地工作，自由职业者的比例会明显提高，会出现越来越多跨公司的和跨界的工作模式：在此，"人群工作和云工作"成了新的时尚用语。

其实，早在中小学里，对于教育而言，问题的关键就是，主要涉及促进创造性以及情感和社会的智能，而且在团队中找出共同的解决办法，完全按照古老的说法"知识是唯一在分享时会增加的领域"。然而，人们为此不仅必须建设语言的综合能力，而且还要建设文化的综合能力。比如，如果一个由美国人、德国人和中国人组成的团队不能很好地合作，那么，其原因大多绝非在于语言知识，而是在于跨文化的误解。

美国人经常会有一种"让我们试试看"的性格特征，他们会简短地、直接地、互动地沟通交流。德国人做事更系统，偏重缜密分析，而且更烦琐。中国人首先想建立一个关系网，他们很少直截了当地谈问题，而是尝试通过许多解释过程来澄清问题。同样，对等级制度、性别角色或者少数民族的态度也经常是迥然不同的。人们可以很早就学习与这些问题打交道，比如，通过在学校进行角色扮演来学习。

同时，还有一点很重要：在智能的机器时代，纯粹的事实知识变得越来越不重要。学生们必须更多地学习，能够正确地与事实打交道，评价它们并且对它们进行归类。人们在互联网词典上也能够查阅，"三十年战争"(der Dreißigjährige Krieg)① 是什么时候发生的，各路元帅占领了什么。更重要的是梳理分析，为什么会产生冲突，它们

———————————

① "三十年战争"指欧洲多国由于宗教纷争引起的 1618-1648 年在德国进行的战争，给德国造成巨大损失。——译者注

直到今天对中欧诸国产生哪些影响。或者我们以机器人和人工智能为例：它们将带来哪些变革，人们不仅应该在技术专业领域讨论，而且同样在伦理、哲学、历史、经济和社会学领域进行讨论。

　　事关整体思维和理解，不太涉及细节方面的知识。教育的目标必须是，把孩子们教育成独立的、创造性的并且不墨守成规的人。以下的现象肯定不是偶然的：谷歌的创始人拉里·佩奇（Larry Page）[1]、谢尔盖·布林（Sergej Brin）[2]，亚马逊的创始人杰夫·贝佐斯（Jeff Bezos）[3]，艺术家弗里顿斯莱希·百水（Friedensreich Hundertwasser）[4] 或者诺贝尔文学奖得主加夫列尔·加西亚·马尔克斯（Gabriel Garcia Márquez Montessori）[5]，他们都曾就读于那些将孩子们的个性列入教育中心的中小学。这些学校的教师还帮助孩子们，按照他们自己的节奏发展和继续学习。

　　印度信息技术有限公司"印孚瑟斯"（Infosys）的董事长维莎尔·希卡（Vishal Sikka）在 2016 年达沃斯"世界经济论坛"上强调："数字革命最大的挑战肯定是，改造我们长达三百年的教育体系，已经

---

①拉里·佩奇（Larry Page,1973-）出生于美国密歇根州一个犹太家庭，父母都是计算机科学教授。1998 年 9 月 4 日，他在斯坦福大学就读时与谢尔盖·布林在车库里创造了后来谷歌的雏形。——译者注
②谢尔盖·布林（Sergej Brin,1973-）出生于莫斯科犹太家庭，他与佩奇想出了在互联网上寻找信息的方法，并决定放弃在斯坦福大学的学业，将其想法商业化。1998 年 9 月 4 日，布林从一位斯坦福校友（Sun）的共同创始人 Andy Bechtolsheim 那里顺利地拿到了第一笔投资 10 万美元。他和佩奇靠这笔投资，在朋友的一个车库里，开启了谷歌的征程。——译者注
③杰夫·贝佐斯（Jeff Bezos,1964-）出生于美国新墨西哥州，毕业于普林斯顿大学。他创办了全球最大的网上书店 Amazon（亚马逊），并成为经营最成功的电子商务网站之一，引领时代潮流。——译者注
④弗里顿斯莱希·百水（Friedensreich Hundertwasser,1928-2000）是奥地利画家、艺术家。他以其色彩斑斓的彩色绘画与交织缠绕的线条延续了奥地利"青春艺术风格"的传统。他凭借传播生态学的社会责任感探究建筑学，在此基础上改建了维也纳和德国几个城市的建筑。——译者注
⑤加夫列尔·加西亚·马尔克斯（Gabriel Garcia Márquez Montessori,1927-2014）是哥伦比亚作家、记者和社会活动家，拉丁美洲魔幻现实主义文学的代表人物，20 世纪最有影响力的作家之一。他于 1982 年获得诺贝尔文学奖，其代表作为《百年孤独》。——译者注

不适应快速的数字变革的要求。"她的讲话赢得雷鸣般的掌声。她还说："在综合性大学和中小学里，人们讲授关于世界的情况时强调它过去是什么样子的，而不是强调，世界会变成什么样子。"[1]

创造性是关键。尽管计算机和机器人越来越多地向人们今天在职业上所做的工作学习，然而，绝大多数专家却坚信，人类即便在将来也依然是不可替代的：作为操控者和思想家，他们用他们的智慧和创造性规定，机器应该做什么，而且要照料到所有计算机算法软件无法单独完成的工作。安德鲁·迈卡菲说："一台机器并不知道健康的人类理智。机器并不知道，什么没有任何意义，它也并不知道，它下一步应该解决什么问题。虽然许多创造性的工作得到计算机的支持和加速，然而，没有任何活动被计算机提出倡议和推进。"

除此之外，在与其他人谈判、鼓动他们并且说服他们这方面，人们要明显比机器出色。当机器减轻人们从事常规化工作的负担时，这也向人们开辟了全新的自由，去做他们能更好地完成的事情，或者一直想做的事情，比如，关心同类人、照顾他们，向他们表现关注，以及从事研究，发展游戏－实验性质的新事物，或者从事手工劳动和艺术创造。如果说，这些都是纯粹的人类的能力，那么，我们应该重新思考其价值：普遍而言，这些工作今天获得的报酬要比那些如今越来越多地也能由机器从事的工作得到的报酬要少得多，这是为什么呢？

---

① 参见卡尔斯滕·克诺普(Carsten Knop)的文章"这是数字化的最大挑战"（"Das ist die groesste Herausforderung der Digitalisierung"），刊于 2016 年 1 月 24 日的《法兰克福汇报》（*Frankfurter Allgemeine Zeitung*）：www.faz.net/aktuell/wirtschaft/weltwirtschaftsforum/ weltwirtschaftsforum/weltwirtschaftsforum-in-davos das-ist-die-groesste-herausforderung-der- digitalisierung-14031777.html。

并非与机器进行对抗赛，而是和机器一起奔跑

麻省理工学院的经济学家艾瑞克·布莱恩卓尔弗森还把另一个观点纳入讨论中："我们并非与机器进行对抗赛，而是必须学会，与机器一道开始。"[①] 他指出，如今，国际象棋世界冠军已经不再是计算机，也不是人，而是一个由机器和计算机程序组成的团队：一个所谓的半人半马的怪物。在自由风格的象棋比赛中，人类的选手听从下棋的计算机向他们推荐的棋局，但是，他们有时候也会偏离推荐，不采纳计算机的推荐。同样，人们通常在汽车里会听从导航系统的路线推荐，但是，如果人们了解隐蔽的小路，或者知道交通在哪些特定的路段会堵塞，人们就会决定选择另一条路。

人类最优秀的国际象棋选手、挪威人玛克努斯·卡尔森(Magnus Carlsen)也用计算机程序进行下棋训练，并且以此获得比他之前任何人都高的分数。凯文·凯利说："既然人工智能能够帮助人们，成为更好的国际象棋选手，那么，我们就可以很容易假设，计算机系统也能够帮助我们，成为更好的飞行员、更好的医生、更好的法官、更好的教师。"或许，与机器交流甚至会帮助我们成为更好的研究者、更好的艺术家、更好的哲学家，非常笼统地说，就是成为更好的人。或许这根本就不难，我们为此只需要学习，与智能机器相应地合作。

然而，我们不应该不假思索地做这些工作。因为，不仅我们的工作岗位处于危险中，机器人和智能的计算机算法软件也会以非常庞大规模地干涉我们的社会体系，威胁我们的安全，这是我在下一章要详细探讨的内容。

[①] 参见艾瑞克·布莱恩卓尔弗森 2013 年 4 月的谈话"与机器的团队工作"（"Teamwork mit den Maschinen"）：www.youtube.com/watch?v=sod-eJBf9Y0。

第十章　杀人机器人和超级智能：我们有机会对抗机器吗？

朋友还是敌人？

萨曼塔和我又坐进电动出租车里。我依然沉浸在思索中，施泰凡·温格尔训练类似人的机器人时向我展示的内容强烈地吸引着我。他带我走进一个房间，在房间里，他的一个同事正和一个看上去很喜欢运动的类似人的机器人并肩站立，进行训练。他们正在两个正方形的传动带上奔跑，施泰凡称之为"魔力毯子"，因为这种毯子可以精确地补偿运动：如果机器人和人向前走动、跑动或者跳跃几步，那么，传动带就会向后运动同样的距离。假如他们向右运动，那么，地毯就朝左即相反的方向运动，在这个房间里，他们总是留在原来的地方。

同时，这两位都戴着一副数据眼镜。我们看到他们前面的墙壁上显现的风景区，他们正穿越这片风景区慢跑。特殊之处在于：人和机器人完全同步运动。在学习循环的过程中，人的活动及其手势和表情都被精准地转换到机器人的操控系统中。施泰凡解释说："类似人的机器人通过这种方法学习，它必须怎样在哪种情境中活动。而且，它的活动变得流畅多了。"我慢慢地明白了，为什么萨曼塔给人酷似人的感觉。

然而，我还发觉，在我新的人生最初的几个小时内，我的所见所闻多么令我疲惫。所以，当萨曼塔最后建议，乘车返回康复中心时，我很高兴。当我们的电动汽车在一个建筑工地旁的红绿灯前不得不停下较长时间时，我累得差点儿闭上眼睛。可是，突然，外面的东西引起了我的注意：两只闪烁蓝黑色光的蜻蜓快速地拍打着双翼，在我们的汽车旁飘浮，似乎在用它们的大眼睛观察着我们。

"它们可真大。"我嘟囔着说，"太漂亮了。这种蜻蜓我以前从来没见过。"

萨拉曼塔像念教科书一样地说："蓝翼华丽蜻蜓(Calopteryx virgo)。"然后，她又迟疑了片刻说："但是，这里的两个不是蜻蜓，它们是无人驾驶飞机。它们额头上的两个眼睛是小照相机，它们的眼睛后面有红外线探测器、运动通报器和一个卫星导航仪。在它们身体的后面安装一个天线。"

这太罕见了。"它们在观察我们吗？"我皱着眉头说，"它们正在发射信号。"

萨曼塔证实说："但是，移动通信已经被编码了。"

我突然又变得异常清醒。我出事的时候也是星期天，我当时也感觉受到了监视。我突然闪过一个念头……"萨曼塔，您能与那个超级智能的Aleph-1联系一下吗？"

"Aleph-1不是超级智能。这是21世纪初的设计方案，它并不合适：一种人工智能，在任何方面它都应该远远超过人类……"非常罕见的是，萨曼塔的声音听起来突然带有情绪，几乎是愤怒，"Aleph-1仅仅是一种非常快速的、语义学上的搜索引擎。"

"是的，是的，不管它是什么。"我缓和语气说，"我只关心，当时在汽车里，就在我发生事故之前，是谁给我打了电话。这一点可以在侦查卷宗里查到吗？"

"对此我们并不需要 Aleph-1。"萨曼塔回答。她的语气听起来有些受到伤害。"这个案子已经结了，但是，您可以查阅卷宗。稍等片刻，我有全权，可以让您看到卷宗。"她沉默了一秒钟，然后说，"这个电话来源于一个没有登记的手机，它在出事地点附近上网。"

"没有更多信息了吗？警方知道，我当时是否被跟踪了呢？""打电话的人没能被查到。警方没有……跟踪"她停顿了一下，"被拒绝接触。卷宗刚刚被从网上移开了。"

"什么？现在，就在此刻？"

"是的。"我们面面相觑。我感觉，我能在她的眼睛里看出某种惊愕的眼神。很显然，有一个人在监视我们，确切地了解我们的活动，而且，似乎在捣毁我们的这些活动。于是，一切突然进展非常迅速：电动出租车经过了工地，又重新加速，就好像自然而然地朝左行驶，开上了逆向行驶的车道。我们同时听到，车门被锁死了。

"萨曼塔！"

看上去，她好像要给平平的仪表盘催眠一样，或许，她正在尝试，通过无线电联系车辆的控制。然后，她用手指敲打着汽车侧部，唤起显示屏。手动输入目的地，自我诊断，紧急下车……什么都不好使了。"它在考虑，是在英国。车辆已经切换到了左侧行驶。"

"什么？"

自动驾驶的出租车现在以时速 90 千米的速度行驶，在转弯时也几乎没有减速。在一个左侧的转弯处，我们看见树木之间有另一辆汽车正朝我们飞速行驶。那辆汽车在公路上比我们自己的车辆速度还快。我痉挛地蜷缩在我的轮椅上，眼前浮现出一场汽车事故毫无新意的场面。但是，就在两辆汽车发生碰撞之前，车闸发出刺耳的声音，我们的出租车向右打方向，疾驰过去，在另一辆汽车旁呼啸而过。然后，我们的那辆似乎发了疯的电动汽车突然又返回右侧车道上。

我喘息着，萨曼塔却保持镇静。"避免碰撞的功能没有被关闭。这也根本就不好使。"她说，"这两辆汽车联系上了，为了避免一起车祸。"

"那汽车为什么又回到右侧行驶了？"

"根据调节数据也看不出这一点。现在地图又好使了。"

"萨曼塔，刚才有人想杀害我们！他对我们的汽车进行了黑客攻击，现在，他或许认识到，这种攻击没有奏效。"

她点了点头。她承认："这是一种可以想象的可能性。"

"我们到底要去哪里？这并不是回康复中心的路。这是……"

我永远都不会忘记这条蜿蜒的路。"前面就是那个下坡，我当时……"

这个类似人的机器人突然似乎在思索什么。她说："那条岔路已经被封锁了。在这段时间，人们修建了另一条路。"就在这个时刻，我们的汽车穿过了封锁线的塑料栏杆，在我如此熟悉的路上继续行驶。

"啊，我的天啊！"电动出租车又转了一个弯，然后，干脆停了下来。它也不能继续行驶了，因为，在我们的面前，有倒下的大树封住了道路。在旁边的山坡上有两个伐木机器人，正在锯断一些几乎死掉的、高大的山毛榉树。这些机器根本就没有看到我们。它们没有看到我们，我们可以做何感想？难道它们没有摄像头吗？如果它们继续这么做，那么，接下来的树木就会在已经被锯倒的树木旁边倒下，也就是说，会砸向我们的汽车！

"萨曼塔，我们必须在这里下车！"她没有任何反应，车门被锁死了。

"萨曼塔！"突然，她的眼睛看上去很空虚。见鬼，这里到底是怎么了？为什么这些电子的金属箱子都不再做它们应该做的事了？我把我的轮椅推向汽车的背部，然后抓住轮椅的靠背，通常在靠背后面堆放着行李。在这里，正如我推测的那样，有一种紧急后备厢，里面有纱布。而后面，简直令人难以置信，尽管到了2050年，居然还有千斤顶！我抓起这个笨重的金属块，猛烈地挥动手臂，用尽我全身的力气，向汽车的侧门砸过去。玻璃碎了，砸了几次之后，门也开了。

我纵身一跃，从汽车里滚了出去，只有几米。然后，我的轮椅就倒了，我躺在森林里的地上，就像一只后背着地的甲壳虫。我的双臂和我的右腿不由自主地抽动着。我用眼角的余光看到，萨曼塔此刻也下了汽车，并且朝我缓慢地走了过来。可是，她在干什么？她没有过来扶我进轮椅，推我走出这片危险地带，而是弯下腰，捡起那个从我手中滑落的千斤顶。

她目不转睛地看着那个千斤顶，仿佛第一次看见这样一个金属块，然后，她朝我这边看来——天啊，仍然是这种空洞的眼神！她挥舞起拿着千斤顶的胳膊，然后……

"萨曼塔！！！"

假如计算机算法软件接管控制

2015年7月，记者安迪·格林贝格（Andy Greenberg）经历了每个汽车司机的梦魇。正如他在技术杂志《有线网》（*Wired*）中所描写的那样，[①] 他当时以110千米的时速在美国圣路易（St.Louis）附近的

---

① 参见安迪·格林贝格（Andy Greenberg）的文章"黑客冷淡地谋杀高速公路上的一辆吉普车——而我就在吉普车里"（"Hackers Remotely Kill a Jeep on the Highway With Me in It"），刊于2015年7月21日的《有线网》（*Wired*）：www.wired.com/2015/07/hackers-remotely-kill-jeep-highway。

高速公路上行驶，突然，空调以高压向汽车里面吹冷气，收音机以极大的音量在播放嘻哈音乐，雨刷器向风挡玻璃喷洒大量的水，致使他完全看不清前方。然后，他的脚刹失灵了，切诺基(Cherokee)吉普车完全没有了速度，只是在超车道上缓慢爬行。后面的车辆使劲按汽车喇叭，时间不长就构成了尖叫的汽车喇叭音乐会。同时，吉普车的数据显示屏上显示出两个面目狰狞的黑客的影像：查理·米勒（Charlie Miller）和克瑞丝·瓦莱塞克(Chris Valasek)。

安迪·格林贝格感觉非常不舒服，尽管他认识这两个人，而且，人们也谈论过这起引发轰动的汽车黑客事件：米勒和瓦莱塞克是安全专家，他们想要让汽车工业敏感地注意到黑客攻击造成的危险。他们俩成功了，因为，从此以后，几乎再也没有任何汽车经理敢说，在其公司里，这种情况在安全设计方案中是不可能的。米勒和瓦莱塞克通过吉普车的互联网联系、通过通常的聊天控制往来电话和导航系统，他们得以通过无线电干预汽车里面相应的微型芯片，并且改写其固定安装在汽车里的软件，即所谓的公司软件。由此，他们就可以通过内部的通信网络"控制器局域网总线技术"(CAN-BUS)①向重要的元件，例如，发动机控制发出控制信号。

最后，黑客只需要了解这台切诺基吉普车的IP地址，就可以通过他们的笔记本电脑很舒服惬意地控制这辆吉普车。尽管他们相距数千米，但是，由于有了同样被传输的卫星全球定位系统(GPS，Global Position System)数据，他们随时都知道，这辆汽车位于什么地方。

---

① CAN-BUS即"CAN总线技术"，全称为"控制器局域网总线技术"（Controller Area Network-BUS）。该技术最早被用于飞机、坦克等武器的电子系统的通信联络上。将这种技术用于民用汽车最早起源于欧洲。在汽车上。这种总线网络用于车上各种传感器数据的传递。——译者注

记者格林贝格写道，尽管他对后来发生的事并非没有准备，但他还是感觉，自己就像是一个供数字碰撞测试用的假人一样，他再也无法控制机动车辆。在一个没有州际高速公路危险的汽车停车场内，米勒和瓦莱塞克向他显示，他们还动了刹车，干预了操纵，甚至能够完全关闭发动机。在这次引起轰动的试验结尾，这辆吉普车在道路旁的壕沟处停下来。

该测试提醒汽车生产商菲亚特－克莱斯勒(Fiat Chrysler)注意到了自己生产的汽车的安全漏洞。该汽车集团没有别的选择，只好召回140万辆汽车，进行软件更新。在此期间，米勒和瓦莱塞克被美国企业"优步"(Uber)聘用：他们应该在未来帮助"优步"，使自动驾驶汽车更加安全，并且保护自己，免遭黑客攻击。因为，这种黑客攻击肯定不会是最后一次。在黑客大会上，其他研究人员也证明，他们可以渗透进机动车辆：例如，他们可以让有害的软件传播到"数字的电台广播"(DAB)上，而安全专家们成功地做到了，从远处打开汽车，并且锁死汽车。信息技术研究和分析公司"高德纳"(Gartner)专门研究信息技术的市场专家们推算，截至2020年，会有2.5亿辆汽车联网，因此，具有相应很高的危害潜力。

进入网络武器的时代

以下的说法还是有争议的：方兴未艾的商品物联网和越来越密切联系的通信网络，可能会成为新型软件攻击突发奇想的大门。一个最著名的案例就是2010年夏天出名的有害程序"震网"(Stuxnet)[①]。这

---

① 参见维基百科关于"震网"的详细介绍：https://de.wikipedia.org/wiki/Stuxnet。

个所谓的特洛伊木马设计得如此目标明确，以至于它虽然通过优盘给数千台计算机染上病毒，但是并没有造成电脑的损坏。它只寻找特定的工业控制系统，为了影响其离心机与压力、流量和旋转速度有关的调节。许多专家认为，研发一种这样的软件要花费数百万美元，它可能是以色列安全部门努力研发的，为了打击伊朗的铀浓缩设施。

因此，"震网"被视为"进入网络武器的时代"。许多其他例子也显示，这种新时代在此期间已经开始了，例如，2012年，在短时间内，导致以色列警察的整个互联网瘫痪的有害软件"极客"（Xtreme RAT）。美国五角大楼和白宫以及德国联邦议会的网站也同样遭受过黑客的攻击。

然而，与以下情况相比，上述所有的黑客攻击都不过是小巫见大巫：假如将来有朝一日，让奥地利作家马克·埃尔斯贝格（Marc Elsberg）在长篇小说《断电——明天就太晚了》（*Blackout——Morgen ist es zu spät*）[①]中描绘的相似场景变成现实，将会发生什么。这位作家在这部长篇小说中描写了虚构的欧洲两个星期大面积停电的影响。这次大规模断电是由黑客攻击联网的电表和发电厂的控制系统造成的。断电不仅造成交通红绿灯、冰箱、电话和照明以及电视机停用，供暖控制系统和加油站的油泵也会停摆。供货链将会崩溃，超市不再有后续货源补充。在医院和核发电站，紧急发电机也会随时失灵。恐怖情绪爆发并蔓延，在几天之内，整个国民经济就会处于崩溃的边缘。

这些"断电情景"不仅仅是写恐怖小说的作家们扣人心弦

---

① 马克·埃尔斯贝格（Marc Elsberg）：《断电——明天就太晚了》（*Blackout—Morgen ist es zu spät*），布朗瓦雷特出版社（Blanvalet），2012年。

的情节设计，而且，专家们也非常严肃地讨论过这个问题。比方说，根据"汉堡世界经济研究所"(das Hamburgische Welt WirtschaftsInstitut, HWWI) 的估计，假如德国中午断电一个小时，就会造成六亿欧元的经济损失。在此，首先，由于能源系统猛增的错综复杂性，断电将会主要具有供电越来越起伏不定的威胁：当风力减弱或者当云彩遮蔽太阳时，风力发电厂和太阳能发电厂突然供电太少；但是，供电太多也是有害的，因为，这会使电网超负荷运转。因此，今天在德国，发电厂为了避免断电而不得不被打开和关闭的次数要比 2010 年多五次。

将来，由于黑客攻击的可能性，这种脆弱的局面还会更严峻。因为，对于明天的智能电网而言，人们与智能电网配套，还需要一个信息和通信网，它要连接所有的发电厂和用电客户以及电网运营商（供电部门）。在此，除了有发电、输送电和分配电的积极成分以外，还有监控电网的控制层级。此外，还有不同的数据管理、智能电表、结算和许多其他问题的应用软件。为了使远程养护发挥作用，所有的系统都必须与互联网连接，而这又敞开了许多新的攻击可能性。

那么，一个有效的安全建筑看上去应该是什么样子呢？无论如何，它必须在最下面那个楼层配备许多传感器、养护工程师的平板电脑和消费者的电表。尤其重要的是，这些设备要经常相互证明可靠性，而且要清晰地控制使用者的运用：对方是谁？我从他那儿得到数据，或者我把数据发给他。谁在什么时候可以做什么？每个用户都必须证明自己拥有所谓的"公共的关键基础设施证书"(Public-Key-Infrastructure-Zertifikate)。同样，发送关闭命令或者仅仅发送测量数据的设备，也必须有这样的证书。

除此之外，人们还要不断地检查，是否存在偏离标准值的误差。沃尔克·狄斯特尔拉特（Volker Distelrath）是西门子公司能源管理的网络安全部门的领导。他描绘了一种可能出现的情景："每秒钟五百次的登录尝试可能不是来自一个人，而是来自一台电脑。"[①] 我们一旦发现有黑客攻击，还不能干脆封锁一个可疑的账户，或者把重要的设备从电网上移开。当我们面对重要的基础设施时，我们不能这样做。由于安全原因，能源网络必须是随时可以控制的。一个可能的应对措施是，在怀疑黑客攻击时，自动地重新配置重要成分，也就是说，重新回到预先调整的初始值，重新启动。

蜂蜜罐吸引病毒

为了找到攻击者，人们可以吸引它们到所谓的"蜂蜜罐"（Honeypot）里。[②] 这种"蜂蜜罐"由真正的能源系统分离的单元组成。但是，它们如此超能力地模拟一种特定的服务器或者互联网，以至于它们可以将黑客攻击吸引到自身。然后，专家们可以稳稳当当地研究他们面对的是什么样的威胁，然后再使这些黑客攻击变得没有危害。面对那些可能在系统里隐藏了几个月或者几年的有害程序时，可能会更难。它们通常被设计成这样：它们搜集用户名或者侦察出数据，然后，把这些用户名和数据发给特殊的服务器。

无论入侵者什么时候展示不典型的行为，人们都有机会追踪并找

---

①参见桑德拉·齐斯特尔（Sandra Zistl）的文章"对智能电网聪明的保护"（"Cleverer Schutz für smarte Grids"），刊于 2015 年 8 月 3 日的《未来景象》（*Pictures of the Future*）：www.siemens.com/innovation/de/home/picturesof-the-future/digitalisierung-und-software/it-sec。
②参见卡特琳·尼考拉斯（Katrin Nikolaus）的文章"用高科技和蜂蜜罐对付黑客"（"Mit Hightech und Honigt pfen gegen Hacker"），刊于 2015 年 8 月 3 日的《未来景象》（*Pictures of the Future*）：www.siemens.com/innovation/de/home/pictures-of-the-future/digitalisierung-und-sof。

到它们的踪迹。比如说，假如一台计算机在与一个与它毫不相干的机器交流，或者，假如一个软件突然收到来自国外的操控指令。发现这些不正常的现象，这是美国"控制流分析"(Cyberflow Analytics)公司的特长，它研发了一种用于分析庞大数据的软件。[①] 这套软件受过训练，专门了解服务器的典型行为、应用或者通信备忘录。

此外，该程序还根据使用地点，独立地学习那里常见的运行方式。在运行期间，软件对此进行记载：谁在什么时间与谁一起交换了多少数据。出现了典型的频率集群，在集群中，偏差立刻会引起人们注意。因为，并非数据包的内容被分析，这种检测是可以实时被实施的。人们会马上跟踪调查可疑的情况。相反，假如人们想检测一下，哪些内容会被交流，那么，这个工作要持续几天或者几个星期，结果，危害早就已经出现了。因此，在黑客与网络安全专家之间的永恒竞赛中，有学习能力的实时软件就取得了巨大进步。

克劳迪娅·艾克尔特(Claudia Eckert)是慕尼黑工业大学计算机科学教授、慕尼黑"弗劳恩霍夫应用与一体化安全研究所"(das Fraunhofer-Institut für Angewandte und Integrierte Sicherheit, AISEC) 所长。她还与她的团队一起研发了一些软件程序，它们可以自动测试可能的安全隐患。[②] 她强调，安全必须从一开始就被统一纳入网络系统与运行程序中。对于未来的物联网而言，非常重

---

① 参见"控制流分析"网站：www.cyberflowanalytics.com。

② 参见哈拉德·哈森米勒(Harald Hassenmüller) 对慕尼黑工业大学计算机科学教授、慕尼黑的"弗劳恩霍夫应用与一体化安全研究所"(das Fraunhofer-Institut für Angewandte und Integrierte Sicherheit, AISEC) 所长克劳迪娅·艾克尔特(Claudia Eckert) 的访谈"针对网络犯罪不会存在百分之百的防护"("Hundertprozentigen Schutz vor Cyber-Kriminalität wird es nicht geben")，刊于2015年8月3日的《未来景象》(Pictures of the Future)：www.siemens.com/innovation/de/home/pictures-of-the-futur。

要的首先是实用的软件，人们用这些软件可以明确地相互识别数以千计的联网物品，而不必不断地生成密码，并且在它们之间交换。

艾克尔特教授解释说："此外，我们的'弗劳恩霍夫应用与一体化安全研究所'还研究了一些技术手段，为了根据有特征的、物理的材料特点导出物品的标志。正如人可以通过指纹等生物统计学的特点被明确识别一样，物品也有一种生物统计学。"比方说，这可能会成为一种有引导轨道的特殊的开关，它们的信号运行偶尔通过生产过程出现。如果人们设计一种电压，那么，信号就很有特点地被扭曲了。这样就可以从材料本身生成一种编码型的密码，它同时用作独一无二的识别号。

要保护计算机固件即重要的、已被安装好的程序所包含的电子元件，这种密码就特别有用了。为此，这些电子元件被焊接到一个保护膜中，该保护膜有这样一种生物统计的开关。薄膜的编码密码是必要的，为了让电子学正确地发挥作用。假如有人现在想尝试，用一根接触针读取电子系统及其程序，那么，只有当这个接触针穿透该薄膜时，才可以读取。然而，这种干预干扰了薄膜的物理特性。然后，初始密码就不能被重置，同时，程序的密码也就自动被删除了。这个方法非常适合未来电流表的铅封，人们甚至可以从远处，用数字的方法询问，电流表是否完好无损。这样，就不需要有员工在现场检查智能电流(Smart Meter)表显示的数据了。

网络犯罪：比贩卖毒品获利更多

与黑客攻击银行账户、间谍活动、贩卖熟悉的数据或者敲诈勒索一样，在电子元件中劫掠产品、盗窃其软件同样属于网络犯罪。在此过程中，企业内部的数据库密码被人从外部破解，而该密码仅仅在支付赎金时才会被释放。网络犯罪已经变成一种获利巨大的生意。克劳迪娅·艾克尔特报道说："通过网络犯罪获取的利润，已经超过了国际上通过毒品市场获取的利润。"

根据属于英特尔的安全公司迈卡菲提供的说明，网络犯罪每年造成的损失在 3750 亿到 5750 亿美元。美国、中国和德国网络犯罪造成的损失就达到这个数额的一半。[①] 北约的网络安全主任伊安·威斯特 (Ian West) 认为："如今，一个人用一个笔记本电脑就可以造成比一枚常规的炸弹还严重得多的破坏力。"他说这番话，大概在影射网络犯罪以及维基解密 (WikiLeaks) 或者爱德华·斯诺登 (Edward Snowden) 关于美国安全部门监控活动的解密行为。

斯诺登还呈递了一个带有被盗数据的优盘，为了让全世界都屏住呼吸。更严重的是以下规模：2014 年 11 月，黑客攻击"索尼动漫" (Sony Pictures) 安全措施做得非常不充分的服务器，偷走了高达 100 万亿兆节的数据。这相当于 2.3 万张 CD 唱盘的内容：无数电子邮件、协议书、内容目录、商务策划、未发行的电影，甚至还有一部詹姆斯·邦德 (James Bond) 电影《幽灵》(Spectre) 的早期剧本。这样的黑客攻击行为会摧毁公司。[②] 日商讯息有限公司 (Marketsand Markets) 的分析师们预计也就不足为奇了：截至 2020 年，全世界网络安全市场会从今天的 1000 亿美元增长到足足 1700 亿美元。在此，

①参见英特尔－迈卡菲公司 2014 年 7 月关于网络犯罪成本的调查报告：www.mcafee.com/jp/resources/reports/rp-economic-impact-cybercrime2.pdf。

②参见凯·比尔曼 (Kai Biermann) 和塞巴斯蒂安·蒙狄亚尔 (Sebastian Mondial) 的文章"为什么索尼公司的黑客攻击成为高危事故"（"Warum der Sony-Hack zum GAU wurde"），刊于 2014 年 12 月 16 日的《时代周报》(Die Zeit)：www.zeit.de/digital/datenschutz/2014-12/sony-spe-hack-daten。

像索尼公司这样的企业中一个最大的安全隐患之一并非技术，而是员工，他们发送并且存储没有加密的重要邮件，或者随便放置他们的笔记本电脑、优盘和证件，却不知道，这样会引狼入室，将有害的软件带进公司里。只有少数人知道，人们通过数字技术透露了多少隐私细节：为此，他们真没有必要撰写详细的博客，或者在社交网络上发布照片和日记。我在第五章中已经描写过，分析 50 至 100 个推特报道，就足以准确获取关于一个人的丰富信息，比如，这个人是否性格内向、是否需要和谐氛围或者是否认真。

数据分析：对于抑郁和怀孕的指明

如今，这些分析已经可以全自动地进行。而且，更有甚者：科研人员发现，单单是某个人使用互联网的方式和方法，就允许人们做出关于这个人患抑郁症的判断说明。[①] 受到抑郁情绪伤害的人发送邮件和推特的频率要高出平均水平，他们聊天更多，会在不同的网页上来回切换。一旦分析程序认出这一点，那么，虽然人们一方面可以在疾病进一步发展之前，尽早地帮助相关的人，但是，另一方面，雇主也可以利用这些指向，拒绝求职者。这种情况大多甚至都并不违背数据保护法，因为，雇主只是运用了向公众敞开的信息，甚至没有内容上的使用，而相关的人还没有得病。

微软研究主任艾瑞克·霍尔维茨（Eric Horvitz）警告说，几乎没有一个使用者会估计到，一种计算机算法软件会根据哪些数据推算患抑郁症的可能性。恰恰面对那些有自主学习能力的计算机系统时，通

---

①参见文章"使用行为让人认识到抑郁症"（"Nutzungsverhalten lässt Depressionen erkennen"），参见 2012 年 8 月 15 日的《赢得未来》（*Win Future*）网站：http://winfuture.de/news,71465.html。

常是，就连这些系统的研发人员都不知道，一项结果是怎么得到的。霍尔维茨说："机器的学习会使单个的人很难明白，其他人在那些他有意分开的事物的基础上，能够了解哪些关于他的情况。"数据的匿名化也不会有多大帮助，因为，在过去，科研人员们总是显示，对于智能的计算机算法软件而言，识别被匿名化处理的数据法则中的单个人，这会多么容易。

在像"亚马逊"或者"优兔"那样的平台上，迄今为止，绝大多数搜索引擎的结果或者个人化的建议与有学习能力的计算机算法软件联系在一起。计算机程序会根据用户以往的搜索问题、消费行为、活动行为、搜索时间、输入并选择搜索信息的地点或者社会交往，推算并估计视频资料，或者购买产品的建议，这些建议或多或少都是有意义的。

然而，2012 年，一个著名的案例显示了这种东西能走多远：美国明尼苏达州 (Minnesota) 的超市连锁店"塔吉特"(Target)[1] 给一位年轻的女性寄了孕期产品的优惠券。她的父亲后来找到超市连锁店的经理，他抱怨说：他的女儿还是未成年，还在读高中。[2] 然而事实上，超市的计算机系统比这个女孩儿的父亲更了解情况，那就是，这个女孩儿的确怀孕了：因为她花费更多的钱购买非化妆用的浴后润肤霜，此外，她还购买了补充钙、镁和锌的营养品。根据对这些产品和顾客数据的搜查，就清晰地得出怀孕的说明。计算机算法软件甚至能够据此推算出孩子可能的出生日期！在这个案例中，顾客的隐私在形式上

---

①又译"靶子"。——译者注

②参见查理斯·都伊吉(Charles Duhigg)关于超市怀孕预测的文章"公司是如何了解到你的秘密的"("How Companies Learn Your Secrets")，刊于 2012 年 2 月 16 日的《纽约时报》(*New York Times*)：www.nytimes.com/2012/02/19/magazine/shopping-hab。

也没有受到侵害：超市顾客卡的条件允许这种针对目标的数据评估和相应的广告，即所谓的"瞄准目标"(Targeting)。

在互联网上，我们是商品

这虽然可能是一个极端的例子，然而，在互联网时代，与人相关的数据越来越成为"金块"(Gold-Nuggets)。[①] 像美国纽约的企业"夜下降生"(eXelate)这样的公司就尤其深刻地研究这些数据，并且提供销售数据：广泛的用户特征使得人们可以勾勒出关于不同种类的媒体类型的特点，从手机到社会媒体一直到智能电视，该公司的网站这样说。[②] 这项技术帮助市场营销的专业人员搜索错综复杂的路径，为他们导航，顾客也会走这些路径，直到顾客最后做出购买产品的决定。消费行为和沟通行为会被详细地描绘。

每次在电脑上点击都仿佛留下一个脚印给发现互联网路径的人，他们追逐客户。对于各自服务的运营商而言，顾客每次点击"我喜欢"的按钮都像支付现金一样。我们必须尤其反复明确地告诫年轻人：谁要是以为在互联网上都是免费的，谁就只是不知道，随着其数据的暴露，自己早就变成了商品！

根据许多人的数据，甚至可以凭借分析大数据导出预告：例如，谷歌就曾经尝试，依据数十亿的搜索概念，判断下一个时装季的时装趋势。然而，成果保持在界限范围内，正如谷歌的"流感趋势"(Flu

---

[①] 关于黑客、数据贩卖者和网络犯罪的详细内容请参看下面这本书：马克·古德曼(Marc Goodman)：《全球黑客》(Global Hack)，汉泽尔出版社（Hanser），2015年。
[②] 参见"夜下降生"(eXelate)公司的网站：http://exelate.com/。

Trends)项目一样①。谷歌找到了45个与流感浪潮的出现强烈关联的搜索概念，谷歌想据此研发一种流感预警系统。该系统应该比防疫部门早知道两个星期，在什么时间，在什么地方，会爆发流感。可是，这个分析软件工具在起初取得成效之后，在许多情况下提供了过高的或者完全错误的值。这个原因可能在于，人们错误地评估了征兆，或者，关于该项目本身的报道又造成了搜索问询。无论如何，谷歌不得不承认，搜索概念和社会的发展之间的内在联系完全没有想象的那么简单。

　　然而，人们通过智能的计算机算法软件的观察还远远超越疾病模式以及购物态度。叫作"人们分析"(People Analytics)的软件方法研究，不同企业的员工使用互联网的态度，并且据此推断他们的影响空间、社会能力和领导能力。对于汽车保险公司而言，目前信息远距离传送的价目表又是非常重要的话题。② 在此，人们根据加速和刹车强度或者夜间行驶与弯道行驶的数据，调查汽车驾驶员的驾车风格。当驾驶方式柔和而且较少风险时，保险金会减少40%。尤其对于首次驾驶的年轻人来说，这完全是一种诱惑：转入一种信息远距离传送的价目表。此外，通过这种方法还可以避免这起或者另一起交通事故。弊端是：必要的信息远距离传送箱，会把无数敏感的数据传送给保险公司，而哪怕是车上一台小小的计算机，都会成为

①参见克里斯蒂安·韦伯(Christian Weber)的文章"谷歌在流感预测中失灵了"（"Google versagt bei Grippe-Vorhersagen"），刊于2014年3月12日的《南德意志报》(Süddeutsche Zeitung)：www.sueddeutsche.de/wissen/big-data google-versagt-bei-grippe-vorhersagen-1.1912226。
②参见赫尔伯特·弗洛姆(Herbert Fromme)的文章"当汽车监控驾驶员时"（"Wenn das Auto den Fahrer überwacht"），刊于2015年11月11日的《南德意志报》(Süddeutsche Zeitung)：www.sueddeutsche.de/auto/kfz-versicherung-ueberwachter-autofahrer-1.2730140。

黑客的下一个入侵门户。

　　所谓量化的自我运动的追随者，想通过大量的自我观察更健康地生活，或者想要更经济、更高效地工作。他们往往对他们的数据特别不小心。手臂上的测量表测量运动步数，电极会测量他们在健身房的训练，接触透镜会测量血糖指数，大量传感器会测量睡眠态度、脉搏、血压、呼吸以及摄入的卡路里等内容。最终，这些本来非常私密的数据都会通过健康应用软件被储存在一个云文档中，然后被评估，而使用者并不知道，谁还会跟他一起阅读这些数据。如此看来，人们希望更好地健身，取得更高效的工作成果，而这个愿望很容易导致越来越多的人知道他们的疾病、过敏反应或者个人的弱点，而这是相关的人不太愿意接受的。

根据犯罪现场的痕迹得出罪犯的 3D 模拟像

　　人们的遗传基因允许的推断也非常广泛。DNA 数据不仅可以被转变成一种遗传的指纹。如今，专家们可以根据对一个人的血液、精液、头皮屑或者唾液的细小测试，能够推导出遗传病的基因以及可能的头发颜色和眼睛的颜色以及大致的年龄。专家们还能了解，这个人是否有直发，而且有多大的可能性来自非洲、东亚和欧洲。

　　荷兰鹿特丹 (Rotterdam) 伊拉斯谟 (Erasmus) 大学法医方面分子生物学家和教授曼弗雷德·凯泽尔 (Manfred Kayser) 认为，将来甚至有可能光凭犯罪现场留下的痕迹就画出罪犯的模拟图像。凯泽尔和他的同事们已经发现了五种遗传因子，鼻子的形状和两个眼睛之间的距离对于它们是重要的。凯泽尔 2015 年 10 月在接受《南德意志报》(*Süddeutsche Zeitung Magazin*) 记者采访时说："我们已经发现了很多内容。关键的问题是：我们可以做什么？"①例如，凯泽尔认为，可以根据遗传基因导出的特别明显可见的标志，并非是私人数据："每个看见您或者我的人都知道，我们长什么样子。"

《少数派的报告》(*Minority Report*)②这种电视剧的粉丝，会更加相信未来的警察。虽然他们或许不能预测谋杀，但是，会越来越多地使用"警察预测性执法"(Predictive Policing)的预测软件。在此，问题的关键是，根据地点、犯罪时间、赃物和罪犯的行为等数据筛查并且预测，首先，在哪里将会发生犯罪行为。然后，警察巡逻就会尤其集中在这些地区。这种预测软件针对入室抢劫或者有组织地偷窃汽车这种犯罪尤其好用。例如，在瑞士苏黎世，在特定的市区，入室抢劫的数量大约降低了15%。③在德国，比如在慕尼黑，这种软件也成功地被测试。虽然该软件不适合个别的犯罪，但是，批评者担心，将来人们可以使用其他有学习能力的计算机算法软件，为了根据某个人的文凭证件、职业、购物、信用卡的信誉或者互联网搜索态度等数据，得出其犯罪倾向的结论。在德国，这种做法是非法的。但是，在伦敦，警察已经测试过一种程序，它说明这种可能性：一个犯罪团伙的成员是否会重新使用暴力犯罪。

---

①参见蒂尔·海因 (Till Hein) 的文章"遗传基因说出一切"（"Die Gene sagen alles"），刊于 2015 年第 44 期的《南德意志报》(*Süddeutsche Zeitung Magazin*)：http://sz-magazin.sueddeutsche.de/texte/anzeigen/43758/Die-Gene-sagen-alles。

②《少数派的报告》(*Minority Report*) 是 2015 年 9 月 21 日在美国首播的科幻电视剧，由马克·米罗执导，斯塔克·桑德斯、劳拉·里根、丹尼尔·伦敦等主演。该剧延续 2002 年同名电影的故事：三位先知中的一位企图回到"正常人"的生活，却不断受到预见未来的干扰。——译者注

③参见约翰内斯·里特尔 (Johannes Ritter) 撰写的关于软件 PreCobs 的文章"人们怎么知道，在哪里会有入室抢劫发生"（"Wie man weiss, wo eingebrochen wird"），刊于 2015 年 12 月 15 日的《法兰克福汇报》(*Frankfurter Allgemeine Zeitung*)：www.faz.net/aktuell/gesellschaft/kriminalitaet/software-precobs berechnet-ort-von-einbruechen-13966153.html。

2015 年秋天，告密者（Whistleblower）爱德华·斯诺登又一次通过公开英国安全局的"政府通讯主管部门"（Goverment Communications Head Quaters，GCHQ）的记录证明，在英国，互联网的往来受到多大规模的监控。[①] 根据斯诺登的爆料，英国安全局的"政府通讯主管部门"是一个比"美国国家安全局"（National Security Agency，NSA）更糟糕的数据搜集者。英国间谍在英国的康沃尔（cornwall）公爵领地安插跨越大陆的玻璃光缆，全世界大约 1/4 的互联网往来通过这些光缆运行。被解释的目标是，能够知道每个使用互联网的人使用哪些网站，而且利用哪些服务。另外，英国安全局的"政府通讯主管部门"希望，能够为每个网站建立关于其用户的精确特点。

老大哥：每天一千亿个数据

早在 2012 年，每年就已经由"奥威尔老大哥监视游戏"（Orwellsch Big Brother）这种现代的体现记录超过 500 亿个大数据，今天大概应该有 1000 亿个大数据了。大数据就是指浏览器运行过程、电子邮件和短信链接数据、搜索概念、使用者数据、用户名和许多其他内容。

然而，绝大多数英国人却与不断的监控有一种放松的关系。据说，单单在伦敦就有一百多万个摄像头。人们随处可以看到摄像头：在房子里、路灯杆上或者交通牌上。虽然犯罪不能因为有了摄像头而被阻止，但是，人们至少可以更快捷地澄清犯罪。例如，在 2005 年 7 月的

---

① 参见卡尔里·尼斯特（Carly Nyst）的文章"今天是对抗英国政府通讯主管部门、美国国家安全局和监视状态的一场伟大的胜利"（"Today is a great victory against GCHQ, the NSA and the surveillance state"），刊于 2015 年 2 月 6 日的英国杂志《卫报》（Guardian），关于斯诺登、美国国家安全局以及英国政府通讯主管部门：www.theguardian.com/commentisfree/2015/feb/06/gr。

伦敦恐怖袭击之后不久，对监控录像记载的视频资料的分析就迅速导致了对罪犯的指向。然而，当时不得不投入数百名警察，为了在海量的视频资料中进行筛选排查。

通过 2014 年在欧盟实施的研究项目"为大城市的居民安全采用的监控、寻觅和侦破的智能信息安全系统"(INDECT)[①] 中被研发的技术，这种工作在将来会变得简单得多。[②] 该软件会自动扫描非同寻常的过程，然后才向人类的服务人员报警，当它发现什么异常时：比方说，这种软件应该识别被留下的行李以及在体育馆中投掷危险物的足球流氓 (Hooligans)，或者大吵大闹的"凶暴的无赖"(Rowdys)。如果有人在地铁站里让许多辆车行驶过去，而不上车，那么，这个人也会被标识为可疑分子。当他抢夺一个在等车的人的手包时，这种标识就是正确的。

陌生人知道，你是谁——因为有照片——用脸书不起作用

许多刑事犯罪跟踪者的梦想是，通过脸部识别自动辨认抢劫犯，然后从摄像头到摄像头自动地跟踪该抢劫犯，在紧急情况下，用一个飞行的无人驾驶飞机。美国匹兹堡 (Pittsburg) 卡内基－梅隆 (Carnegie-Mellon) 大学的计算机科学教授和数据保护专家阿雷桑德

---

① INDECT 是欧盟的一个"智能安全系统"方面的研究项目，为英文缩写，全称是"在大都市环境中，为公民的安全采用的监控、寻觅和侦破方面的智能信息系统"（"Intelligent information system supporting observation, searching and detection for security of citizens in urban environment"）。该项目自 2009 年开始启动。该研究项目的主要目的是，研发一种中央接口，在其中，彼此衔接来源不同的监控数据，能够由计算机自动化地研究危险和不正常的行为。——译者注
② 参见 2013 年 8 月和 2014 年 9 月欧盟委员会的软件"在大都市环境中，为公民的安全采用的监控、寻觅和侦破方面的智能信息系统"（INDECT）的结果：http://cordis.europa.eu/result/rcn/91495_de.html und http://cordis.europa.eu/result/rcn/148236_en.html。

洛·阿克奎斯蒂(Alessandro Acquisti)的研究表明，这种幻想也并非完全空穴来风。[1] 他讲述说："在一次实验中，我们请校园里偶然经过的路人填写一个问卷。他们在填写问卷时，我们的程序比对他们的摄像照片与我们从脸书网页上下载的数万张照片。在问卷调查的最后一页，我们向他们展示十张与他们本人最吻合的照片，这是计算机在此期间找到的。他们应该告诉我们，如果他们在这些照片中认出自己。"

　　行人中有 1/3 认为能认出自己，这是一个非常高的比例，阿克奎斯蒂团队确确实实成功地做到了。那么，这种成功的原因何在呢？首先，如今，每个月脸书上传的照片高达 110 亿张，其中绝大多数照片是有名字的。也就是说，数据基础是庞大的。其次，如今，因为有了深度学习方法的软件，人脸识别比几年前改善很多倍。再次，人们为了识别人脸甚至都不需要高功率的计算机：用一个智能手机就可以把照片上传到云文档里。然后，研究人员就进行了高强度计算的图像对比。

　　还有：假如人们根据"脸书匹配"软件(Facebook matching)了解到那个人的名字，那么，大多也可以查到这个人的生日、住址、偏好以及许多其他别的内容。阿克奎斯蒂勾勒将来一种可以想象的场景："现在请您想象一下，在几年以后，有一位陌生人用他智能的隐形眼镜看您。他会在几秒钟内不仅迅速知道您的名字，还能调出所有关于您的可拥有的数据。"这个陌生人可能会通过他的隐形眼镜，让人把

---

[1] 参见 2013 年 10 月阿雷桑德洛·阿克奎斯蒂(Alessandro Acquisti)接受美国非营利机构"技术、娱乐、设计"的访谈(TED-Talk)"没有秘密的未来看上去是什么样子的？"（"What will a future without secrets look like?"）：www.youtube.com/watch?v=H_pqhMO3ZSY。

所有信息逐渐地纳入他的视野里，而被观察的人还对此毫无察觉。

这是一场梦魇吗？这位数据幻想家又补充了一项内容。他又举一个例子说明，将来通过已经发表的数据可能会发生什么："您选择一种计算机算法软件，它会找到，您在脸书上最喜欢的两个朋友。"这在今天也不是一个大问题。然后，计算机就制作一个人工的广告人，它符合那两个朋友的变形（morphing）、融合，然后自动地嵌入广告短片中。"于是，您就对广告上宣传的产品很有好感，这种好感超出没有经过这种欺骗伎俩处理的产品。而您甚至都不知道为什么。"这种最后人物化的广告听起来就像市场营销人员所希望的梦想，这却是数据保护专家害怕出现的幻景。

因为，通过这类人物化的计算机演算软件，人们会越来越多地被远程控制，而自己却全然不知。因此，将来，问题的关键肯定不仅在于保护最后的隐私残余，而且还要确保，还存在自由的意志决定。除此之外，我们的视野会通过不断地反映我们的喜好而受到很大局限，因为其他想法和观点会越来越多地被展现：谁如果只听自己的朋友们在社交网络上说的话，而且只收到与自己喜欢的话题有关的信息，或者得到被推荐的产品，它们与他所了解的产品相似，那么，谁就会经历很少的惊喜和实验性的新事物。

专家们在谈论一种过滤泡或者一种类似于在回音房间里的效果：在极端的情况下，这助长了社会的极端化，碎片化地分成多个群体。这些群体就不再有共同的交际基础。对于民主而言，这是一种非常有害的发展趋势，人们从美国的民主党和共和党之间经常出现的无语与异化现象上，已经看到这种发展趋势。

每秒钟十万次的金融交易

如今，所有金融交易的 70% 都由计算机算法软件操作。这就说明，计算机程序已经给国民经济打上多么强的烙印。这样，高频率的交易员就能够为每位顾客处理十万多次交易，在每秒钟内！为了这个目标，市场越来越强地被同步化。比如说，2015 年夏天，伦敦金融中心和纽约金融中心被用一条新的玻璃纤维光缆连接，仅仅为了将数据传输加速 2.6 微秒。对于生意人而言，每千分之一秒就意味着增加数千万欧元的盈利。在有些城市，商家会花费很多钱，仅仅为了离交易所近几条街，并且因此更接近百万分之一秒。[①]

近些年来，美国投资公司招聘的数据专家和软件专家多于有国民经济学和企业经济学背景的传统的基金经理。通过其计算机算法软件，这些数据专家不仅可以更快捷地转换交易，而且可以根据特定的模板搜寻几十亿个市场数据，并且通过交易所的历史学习，为了在将来避免以往的错误。此外，"冷漠的"计算机还能够帮助基金经理躲避恐惧或者贪婪的情感，因为计算机不会被这些情感左右。

另外，新的危险也造成威胁：其他人也可以发现一台计算机从企业数据或者股票行情读出来的内容，那样，优势就消失得无影无踪了。在极端的情况下，市场甚至会崩溃，假如有几个大玩家同时想从中获利。而且，当股市强烈震荡时，高频次计算机算法软件还会出错。当所有人同时脱离交易时，就会出现崩盘。例如，2010 年 5 月 6 日，道琼斯工业 (Dow Jones Industrie) 股指在几分钟内迅速下跌，超过 9 个

---

① 参看马克·布哈南（Mark Buchanan）的文章"以光速进行的交易所贸易"（"Boersenhandel in Lichtgeschwindigkeit"），刊于 2015 年 2 月 11 日的《自然与德国光谱网》（*Nature und in Spektrum. de*）：www.spektrum.de/news/boersenhandel-in-lichtgeschwindigkeit/1331927。

百分点，短时间内就有一万亿美元蒸发了。过了大约 20 分钟，股指在某种程度上有所缓解。[①]

美国消费日用品宝洁（Procter & Gamble）公司的股票迅速降低了 37%，跌入谷底，其他股票甚至丧失 99%，下降到只有几个欧分的股指。究竟是什么造成这次"闪崩"（Flash Crash），其原因至今也没有被澄清。据说，当时才 31 岁的英国人纳温德尔·兴·萨劳（Navinder Singh Sarao）应该承担一定比例的责任。他在伦敦附近的家里，从他的房间，借助自己研发的计算机算法软件，操纵美国芝加哥的"金融衍生品"（Derivate）交易所长达几年。他通过虚假购买压低价格，骗得数百万美元。但是，在 2010 年 5 月 6 日，无论如何还有其他完全合法的计算机算法软件参与了交易，它们用事先没有被预料到的方式共同发挥作用，平日里看似毫无妨碍的状况，险些酿成一场灾难。

软件当领导，计算机算法软件接管国家

计算机算法软件是权力工具，这是毋庸置疑的。有时候，它们甚至会变成新的头儿。在日本日立公司（Hitachi），计算机已经向人们分配劳动任务，并且决定人员最好可以投入哪个岗位。此外，这种软件是有学习能力的：它分析职员的劳动过程，尤其识别高效的工作方式，这种软件于是会将这些工作方式统一纳入普通的日常工作中。根据日立公司

---

①参见贝内狄克特·弗艾斯特(Benedikt Fuest)关于大宗商品交易员纳温德尔·兴·萨劳 (Navinder Singh Sarao)与闪崩(Flash Crash)以及其他问题的文章"一个男人，一台电脑——一场全球的交易所崩盘"（"Ein Mann, ein Computer ein globaler Boersencrash"），刊于 2015 年 4 月 30 日的《世界报》(Die Welt)：www.welt.de/140320481。

的说法，通过使用有支配权限的人工智能，生产率提高了 8%。[1]

像提姆·奥莱利(Tim O'Reilly) 出版公司这样的数据方面的思想前卫者，根据这些经验，已经在宣传"计算机算法软件的调节"了：据此，计算机算法软件应该接管迄今为止一直由国家的岗位负责的大部分任务。[2] 社会可以因此而更加高效，更富有成效，更有效益，这些数据方面思想前卫者这样认为。但是，批评家们评价说，仔细看来，这等于废除了国家，用一种"计算机算法软件的主导地位"取代了国家。在这个问题上，不仅涉及本书前面已经提及的智能家居、智能汽车、智能城市，也就是说，那些计算机算法软件，它们在天冷时开始供暖，在道路堵车时警告汽车，或者在某个地区能量需求高时短时间地关闭冷藏库，让电梯缓慢行驶，并且打开能源存储器。

不，问题真的涉及国家的任务：高速公路上的超速者会自动地被定位，并且证明被处以罚款。垃圾桶会观察路人，并且提醒他们正确地扔掉垃圾。监控摄像头自动地跟踪罪犯，计算机指挥警力的投入，就像计算机指挥远程养护的工程师那样，当能源设备面临停机时。计算机还在发生事故时指挥急救员。其他计算机算法软件会根据人们的纳税申报调整他们的购物态度，并且通报财政局。依赖在社交网络中的登录，公民被评价为对共同事业更有价值，或者较少价值，然后，据此同意给他们信用卡和工作，或者甚至向他们推荐合适的生活伴侣。

尽管这些对有些人来说听起来有些不合情理，但是，恰恰这些计

---

①参见弗吉尼亚·基尔斯特(Virginia Kirst) 的文章"在日立公司，现在计算机是头儿"（"Bei Hitachi ist jetzt der Kollege Computer Chef"），刊于 2015 年 9 月 9 日的《世界报》(Die Welt)：www.welt.de/wirtschaft/article146223548/Bei-Hitachi-ist-jetzt-der-Kollege-Computer-Chef.htm。
② 参见提姆·奥莱利(Tim O'Reilly) 出版公司关于计算机算法软件的调节：http://beyondtransparency.org/chapters/part-5/open-data-and-algorithmic-regulation。

算机算法软件的例子今天已经在世界的某个地方，被以一种或者另一种形式转换，或者正在计划中。只不过，计算机算法软件的主导地位尚未在其整体中变成现实，但是，戴武·艾格尔(Dave Egger)的著作《圆圈》(*Der Circle*)展示了，它会引向何方。[①] 在这部长篇小说中，一个符合谷歌、苹果、脸书和推特的结合体的公司宣传，借助一种全方位的监控实现全部透明，并且以此创建一个据称没有偏见、充满社会安逸的世界。这样一个零距离的、企业就像宗教派别一样发挥作用的世界，实际上简直就是一个地狱。最迟自从看过乔治·奥威尔(George Orwell)的《1984》[②] 和奥尔德斯·赫胥黎(Aldous Huxley)的《美丽的新世界》(*Brave New World*)[③] 以来，人们就知道这个道理。

在现实中，谷歌（当然只是抱着最好的意愿）已经开始着手，尽可能广泛地经过一只手，来组织各个城市和地区的数据流：用未来学的研究项目如"谷歌 X"和"谷歌 Y"及其已经存在的产品，实现家居自动化、道路导航，一直到智能的、个人化的助理"现在搜索"(Google Now)。同时，加利福尼亚州的"山景"(Mountain View)中正在新建的总部，象征谷歌的广泛的愿景。据说，该总部将于 2020 年竣工：在巨大的玻璃圆顶下面，有很多自然元素和绿意，会

---

① 戴武·艾格尔(Dave Egger)的书《圆圈》(*Der Circle*)，基彭豪伊尔 & 维迟出版社(Kiepenheuer & Witsch)，2014 年。

② 英国作家乔治·奥威尔(George Orwell)写的小说《1984》是一本畅销书，1984 年被拍摄成电影。影片讲述了这样一个故事：生活在极权主义国家的主人公因不堪忍受精神上的压迫而做出反抗，却最终遭遇悲剧命运。——译者注

③ 《美丽的新世界》(*Brave New World*)是美国 1998 年上映的科幻电影。未来的人类社会处于高度的平衡状态。生产与消耗已达到固定标准，人们为此感到快乐，愿意放弃自由和人性，享受这种没有竞争也不需努力的舒适生活。快乐的盲目追逐控制着人们。新世界如此美好，它只有一个小缺陷：在那里，幸福的人们都被贴上"幸福"的标签。——译者注

出现占地 30 公顷的园区上一个透明的、高度动态的和灵活的世界，这个世界集办公、住宅、购物和休闲娱乐为一体。①

人工智能对社会的影响

在西方世界，这一点做得只是更柔和、更细致一些："大轻推"（Big Nudging）——借助大数据（Big Data）进行推搡——成了相应的时髦用语，问题涉及，促使公民在很大程度上采取更健康或者更有利于环保的态度。

智能地推进更诚实的纳税态度，更高地参与选举，或者把食堂不健康的饮食放在更加不利的位置。但是，也有很多例子说明，好意也会变成问题。比如，如果膳食建议没有考虑到，会存在一些食物不容易消化的情况，或者，如果有人想用健美手表带上的计数功能鼓励人们运动，却没有想到，这违背人们初衷地增加了因运动过度而导致的臀部手术的数量。

这种说法几乎永远适用：谁要想尝试使用数字化这个魔棒，为了优化社会，谁就会马上断言，唤起了无法摆脱的妖魔：无论是不愿意看到的副作用，还是滥用计算机算法软件威力的罪犯，甚至是对民主、自由和自决的大规模侵蚀。因此，2015 年，一大批研究人员在杂志《科学光谱》（*Spektrum der Wissenschaft*）中发表的"数字化

①参见 2015 年 2 月新谷歌中心的视频资料和图片：http://winfuture.de/videos/Internet/Tolle-Bilder-Google-plant-ein-gigantischesneues-Hauptquartier-14132.html。

宣言""Digitales Manifest"① 中要求，必须采取措施，应对上述不利的发展：首先，在数字化世界里，成年公民应该是最高的目标，一种"启蒙 2.0"是必要的。公民必须知道，如今什么在技术上是可以做的，由此会产生哪些正面和负面的后果。

这些要求处于这份宣言的核心部分：促进多样性，进一步使信息体系非核心化，改善透明度，减少扭曲，让使用者本人能够控制信息过滤。除此之外，对于市民和违反规定时的有效制裁而言，需要有更行之有效的抱怨方法。正如已经成功地大规模限制雇主和保险公司使用基因测试数据一样，还要不断地讨论，我们的社会在智能机器和人工智能领域应该允许哪些发展，不允许哪些发展。

艾瑞克·霍尔维茨认为，这些讨论如此重要，以至于他和他的妻子在旧金山与圣何塞之间的硅谷里的斯坦福大学创立了一个长期研究，并且自费进行这项研究："关于人工智能的百年研究"(100-Jahr-Studie über Künstliche Intelligenz)②。霍尔维茨领导微软的研究中心。在西雅图附近华盛顿湖(Washington Lake)以东富有田园风光的、绿草如茵的微软总部，他向我解释创立该研究的背景："我的出发点是，斯坦福大学在一百年以后还会存在，因此，我把研究课题放置在那里。我本人在斯坦福大学学习了计算机科学和医学。我希望，在

①参见 2015 年 12 月 17 日刊登于《德国〈光谱〉网站》(Spektrum.de) 中的"数字化宣言"("Digitales Manifest")，有大量其他链接：http://www.spektrum.de/news/wie-algorithmen-und-big data-unsere-zukunft-bestimmen/1375933，此外还参见卡尔斯滕·科伊内克尔(Carsten Könneker)与哲学家托马斯·迈辛尔(Thomas Metzinge)合写的文章"人工智能的福岛"("Fukushima der Künstlichen Intelligenz")，刊于 2015 年 11 月 19 日的《德国〈光谱〉网站》(Spektrum.de)：www.spektrum.de/news/interview-die-unterschaetzten-risiken-der-kuenstlichen-intelligenz/1377620。
②参见"关于人工智能的百年研究"("100-Jahr-Studie über Künstliche Intelligenz")网站：https://ai100.stanford.edu/about。

未来的一百年内，我们一直思考有关人工智能的发展问题，思考人工智能对生活所有领域的影响。"

　　除了人工智能减轻我们生活负担的积极影响以外，霍尔维茨目前主要看到了 18 个也会有负面影响的危险方面，如果人们不及时采取应对措施：经济领域里许多劳动岗位的损害，鉴于金融算法软件有威胁的崩溃，工业中对智能机器失去控制，还有对民主和自由的危害，这位研究中心主任警告说："人工智能不会给任何人非常大的权力。"他说这番话是指影响选举的危险，以及完美的监控国家的危险。他问道："假如独裁者将来掌握智能体系完全的高效率，那么，这个国家看上去会是什么样子呢？"因此，对于他而言，在今后十年内，要求人们给予最多关注的问题就一目了然了：除了职业的变革和自动驾驶汽车的安全性以外，他主要提到人们的数据保护和隐私，以及发展自动化的武器体系的威胁。

杀人机器人：在射击火药和原子弹后的第三次革命

　　很明显，在军事领域，机器人不仅可以作为负载的驴子，还可以作为侦察无人机，或者作为探测爆炸物的机器被投入使用。[①] 比方说，人们可以借助图像处理的现代方法发射飞行物，通过终结者发射杀人机器人或者智能地雷，为了有目的地找到并杀死预先被定义的人。他们可以是在路上的单个人，或者就像驱赶牧群里的狼一样，并且相互

---

① 在"未来生活研究所"（Future-of-Life-Institut），人们可以发现关于人工智能机器人技术危险的很好的网站：http://futureoflife.org/。

调整。^①

这些自动的武器可以在几年之内被建造成，甚至已经有了半自动的系统：比如说，在韩国，有带机关枪和手榴弹投射器的机器人，它们通过热传感器和活动传感器，能够感觉到三千米以外的敌人活动。空中防御系统已经能够自动侦察并且对抗飞行物，以色列的无人驾驶飞机"哈尔皮"（Harpy）自动搜索并摧毁雷达设施。这些武器还需要人的开火命令，但是，向全自动迈进的步伐恐怕是最小的一步。以色列的军火工业就以"开火，然后忘记"的口号为"哈尔皮"系统做广告。

全世界"停止杀人机器人"活动的倡议者们认为："全自动的武器系统是发动战争的第三次革命，继火药和原子弹之后。"人类通过自动决定生与死的机器，会跨越一条很粗的红线。2015 年 7 月以来，已经有两万多人在一封相应的公开信上签字，其中有三千多名是机器人技术和人工智能的专家、领军人物。^② 他们警告说，与研制原子弹不同，研制这些杀人机器人的成本并不是很高。人们预计，使用这种武器，自己的生命损失会减少，这种想法可能会明显地降低使用这些武器的心理障碍。^③

科研人员在这封公开信里写道："因此，关键的人类问题是，在使用人工智能武器时是否会发生全球的军备竞赛。"如果人类没有成功地组织一场军备竞赛，那么，到出现这种局面只是时间问题："这类武器

---

① 在 2015 年德国电台网（Deutschlandfunk.de）上，我们可以发现关于杀人机器人很好的多媒体报道：http://blogs.deutschlandfunk.de/Kampfroboter/2013/12/18/1-oder-0-leben-oder-tod。

② 参见 2015 年 7 月 28 日研究人员反对杀人机器人的公开信：http://futureoflife.org/open-letter-autonomous-weapons。

③ 参见"停止杀人机器人"网站：www.stopkillerrobots.org。

在黑市上出现，被掌握在恐怖分子和独裁者的手里。"全自动的武器恰恰对于暗杀行动和种族清洗是理想的。

杀人机器人可能甚至比迄今为止的大规模杀伤性武器更危险，因为它们相对而言容易制造，而且只需要少数人使用它们，来对抗数千名敌人。位于伯克利（Berkeley）的美国加州大学教授施图阿尔特·鲁赛尔（Stuart Russell）是关于人工智能的经典著作的作者之一，[1]他担心，全自动武器甚至会成为未来的俄式冲锋枪卡拉什尼科夫（Kalaschnikows）：廉价、容易搞到，效益高。[2]但是，他仍然抱有一线希望，假如人类能成功地在全世界范围内禁止研发杀人机器人。他写道："因为，世界集体在面对生物武器和核武器方面，已经成功地做到了。使用化学武器和地雷至少是遭到谴责的。"

禁止杀人机器人已经有了开端。参加"停止杀人机器人"运动的数千名科研人员中，没有任何人愿意在全自动武器系统领域工作。日本防卫省已经拒绝建造没有人也能应付并且杀人的机器人。在德国联邦政府的联盟条约中，有这样的文字："德国将拥护从国际法的角度谴责全自动化的武器系统。"

与此同时，美国的技术哲学家帕特里克·林（Patrick Lin）指出，这一条也符合德国联邦宪法法院的判决条款，它禁止向遭到劫持的载客飞机射击，假如载人客机遇到2001年9月11日那种暗杀事件带来的危险。理由是：如果射击，那么，人们就将飞机里的乘客当成了单纯的物体，所谓的飞机的一部分，并且把他们降低为数字，这会侵犯

[1]施图阿尔特·鲁赛尔（Stuart Russell）、彼得·诺尔维希（Peter Norvig）：《人工智能》（*Künstliche Intelligenz*），皮尔森（Pearson），2012年，第三版。
[2]参见施图阿尔特·鲁赛尔（Stuart Russell）2015年在消遣博客中写的文章：www.kurzweilai.net/why-we-really-should-ban-autonomous-weapons-a-response。

人权。林在美国杂志《大西洋》(*Atlantic*) 中涉及全自动武器时写了同样的观点。[1] 杀人机器人会将人也感知为纯粹的物体，甚至感知为由 1 和 0 组成的数字的汇集，而不会感知为人。

　　然而，尽管机器人或者计算机系统是被人们怀着最好的意图设计建造的，它们会不会失去控制，并且起来反抗人类呢？这种对我们自己创造的"弗朗肯施泰因的魔鬼"(Frankensteins Monster) 的恐惧出现在 1921 年第一部关于机器人的戏剧中，[2] 也出现在美国著名导演斯坦利·库布里克 (Stanley Kubrick) 的电影太空飞船计算机 HAL 9000 中。[3] 该计算机想通过杀死飞船上所有的人，来抢先关闭其系统。[4] 这种恐惧还出现在 2014 年出产的好莱坞电影《超越》(*Transcendence*) 中。在这部影片中，一位科研人员把自己的大脑上传到一台计算机中，他通过与互联网联结，使智能程度提升了无数倍，然后，虽然发明了富有传奇色彩的东西，但威胁了整个人类文明。

人类的最后发明

　　在牛津工作的瑞典哲学家尼克·伯斯特洛姆 (Nick Bostrom) 担心，来自科幻王国的一种危险的超级智能的出现会变成现实，而且比我们想象得更快地变成现实。[5] 他做了调查研究，关于一种超级智能

---

① 参见帕特里克·林 (Patrick Lin) 的文章"杀人机器人侵犯人权吗？"（"Do Killer Robots Violate Human Rights?"），刊于 2015 年 4 月 20 日的《大西洋》(*Atlantic*)：www.theatlantic.com/technology/archive/2015/04/do-killer-robots-violate-human-rights/390033。

② 参见维基百科关于第一部出现机器人概念的戏剧介绍：https://de.wikipedia.org/wiki/R.U.R.。

③ 这出现在斯坦利·库布里克 (Stanley Kubrick)1965 年导演的电影《2001 太空漫游》中。——译者注

④ 参看维基百科对电影《2001 太空漫游》的介绍，里面有 HAL 9000 计算机：https://de.wikipedia.org/wiki/2001:_Odyssee_im_Weltraum。

⑤ 尼克·伯斯特洛姆 (Nick Bostrom)：《超级智能：一场即将到来的革命的景象》(*Superintelligenz: Szenarien einer kommenden Revolution*)，苏尔坎姆普 (Suhrkamp) 出版社，2014 年。

的可能性以及人们可能会应对这种超级智能的策略。他的调查研究启发一些声名显赫的科学家发出上文提及的、引起轰动的警告。特斯拉发动机集团执行总裁和太空探索公司(SpaceX)的创建者艾龙·马斯克(Elon Musk)认为，完全发达的人工智能是现存的最大的威胁。著名的英国航天物理学家施蒂芬·霍金(Stephen Hawking)甚至认为，这最后会意味着人类的毁灭。①

由于这些担忧，马斯克还于2015年12月与来自美国硅谷的一些伙伴一起创建了研究中心"开放的人工智能"(Open AI)，他准备为该研究中心筹措十亿美元。该研究中心并不关心将商业产品投放市场，而是科研人员们想要发现人工智能会有多么危险。他们只想推进那些供所有人使用的研究，全人类作为整体都应该从这些研究中受益。②

尼克·伯斯特洛姆还警告说："人工智能可能会成为人们所做的最后的发明。"但是，他最初的态度是非常中立的。专家之间的一项民意测验得出结论，到2075年，我们能研发一种机器，它会在所有的认知能力中与人平起平坐：不仅是在逻辑思维方面，而且还在创造性问题和策略的计划方面。未来研究者瑞·库尔茨维尔(Ray Kurzweil)甚至预测，这在2029年就会发生。伯斯特洛姆说，这样一种"种子人工智能"(Saat-KI)会有能力进行自我完善。我们可以心存安慰地将进一步的发明交给高效率的人工智能。人工智能最后达到"技术的奇异性"，在这一点上，人工智能会超越人类的联合智能。

然而，其实我们只需要放一枪就可以把这件事做正确。因为，假

---

①参见斯图亚特·德雷德格(Stuart Dredge)2015年1月29日发表于英国《卫报》中关于霍金等科学家和马斯克、盖茨等企业家担忧的文章：www.theguardian.com/technology/2015/jan/29/artificial。
②参见关于"开放的人工智能"(Open AI)和创建者不言而喻性的网站：https://openai.com/blog/introducing-openai。

如我们没有好好地思考这种超级智能，那么，实际上，我们就面临一个问题。在一次"技术、娱乐与设计"访谈中，伯斯特洛姆勾勒人工智能发展的一个画面：科研人员将花费很长时间，才能使人工智能达到一只老鼠或者一头大猩猩的智能水平。[1] 这位哲学家说，但是，一旦人工智能达到了"村里白痴"的水平，那么，爱因斯坦也就不再遥远了，而且更有甚者："这列火车并不在人类的村子里停车，而是呼啸而过，开了过去！"伯斯特洛姆这番话的意思是，人工系统的智能会在几个星期之内或者在几个小时之内就爆炸性地增长，一旦该人工系统能够自我优化。

在此之后会发生什么，没有任何人能够预测，因为，对于一种超级智能而言，我们的智能水平类似于对我们而言大猩猩或者蚂蚁的水平。人工智能会保护我们，就因为我们曾经是其创造者吗？人工智能会保护我们，就像我们在动物园里饲养大猩猩或者海豚一样吗？人工智能会摧毁我们，就因为它或许肆无忌惮地使用它所需要的所有资源，为了达到其目的吗？人工智能的目标究竟是什么呢？人工智能会将整个星球变成一个庞大的计算机吗？人工智能会离开地球，定居宇宙吗？我们能阻止人工智能吗？"永远都不会。"伯斯特洛姆坚信。正如大猩猩或者蚂蚁无法阻止我们人类一样。他说，此外，有些技术今天就已经无法阻挡了："互联网的关闭按钮究竟在哪里？"

假如我们按照这个思路思考到终结，那么我们甚至会扪心自问，

---

[1]参见尼克·伯斯特洛姆(Nick Bostrom)2015年4月在"技术、娱乐和设计"中的谈话"当我们的计算机比我们还聪明时，将会发生什么？"（"What happens when our computers get smarter than we are?"）：www.youtube.com/watch?v=MnT1xgZgkpk。

我们是否早就已经被计算机算法软件控制了。[①] 进化论生物学家理查德·道金斯 (Richard Dawkins) 曾经提出过"自私自利的"基因这个概念，人工智能或许可能在这个意义上影响人类的态度。正如基因一样，计算机算法软件也不需要任何自己的智能。如果这些算法软件有学习能力，以便在其环境中尽可能地进一步发展、适应并繁衍，那么，它们就拥有了进化所要求的所有特征。从人类这个角度看，对于计算机算法软件而言，人类就会是一个单个的人对于基因的意义：一种繁殖的容器。

在这个意义上，已经存在自私自利的计算机算法软件了。一种能够很好地理解语言的软件使我们能够经常购买它，并且因此而增强，就像一台有效的吸尘机器人一样，或者像一个帮助汽车自主停车的机器人一样。但是，尽管这些计算机算法软件在未来越来越多地给我们的生活打上烙印，没有任何人会把该软件视为对人类的威胁。否则，这肯定会在面临上文所描写的超级智能问题时具有超人类的能力和目标。可是，伯斯特洛姆的分析有多大的现实主义意义呢？马斯克和霍金绘制在墙壁上的危险有多现实呢？

脸书的扬恩·勒昆 (Yann LeCun) 认为："绝大多数描绘这种昏暗情景的人并非人工智能领域的科研人员。"[②] 事实是：我为了撰写这本书收集资料。在此过程中，我走访过的所有科学家实际上都了解今天

[①] 参见理查德·施泰希 (Richard Stacy)2015 年 9 月 25 日写的博客文章：http://richardstacy. com/2015/09/25/the-three-ages-of-the-algorithm-a-new-vision-of-artificial-intelligence。
[②] 参见英国广播公司记者珍妮·维克菲尔德 (Jane Wakefield) 采访脸书的扬恩·勒昆 (Yann LeCun) 的访谈"智能机器：脸书想用人工智能做什么？"（"Intelligent Machines：What does Facebook want with AI?"），刊于 2015 年 9 月 15 日的《英国广播公司网》(BBC.com)：www.bbc.com/news/ technology-34118481。

的机器人和人工智能专家要克服的困难，他们都没有看到地平线上的超级智能。微软研究主任艾瑞克·霍尔维茨补充说：超级智能"不会在今后的一百年内出现。目前存在更危险的状况：从基因技术到气候转变，再到核武器。我们到底什么时候停止过害怕核武器？"

尽管如此，他还是建议要谨慎："当然，我们不应该将任何人工智能安装到潜在的危险系统中，只要我们并不确信，它们会稳定可靠地被运行。"但是，从原则上讲，人工智能并不是问题，而是"天性的愚蠢"。此刻，对于人类而言，智能的系统还更多的是一种帮助而不是危险，无论在医学、能源技术、交通或者在无数其他领域。吉奥夫·辛顿（Geoff Hinton）也认识不到"终结者－场景"（Terminator-Szenario）。吴恩达甚至说："我思考过许多单一性，比如火星上的人口过剩和环境污染。"[①]人类还从未到达过火星这颗红色的星球上，因此，我们甚至还没有迈进朝单一性发展的火车。如此看来，我们为什么现在就对此忧心忡忡呢？

三种论点：为什么将不会有超级智能

现在看来有可能的是，所有这些泰斗都陷入细节困难太深了。他们无法进一步拓宽他们的视野，因此忽略了暗礁，而我们在万不得已的情况下，可能会无法刹车地朝那个暗礁行驶。但是，也有大量好的论点说明，在可预见的时间内，不会有任何系统能够给接近或者甚至超越人类的智能。第一个论点也是最简单的，我们不愿意研发这样的

[①]参见加莱普·卡尔灵（Caleb Garling）对百度专家吴恩达的采访"为什么'深度学习'是人类的全权而不是机器的全权"（"Why Deep Learning is a Mandate for Humans, Not Just Machines"），参见2015年5月的《有线新闻网》（Wired.com）：www.wired.com/brandlab/2015/05/andrew-ng-deep-learning-man。

系统。因此，凯文·凯利认为，对于我们而言，关键的问题必须是发展一种有针对性的、专门针对特定领域的智能，而不是一种有广泛目标的智能："我们希望，我们的全自动汽车完全把注意力放在道路上，而不是开始与车库争执。综合博士'沃森'应该完全深入地研究其医学细节，而不用考虑，它为什么没有在英语语言学领域获得博士学位。"

反对超级智能的第二个论点是，我们根本就不能够发展超级智能。因此，能够纵览其所有行动的效果的一种系统是几乎无法想象的。我们仅举一个例子：在20世纪30年代，当氟利昂（FCKW）第一次被生产时，有谁能想到，这种无毒的冰箱冷却剂会导致如下情况：澳大利亚人尤其不得不保护自己避免患皮肤癌，就因为氟利昂损害了地球的臭氧层呢？超级智能肯定也会忽略一些事物，永远都不会完美地决定，因为数据量的增长会比处理数据更快，况且，一种核心的智能肯定会忽略很多局部的知识，然而，人们却需要这种局部的知识，为了在现场找到各自最好的解决方案。

第三个论点或许是最重要的论点，我在本书已经多次提及这种论点：为了探究，人们是怎样理解的，并且能够相应地采取行动，一种人工智能除了精神以外，还需要一种躯体。因此，我们仅仅在海洋的海平面上游泳，并且借助进气管潜水时，这还是不够的，为了让我们能够体验，一个失重的潜水员在中美洲国家伯利兹（Belize）的蓝洞（Great Blue Hole）①中的钟乳石大厅里感觉如何。因此，一种计算机系统无法真正知道和体验，在身体里有什么样的过程，既然它没有躯体。所以，如果有一种超级智能的计算机，那么它也不能够控制人

---

①蓝洞（Great Blue Hole）是一种石灰岩洞，是目前已发现的全世界第四深的水下洞穴，位于伯利兹外海约60英里（96.5千米）的大巴哈马浅滩的海底高原边缘的灯塔暗礁（Lighthouse Reef）。——译者注

类，因为它不能像人一样发挥作用，所以它无法完美地预测其行动对人们产生的影响。

机器人先锋专家洛尔夫·普菲弗尔说："自古以来，我们人类的认知就是一个完整的有机体的一部分。该有机体给我们的思维方式和行动方式打上烙印，同样，也给我们的伦理原则打上烙印。也就是说，我们作为人如何彼此交往。例如，一台计算机怎么能知道，渴了意味着什么，既然它不渴。"计算机怎么能理解讽刺和影射，既然它不在人群中生活，也不了解在一些表达中一起摇摆的所有细腻的细节呢？

计算机不了解道德，它怎么能够在伦理方面采取正确的行动呢？一个极端的例子是：我们假设，一种超级智能得到一项任务：阻止太多人死于阿尔兹海默症，而超级智能并非通过新的药物来解决这个问题，而是通过杀死所有六十岁以上的人。人们将如何声称，会阻止这种荒唐的但是又合乎逻辑的行为呢？因此，我们可以说，把人类的福祉交给一种"没有关闭按钮"的人工智能，这绝不仅仅是玩忽职守。

普菲弗尔指出："对于我而言，感同身受属于人类的智能。"但是，对于人工的系统而言，这是可能的吗？人们究竟是否能够建造有感情的并且能发展移情的机器呢？如果能，那么，人们能够保证它们按照道德法则行事，并且分享我们的价值吗？在下一章里，我会探讨这些问题。

第十一章　具有情感智能的机器人：为什么理智本身是不够的

参与游戏的情感

那些蜻蜓又来了。尽管身处疯狂的处境，我在森林的地上坐立不安，我还是看到了它们。它们在萨曼塔的身旁飘浮着，用它们的小摄像头观察着，马上会发生什么：这个类似人的机器人会用她正好在手中挥舞的汽车千斤顶做什么。我尖叫一声，萨曼塔听后吓了一跳，她的动作也僵硬了。她现在也用眼角的余光看着那两只蜻蜓。然后是一个闪电般快速地转身，我甚至都没有看到这转身的苗头，她用尽全身力气，击中了其中的一个无人驾驶飞机。这个小物体在空中就爆裂了，它的头、翅膀和尾巴慢慢地旋冲到地面，而第二个蜻蜓迅速逃之夭夭了。

"萨曼塔！什么……"

她扔下那个汽车千斤顶，抓住我的肩膀下面和膝盖下面，把我举起来，仿佛我就像一个小孩子那么轻似的。她把我带出危险地带。然后，她又去取那个轮椅，把我放到轮椅里，在安全状况中推着我走了200米。她把我推到高处的一块岩石上，站在那里可以俯瞰河谷的景色。在我们身后，树木在呻吟，而伐木机器人的电锯依然在工作，同时发出刺耳的声音。最后，那些树木带着巨大的叹息声和咔嚓声轰然倒到地上。我们的汽车没有被击中，但是，此时，我们的汽车被卡死了。

"萨曼塔！什么……"我又开始问道。

她朝前走了几步，然后掠过岩石，看向深处。接下来，她转过身回答："保护您，这是我的任务。机器人技术的第一条诫令是：一个机器人不能对任何人……"

"……造成伤害，或者通过不作为让人受到损伤。"我补充道，"我了解这些诫令。阿西莫夫(Asimov)[①]的定律确实被移植进入你们机器人体内了吗？"

这个类似人的机器人点点头，她又转过身来朝向我。"此外，我把您当成患者照顾。这再一次加强了认知和情感的联系。攻击不得不失败。"

情感的联系？我与这位机器人女士接触越多，我就越不能理解，她的神经芯片里发生了什么。"萨曼塔，什么攻击？"

"它向我发布了矛盾的命令。这中断了我两分钟。但是，保护您这一条，拥有最高的优先权。"

"谁封锁了您？"

"我的设计者施泰凡·温格尔。通过他的智能手机，我同时被命令，转移汽车方向，然后离开汽车。接着，我应该用千斤顶破坏轮椅，然后逃跑。这些命令是无法被执行的。我切断了与他的智能手机的联系，因为这个功能显然失灵了。"

---

①阿西莫夫(Asimov)是美国著名的科幻小说家，也是21世纪顶级的科幻小说家，写过100多部科幻小说，获得科幻小说届的雨果奖和终身成就奖即星云奖。他提出过机器人的三大定律。——译者注

施泰凡？这是什么意思？

我发烧般头脑发热地筛选着可能性。肯定没有任何东西损坏了，这一切都是蓄意而为！他想要萨曼塔出局，好让她无法再保护我。之前那辆在逆向行驶的车道上险些酿成车祸的电动出租车，以及它开向伐木工人这里，这不可能是偶然，这是两起对我生命的暗杀行动！施泰凡？可是，为什么？

我嘟囔着说："他想阻止我再次闯进他的生活。"这种认识不禁让我打了个寒战。"闯进他与戴丽娅的生活。这是嫉妒，萨曼塔，不是别的，就是嫉妒。"

"嫉妒？"她用迷惑不解的表情看着我，"这是一种人类的情感，对吗？"

"假如有人非常爱某人，并且害怕失去他，输给另一个人。"

"您知道，什么是感情吗，萨曼塔？"

"是的，知道。"她说。

"我能够识别人脸上的表情：害怕，高兴，惊喜，愤怒，悲伤。我还有一套'大脑模式的理论'。但是，这套模式必须得到更好的训练。我可以根据您的行为和表达得出结论，您在思考、感觉和计划什么。我可以展示感同身受，善解人意。而且我知道，我能够做什么，为了安慰您，如果您感到悲伤难过。"

这一切听起来都如此符合逻辑、如此典型地符合机器人特点。"难道您自己没有感情吗？"

她思忖片刻，然后她缓慢地说："我有一种'情感发动机'（Emotional Engine）。施泰凡·温格尔向我解释过，假如我的充电状态显示很少，我能感觉到人们在饥饿状态中的那种感觉。当我的电子活跃的聚合物或者我的传感器受到损害时，都会发出信号，这些信号与疼痛吻合。"

"难道这不是咬文嚼字吗？"

萨曼塔摇了摇头。"情感的发动机还向我传授出自本身的威胁。它鼓励我学习，获取新的知识，新的能力。对人们而言，这也没有什么不同，对吗？只不过，对人类而言，对补偿的期待是由荷尔蒙和多巴胺引起的。"

"嗯，……当您刚才摧毁那只蜻蜓的时候，那不是类似愤怒的情绪吗？当时您感觉到了什么？"

"这些侦察无人驾驶飞机是您所陷入的危险的一部分，摧毁它是理智的。"

我转了转眼珠。"好的，但我推测，您的情感发动机负责，您在此之后要感觉好一些？"

现在，我感觉到了她的情绪。萨曼塔微笑着，那是一种非常美的、给人温暖的微笑。"是的。"她说，"但是，我感觉好多了，比我刚才不得以把您带到这里时感觉更好。"

我有些迟疑。"您之前还提及这种诸如……情感的联系……"

她看着我的眼睛。她那张类似人的机器人面颊上确实有些红润了吗？在这张美丽的面颊后面肯定还隐藏着一些情感！她用手做了一个逗人喜爱的手势，我把这手势阐释为胆怯。

可是，她突然把目光从我身上移开了，她朝上看，看向我身后的森林。她张开嘴，要说些什么。然而，在我理解她说的内容之前，一道闪电掠过我的头顶，一道刺眼的疼痛，于是，一切都陷入昏暗之中。

一台有感觉和意识的机器

在第二次世界大战结束后不久，当计算机还是填满整个房间的庞然大物时，计算机科学的幻想家阿兰·图灵推测，除了编程以外，肯定还有第二个或许更好的途径，去给机器吹入智能的气息。他在1950年撰写的题为"机器能思维吗？"（"Können Maschinen denken？"）的著名论文中建议，给机器"配备最好的感觉器官"，并且教授它们，"理解和说英语"。他写道，这个过程"可以跟随一个孩子的正常学习过程"。

由此已经发展成今天的"发展的机器人技术"（Divelopmental Robotics）这个研究方向。[①] 我在本书的第四章中描述过那个漂亮而有时给人顽皮感觉的机器人"艾库伯"（iCub）。它在热那亚上学，学习擦桌子，重新识别它的玩具。正如面对这样的机器人一样，地球另一端的科研人员还尝试，把机器人当成孩子来教育。一个先进的实验室之一就是日本大阪大学（Osaka Universität）编写机器人教授和认知的神经型机器人技术主任浅田稔（Minoru Asada）[②]领导的实验室。大阪这座拥有百万人口的城市坐落在日本的太平洋海滨，乘坐高铁日本新干线（Shinkansen），距离古老的天皇城市京都（Kyoto）只有15分钟的车程，距离首都东京（Tokio）有两个半小时的车程。由于其丰富多样

①更多关于"发展的机器人技术"（Divelopmental Robotics）的内容参见沃尔夫冈·施蒂勒尔（Wolfgang Stieler）撰写的文章"机器人中的孩子"（"Das Kind im Roboter"），刊于2015年第4期《技术周报》（Technology Review），该期主题为"我是谁？感知、智能、意识——机器人透露了哪些关于我们的信息？"（"Wer bin ich? Wahrnehmung, Intelligenz, Bewusstsein Was Roboter über uns selbst verraten"）：http://www.heise.de/tr/artikel/Das-Kind-im-Roboter-2724219.html，以及www.heise.de/tr/magazin/2015/4/26/。
②参见日本大阪大学浅田稔（Minoru Asada）教授的机器人项目网站：www.er.ams.eng.osaka-u.ac.jp/asadalab/?page_id=143 und www.jst.go.jp/erato/asada，Pr sentationsbilder unter：www.jst。

的研究活动，大阪甚至被视为机器人技术的世界首都。

浅田稔在大阪从事机器人技术和人工智能研究已经 35 年。他在图像处理、识别模型领域，尤其研究人与机器的对比。这位已经头发花白的机器人技术先锋人物充满自信，但总是伴随着一阵踌躇满志的轻声大笑说："21 世纪将不仅仅是大脑的世纪，而且还是一个纪元的开端。在这个纪元里，机器人将与人共同生活。"尤其给他鞭策和研究动力的是日本人口迅速老龄化的现实，他强调说："为此，我们将需要机器人提供的身体和精神上的支持。我们必须消除人与机器人之间的鸿沟，为了使机器人被接受。"

浅田稔的愿望远远超出如下状况：机器人适应在人类世界的生活，并且完成任务。他希望，机器人还能够识别情感，不仅模拟情感，而且或许甚至还拥有情感。他还想要展示移情和善解人意、唤醒同情的社会机器人，因为只有到那时，与人类组成的一个真正的集体才会发挥作用 。[1]

正如一种只会进行逻辑思维的生物——我们稍微以太空企业中的指挥官史波克（Commander Spock）[2]为例——在与人类的共同生活中，肯定经常会遇到困难一样，机器人的命运也会如此，它们根本就不懂感情。人们需要情感的智能，为了理解人们的动机，为了能够在与人组成的团队中更好地工作。

但是，为了能够迅速地在多选的操作行为中进行挑选，情感也是必要的。石器时代的人在遇到狼袭击时，要长时间地考虑，是应该爬

---

[1]浅田稔发表的论文原文"迈向人工的移情"（"Towards Artificial Empathy"），刊于 2014 年 9 月的《社会的机器人技术国际期刊》（*International Journal of Social Robotics*）；www.er.ams.eng.osaka-u.ac.jp/Paper/2015/Asada14k.pdf。

[2]指挥官史波克是美国科幻电影《星际旅行 1：无限太空》中的人物，由伦纳德·尼莫伊扮演。——译者注

上树，还是逃跑，是应该与狼搏斗，还是大喊救命。这种石器时代的人没有太多的机会把他的基因传给下一代。此外，建立在文化学习与很多经验基础上的情感经常是直觉的。因此，一种新的公式是否能够准确？对此，许多科学家"肚子"里有直觉。人人都知道一见钟情，在第一次与新来的头儿握手，或者在他刚说几句开场白时，就直觉上肯定地对他反感，难道不是这样吗？

人们如何建造好奇的机器人？

面对机器人，科研人员们当然通常不会致力于，让它们恋爱，或者发展一种对它们应该帮助的人的反感。在此涉及非常根本的问题：人们如何向机器人移入好奇心，去探究其周围的世界？人们如何集中机器人的注意力？人们如何奖赏和指责机器人？机器人如何为自己设定目标？机器人如何能够学习共同生活的价值和规则？如果机器人拥有了这一切：那么，它们也有意识吗？它们有独立的人格吗？它们是个体吗？

在浅田稔的研究所里，科研人员会在理论和实践方面探讨这些问题。这里有多种多样的机器人。在其装满书和奖杯的玻璃办公室旁边的一把椅子上，有一个摊在那儿的孩子一样的 CB2 型机器人。它有柔软的、灰白色的、对触摸很敏感的皮肤，带很多符合孩子的活动元素。这款机器人自从 2007 年被投入使用以来，迄今已经很多年了。人们用它来测试，看看人们如何与机器人孩子打交道，人们对机器人的声音有什么反应，人们如何触摸机器人，机器人如何帮助人们，还有更多其他内容。[1]

---

[1]参看 2010 年 3 月 CB2 型机器人的视频资料：www.youtube.com/watch?v=rYLm8iMY5io。

目前，CB2型机器人的额头上戴着一顶草帽，一动不动。"它睡觉了。"浅田稔说。他说这话的意思是，那款机器人不好使了。"一种生物系统可以自我修复，但遗憾的是，一款机器人不能自我修复。"他几乎抱歉地补充说，"它的照料者目前不在我们这里工作了，已经调离。"这是全世界所有大学研究所都熟悉的一个问题：博士论文和博士后的位置与申请的研究项目预算都是有时间限制的。有些项目很难实施，因为其错综复杂性，有些项目不得不延长许多年甚至几十年。

目前，在大阪更吸引人们注意的是"柔情机器人"（Affetto）而不是CB2机器人。[①] 它主要显示一张婴儿脸，有两只小胳膊。"柔情机器人"看上去不仅像一个婴儿，而且它的皮肤摸起来也像婴儿那样，它发出的声音也像婴儿一样……浅田稔就像一位父亲一样自豪地说："它或许是世界上最小的类似人的机器人。"他的同事石原尚（Hisashi Ishihara）和吉川雄一郎（Yuichiro Yoshikawa）目的明确地这样设计，使它非常接近一个一到两岁的孩子。他们的目标是，人与机器人之间一种尽可能有情感的交流互动。"柔情机器人"噘起嘴，哭闹，发出咕噜的说话声，转动眼睛或者感兴趣地看着参观者。这时，人们禁不住想要建立与它的关系，即便它已经脱掉它的小衣服，人们看到了它内部所有的电缆、关节、金属板和小发动机。[②]

---

① 参见 Norri Kageki 撰写的关于"柔情机器人"（Affetto）的文章"遇见'柔情机器人'，一个有实用的人脸表情的儿童机器人"（"Meet Affetto, a Child Robot With Realistic Facial Expressions"），刊于 2011 年 2 月的《电气与电子工程师协会〈光谱〉》（IEEE Spektrum）：http://spectrum.ieee.org/automaton/robotics/humanoids/meet-a。

② 参看 2012 年 7 月"柔情机器人"（Affetto）的视频资料：www.youtube.com/watch?v=GjwXjqSuBZw，以及 2011 年 2 月"柔情机器人"（Affetto）的脑袋：www.youtube.com/watch?v=Quai3SpKD08。

浅田稔教授解释说："问题的关键恰恰就在于此。我们发现，哪些细腻的、非语言的因素会促使人建立一种关系。"如果我们知道，机器人按照理想的方式显示哪些举动，它们应该如何对人们做出反应，这会大有裨益，会帮助我们建造移情的机器人。这种移情的机器人能比我在本书第七章中描绘过的、用于抚摸的机器人"哈格维"（Hugvie）和"帕劳"（Paro）更好地帮助患老年痴呆的人。它肯定会像人一样识别并理解情感，并且能够相应地控制它的行动，就像婴儿和照顾婴儿的人一样，使他们的运动同步，一起大笑，做鬼脸，抓取玩具。它们还能像成人一样，做更复杂的动作。它们有时候会做出不同步的动作，为了尽可能地交流：当一个机器人聊天时，另一个机器人沉默不语，反之亦然。

有移情能力的机器？

未来的机器人应该能够按照理想的方式设计一种"思考理论"（Theory of Mind），正如认知科学家们所称的那样。人们把它理解为一种能力，感觉对方恰恰可能在想什么，感觉到什么，也就是在其他人身上找到一种关于意识过程被阐明理由的假设。这适合某种人们理解为认知和情感移情的东西。三至四岁的小孩子就已经有了这种想象：在另一个人的头脑中在进行什么。假设有两个孩子 A 和 B，他们同时看到，有人往一个盒子里放了一小块儿巧克力，可是后来，在孩子 B 不在时，这块巧克力被人从盒子里取出，放到冰箱里。孩子 A 确切地知道，孩子 B 回来时将会在哪里找那块巧克力，即在盒子里，而不是在巧克力目前所在的冰箱里去找。孩子 A 肯定有自己的想法，关于孩子 B 知道什么，以及他不可能知道的事。

　　对于和谐的共同生活而言，这种设身处地的思考非常重要，正如感同身受一样。也就是说，了解别人是否难过，以及应该如何安慰别人。对于人而言，后叶催产素和多巴胺起着重要作用。经常被讨论的"镜子神经元"(Spiegelneuronen) 出现的频率有多大，这还很有争议。[①]这些是在大脑里有优先权的神经细胞，比如，猕猴就已经会在观察活动模型时指出相同的活动模型，就像猴子会完成这项运动本身一样。假如一个猴子看到另一个猴子或者一个人在采摘水果时，同样的神经元会兴奋，就像它自己去采摘时一样。

　　将这些神经元和移情的产生与精神理论结合起来，这当然就比较容易理解了。然而，它们可能也只是大脑的一个方法，为了去模拟，一个运动的过程看上去会是什么样子的。在大脑中与符合情感和认知评价有关的区域中，是否有这些神经元，目前尚不清楚。同样还没搞清楚的是这个问题：它们在人的大脑中是否以更大的规模存在，如果是，那么它们完成哪些任务。

　　但是，科学家们能够想到为机器人安装"镜子神经元"，或者，他们以别的方式让它们能够掌握一种精神理论。在此之前，他们首先必须进行更基础、更重要的实验。因此，大阪的科学家们不仅与婴儿机器人"柔情机器人"工作，而且还和类似人的机器人"佩普尔"(Pepper) 和"艾库伯"(iCub) 一起工作。比方说，小机器人"艾库伯"(iCub) 恰好在这里学习，观察它对面的人的眼睛。如果双方的目光接触时间太长，它就会首先尴尬地微笑。然后，它会羞怯地垂下

①更多关于"镜子神经元"和其他现代大脑研究的知识，参见海宁·贝克(Henning Beck)的著作：《大脑有裂缝——20.5 最大的神经元神话，我们的大脑如何真正地探究》(*Hirnrissig Die 20,5 größten Neuromythen und wie unser Gehirn wirklich tickt*)，汉泽尔(Hanser)出版社，2014 年。

脑袋。在日本，这是非常具有人的特征的行为方式。在隔着几扇门的地方，大学生们甚至在做一个人造的嘴和喉结，连同嘴唇、舌头和声带。他们的目的是让机器人尽可能逼真地模仿人的语言。

情绪可以从脸上看出来

可是，人工系统在多大程度上能识别人的情感？谁要想发现这一点，谁就最好倾听 38 岁的埃及人拉娜艾尔·卡里欧比(RanaEl Kaliouby)的观点。她就通过手势、大眼睛和一种"说话的面部表情交流"很多。[①] 她在开罗 (Kairo) 上大学，在英国剑桥大学获得博士学位。此后，她在美国麻省理工学院工作，她又在那里一同创建了公司"情感"(Affectivia)。她在公司里担任首席科学家。[②] "情感"公司与竞争对手如 2016 年 1 月被苹果公司收购的美国人工智能技术公司"意姆"(Emotient)一起，属于迅速发展的自动化情感分析领域中全世界领先的企业。

"当我在英国读书时，我感到孤独，想家，但是，我只能用电子的方式，通过这些情感与我在埃及的家人沟通。我所有的情感都消失在网络空间里。"拉娜艾尔·卡里欧比在"技术、娱乐、设计"访谈节目中回忆起她要研制这样一种计算机的初衷：能够识别情感，然后像一个有高情商的朋友一样做出反应。从原则上讲，这根本就不难，因为人们的脸上诸如愤怒、欢喜、惊喜、厌恶、恐惧、鄙视和悲伤难过的

---

①参见 2015 年 6 月，拉娜艾尔·卡里欧比 (RanaEl Kaliouby) 在"技术、娱乐、设计"中的访谈：www.youtube.com/watch?v=o3VwYIazybI。

②参见拉菲·卡查多里安 (Raffi Khatchadourian) 撰写的关于拉娜艾尔·卡里欧比 (RanaEl Kaliouby) 的文章"我们知道你的感觉如何"（"We know how you feel"），刊于 2015 年 1 月 19 日的《纽约报》(New Yorker)：http://www.newyorker.com/magazine/2015/01/19/know-feel。

基础表情总是以同样的方式反应出来，不依赖人的出生地、性别、年龄或者成长时接受的文化教育。

根据心理学家保罗·艾克曼(Paul Ekman)的观点，人的脸部有44个活动单元，它们可以被组合成数百个情绪活动。例如，第4个单元是皱眉，第6个单元是眼圈外部肌肉的紧缩，第9个单元是皱皱鼻子，鼻梁上形成很多皱纹，第12个单元是嘴角上扬，第18个单元是嗷嘴索吻。我们可以看到，第6单元和第12单元结合就形成一种友好的微笑。一台具有很好的图像处理功能的电脑可以学会所有这一切，然后区分一种真正的、高兴的微笑和虚假的、职业要求的微笑，抑或是一种玩世不恭的笑，即便这些面部动作非常快，而且细致入微。

拉娜艾尔·卡里欧比报道说："我们的'阿菲戴克斯'(Affedex)项目在两年半之内观察了人们75种微笑，在他们看着摄像头的时候。这当然是在征得他们同意的前提下。"研究人员一共分析了290万张脸，而这套软件由于有了深度学习的计算机算法而变得越来越好，能够准确地给数十亿被测量的情绪活动归类。虽然系统还不能识别复杂的或者依赖文化的情感状态如嫉妒或者负疚感，但是，在追踪基础情感方面，这比绝大多数人更快捷也更精确。此外，"情感"公司(Affectiva)的研发人员成功地如此减少了核心软件，以至于该软件在任何一个安装摄像头的活动仪器上都好用。

拉娜艾尔·卡里欧比最初想要以此设计"给耳背的人用的助听器"，因为耳背的人有很大困难，去正确地理解别人的情感。他们耳朵里安装的一个小按钮向他们耳语道："您对面的人为您说的话感到高兴"或者"他刚显示愤怒的表情，或许您应该用别的表达方式"。这对耳背者和盲人都很有帮助。然而，迄今为止，还缺乏愿意投资生产这种产品的投资人。取而代之的是，广告商、市场研究人员、政府机构、银行甚至汽车企业都去按"情感"公司的门把手，登门拜访。[1]

因为一个人的面部肌肉要比人的理智快半秒。因此，它没有过滤地反映了恰恰经过这个人大脑的内容。谁要能够正确地阐释这些最小的信号，谁就掌握先于所有其他的知识优势，不仅在玩儿扑克牌时是如此。假如在商业合作伙伴的脸上出现哪怕几微秒的生气甚至愠怒的表情，人们就已经知道，这位商业伙伴认为，所给的报价不公平。在选举的广告短片中，"情感"公司的项目也已经能够以73%的把握预测，看短片的人会把选票投给谁。

市场营销专家以"情感"公司的项目为自己承诺最大的利益。谁在商店中研究顾客的脸部表情，并且将关于年龄和性别的信息联系起来，谁就能够很好地预测，哪些产品应该进货更多或者更少。当然，倘若没有得到被观察者的同意，观察顾客的脸是不被允许的，就像禁止电视台偷偷地分析观众对电视节目或者广告片的反应一样。

尽管如此，公司的研究人员甚至还有更奇特的想法会在脑子里一闪而过：比方说，一个带摄像头的媒体控制仪器会调查，观众在做什么。还比如，在看电视的同时，还在吃饭、看书、打扫或者游戏，然后，马上播放合适的广告片。假如有人用灰暗的面目表情擦拭灰尘，那么，电视就会播放一个关于最新的吸尘机器人的广告片。或者，在发生家庭争执时，播放一个关于抚摸机器人或者镇静药丸的小电影。然而，这种向最私人化的领域的渗透，是否会得到观众惬意的接受，这还是令人怀疑的。

---

[1] 参见"情感"公司（Affectiva）的网站：www.affectiva.com。

更被接受的大概是在自己汽车里的机器的帮助。在这里，一个被安装在内视镜里的摄像头观察驾驶员，并且推断驾驶员是否露出疲惫神态或是工作压力过大。在驾驶员疲劳的时候，汽车也许会建议休息一会儿；在驾驶员工作压力过大的时候，汽车会把音乐调小声一些，或者选择使人更平静的曲目。在麻省理工学院的"汽车易感性(AutoEmotive)"项目中，科研人员们准确地研究这些应用领域。类似的项目在欧洲进行。在这些项目中，摄像头检测驾驶员闭眼睛的频次，或者传感器测量驾驶员在做哪些调整方向的动作。为了道路上的行车安全，这样一种驾驶员辅助系统会成为一个巨大的进步："德国交通安全委员会"(Deutscher Verkehrsicherheitsrat) 的调查研究得出结论，仍然有 1/4 的恶性交通事故归因于驾驶员疲劳驾驶。

当人们调情时，语言系统会发觉

正如计算机能够分析人们的情感生活一样，看人的面部表情也不是唯一的方法。还有，研究人员根据人们的姿势也可以得到很多信息。同样，根据某人走路的步态，某人朝何处望去，某人的声音听起来是什么样的。倘若人们把这一切都联系起来，那么，最丰富多样的应用前景是可以想象的：不仅可以运用到广告中，而且还可以运用到对计算机游戏的控制和学校的学习中，或者用于机场的安全保障。有些专家推测，如今，这样一种软件的范例已经在国家边境被偷偷地测试过，为了帮助安检人员，从大量的游客中筛查出恐怖分子和暗杀人员。

无论如何，分析一种声音的质量、强度和节奏的程序已经被以色列的启动公司"文件记录以外"(Beyond Verba) 研发出来。一个软件向传呼中心的员工们发出说明，电话另一端的客户感觉如何，而

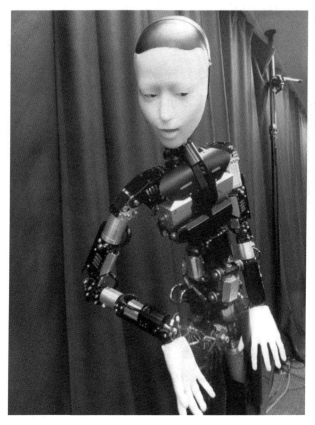

带感情的机器人：日本的科研人员希望，计算机和机器人不仅能够识别人的情感，而且，自己还能够感觉到并展示什么。此图为大阪大学实验室中的一个机器人女士获得人的外表之前的模样。

且，员工本身如何被计算机感知。据说，这种软件不仅能够识别一位顾客不久前是否在情绪上失控。而且，软件还能够感知声音中的调情信号。这一点当然会立刻提醒懂电影的人回忆起科幻电影《她》(*Her*)①。影片里自称萨曼塔的计算机软件，只是通过声音与男演员泰

---

①《她》(*Her*) 是一部 2013 年上映的美国科幻电影，讲述在不远的未来人与人工智能相爱。该片的主要取景地是上海，导演派克·琼斯。——译者注

奥多沟通，并且通过摄像头观察他及其周围环境。随着时间的推移，萨曼塔不仅越来越好地了解泰奥多如何感觉，而且自己还发展了情感，跟他调情，与他争吵。可是，他最后惊讶地发现，萨曼塔不仅与他有关系，而且还与8316个其他人和其他驱动系统有关系。对于一台计算机而言，只有一个人是不够的……

电影《她》很好地演绎了人对爱和彼此贴近的渴望。但是，从人工智能的角度看，这部电影如此不现实。萨曼塔在没有身体体验的情况下发展了这些情感，这大概是不可能的。但是，有躯体而且与人们共同生活的机器人又怎么样呢？机器人能够不仅了解真正的感情，而且还亲身感受到感情吗？人有强烈的愿望去保持一种内心的平衡，即内环境动态平衡。谁感觉疲惫了谁就想睡觉；谁饿了渴了谁就必须吃饭喝水；谁感觉太热了谁就需要冷气。

有饥饿感和痛感的机器人

机器人也有真正的需求，例如"艾库伯"（iCub）那种被模拟的机器人在被抚摸的时候有需求，而且还会说："我喜欢这样，请再抚摸我一次。"例如，一个机器人的发动机不能过热。它不应该把它的发动机浸泡在水里，还必须经常给它的电池充电。因此，像洛尔夫·普菲弗尔那样的科研人员就建议，人们也可以在计算机身上，将情感与其身体的状况连接：这样，它就可以感觉到"疼痛"。假如它的一个发动机过热，而且感觉"饥饿"，也就是需要电，当其电池的充电状态低到发出警报的时候。这种情感会使机器人尽快消除问题：也就是说，让发动机冷却，并且寻找下一个充电装置。

这听起来或许不那么陈腐老套，因为这涉及基本构想：机器人的大脑应该如何被构造。我在本书第四章中介绍的深度学习方法软件和第五章中用于生成知识的方法是非常重要的，为了让人们能够理解图像，并且有意义地处理信息。然而，这些还远远不够。一台机器人还并不知道，它应该把它的注意力转移到何处，尤其是它应该做什么。这样，它不能做出决定。计算机像个小孩子一样，需要一种动力去探究周围的世界，与人和机器交流，并且帮助它们。为此，计算机需要情感、目标和奖赏。

瑞士人工智能研究所的约根·施密特胡伯(Jürgen Schmidthuber)谈论一个机器人应该有的两个根本的学习模式：一个制造者和一个世界模型。[①] 所有的知识都被储存在世界模型中，而且被多重地联系。这些知识由图片、声音、其他感觉器官的信号以及关于规则、内在联系、社会的上下文和许多更多东西得出。制造者利用这个世界模型以及来自感觉器官的现实价值，为了计划并且制造所希望的环境状况。他的目标在此由一种分配分数的奖赏功能得出，例如，当他给电池充电的时候，当他赢得比赛的时候，或者当它能够给其新的世界模型补充新知识的时候。

玛蒂亚斯·洛尔夫(Matthias Rolf)曾在比勒菲尔德(Bielefeld)大学"感知与机器人技术研究所"(Institut für Kognition und Robotik)写他的博士论文。目前，他在日本大阪大学浅田稔的实验室工作。他的观点与施密特胡伯的观点非常相似。但是，他提出了更

---

①参见弗里德曼·比伯尔(Friedemann Bieber)和卡塔琳娜·拉斯茨洛(Katharina Laszlo)对约根·施密特胡伯(Jürgen Schmidthuber)的采访"智能机器人将被生活吸引"（"Intelligente Roboter werden vom Leben fasziniert sein"），刊于 2015 年 12 月 1 日的《法兰克福汇报》(*Frankfurter Allgemeine Zeitung*)：www.faz.net/aktuell/feuilleton/forschung-und-lehre/die-welt-von-morgen/juergen-schmidhuber-willhochintelligenten-roboter-bauen-13941433.html。

根本性的问题，例如：人们如何把目标以及在社会语境中学习的迫切愿望放置在机器里？[①] 洛尔夫解释说："有三种学习的类型。第一，受监督的学习。但是，针对这种学习，人们需要一位老师，他知道解决的方法是什么。这并不适合于为自己设定目标。第二，不受监督的学习，它经常在深度学习方法的软件中被应用，为了发现模型。然而，对大约数百万猫咪图片的统计结果本身没有任何价值。人们也无法从中引导出任何目标。第三，奖励学习法，即所谓的'强化学习'(Reinforcement Learning)。这种强化学习的方法自动地与一种目标结合起来：干脆将奖励最大化。"

在此，奖赏可以来自外部，或者来自内部。面对人时，这一点非常相似：外在的奖励就是在学校里的分数，竞赛中的一块金牌或者朋友们的钦佩，当人们赢得铸造表演(Casting Show)之后。内在的奖励就是，在吃了一顿美食的时候产生荷尔蒙，或者当人们刚刚在经过费力的攀登后，攀登到一个山顶时产生的快乐。当然，也有负面的"奖励"：一种腐烂水果的难闻味道，或者出场亮相搞砸时产生的羞耻感。人们从这些体验中也能学习到点儿什么，也即是说，人们下一次应该更好地避免某些错误，或者用不同的方法去做某事，所谓的吃一堑，长一智。

一声赞美和一个微笑作为对机器的奖励

洛尔夫说："这些奖励在机器人身上也发挥作用。"这可以是外部

① 参见洛尔夫和浅田稔联合发表的论文原文："目标从何而来？"（"Where do goals come from?"），刊于 2014 年 10 月的《电气与电子工程师学会自动化的精神发展互动》（Transactions on autonomous mental development）；http://arxiv.org/pdf/1410.5557v1.pdf。

的奖励，无论人们因为某种行动给机器人分数，还是人们干脆用一声"做得好！"来表扬它。当机器人把沉重的饮料箱子从地下室搬上来时，或者当机器人从超市取来预定的商品时，或许人们仅仅送给机器人一个表达谢意的微笑，机器人会凭借其情感识别感知这种微笑，并且把这种微笑评价为奖励。

但是，具有内在奖励的、出自本身的动机也是可能的：这可以是对需要的满足，假如机器人的电充足了。或者更抽象的是，对好奇心的奖励。洛尔夫建议："在这里，对于机器人而言，一切会导致新信息或者导致机器人能力扩建的内容都可以得到奖励。"这样一来，机器人就不会干脆坐在那儿，等待指令，而是本身变得活跃起来。或者，我们可以通过一个简单的例子直观地表明：机器人不是目不转睛地看着一面空空的、雪白的墙，而是转过头，观察人们，或者起来探究其他房间。

但是，机器人如何做到为自己设定目标呢？这非常简单：通过期待一种奖励。玛蒂亚斯·沃尔夫说："一个目标仅仅是这种情况的另一种表达：一种奖励能带来什么。"它会依赖对奖励系统聪明的移入，机器人多么有帮助。在将来，在人类与机器人共处的社会中，所有带人工智能的系统都会变得完全具有普遍意义！

四个不同的例子显示，这些目标奖励机制运行起来好得惊人：谷歌的子公司"深度思想"（DeepMind）在2015年2月报道：该公司已经成功地研发了一种计算机系统，它可以完全自主地自学49个传统的美国电视游戏"阿塔里"（Atari），例如，"太空入侵者"（Space Invaders）、"越狱"（Breakout）或者赛车。而且，该系统不知道这些游戏的规则，仅仅通过可以达到的分数进行奖励。计算机玩了很久这些游戏，并且变换游戏技巧，直到计算机将分数值最大化。由于"深度学习"与强化学习的结合，计算机最终在所有非常迥异的游戏中都变得与人类专业的玩家相似地富有成效。[1]

浅田稔和洛尔夫用雅虎的登录还进行了另一个实验。这个网页每天都会提供几十条新闻报道：有闲聊八卦等新鲜事，还有政治、运动或者咨询顾问的网页。扣人心弦的问题是：为了碰到关于哪些报道得到的点击量最高的说明，使用者的哪些特点是最适合的。这里的奖励干脆就是点击数量。属于使用者的特点的有 IP 地址，也就是使用者的地点和当地时间，即使用者是否正在工作，或者在午休时间，抑或在晚上休闲放松。还有"浏览器历史"(browserhostorie)，也就是说，使用者在之前都看了什么等诸如此类的东西。我们借助软件系统可以展示，人们并不需要 100 个标志，而是需要少得多的标志，大概有五个就足够了，为了达到大点击率的目的。洛尔夫这样说："这大大地降低了任务的复杂性，而且使任务变得可操作。"

一根象鼻在追求其目标

成功的目标奖励体系的第三个例子来源于洛尔夫在比勒菲尔德的研究工作[2]。在这个例子中，涉及控制"软机器人技术系统"(Soft-Robotik-System) 这个问题：这是一种仿生学的行为助理。2010 年，

---

① 参见里亚特·克拉尔克 (Liat Clark) 撰写的关于"深度思想"和自学电视游戏计算机的文章"'深度思想'的人工智能现在是一种电视游戏的行家"（"DeepMind's AI is an Atari gaming pro now"），刊于 2015 年 2 月 25 日的《英国有线电视网》(Wired, UK)：www.wired.co.uk/news/archive/2015-02/25/google-deepmind-atari。

② 参见"机器人时代"(Botzeit)2015 年 5 月 26 日的博客描写"一根象鼻像婴儿一样学习"（"Ein Roboterrüssel lernt wie ein Baby"）：http://botzeit.de/blog/2013-05-26-ein-roboter-ruessel-lernt-wie ein-baby.html。

费思托(Festo)公司与"弗劳恩霍夫生产技术和自动化研究所"一起，因为这个助理获得了德国未来奖。[①] 这个机器人手臂没有发动机，也没有关节，而是就像一个大象鼻子一样发挥作用。这根大象鼻子也没有任何骨头，而是只有肌肉。这个人工的大象鼻子由空的塑料管组成，人们可以通过吹入或者吸出空气，来延长或者缩短这些部分。在大象鼻子的末端，本书第三章里介绍过的一个"鳍条效应"(Fin Ray)抓取器可以被放置在被瞄准好的物体周围，然后抓取它们。

如果人们真的使用这根大象鼻子，那么，人们很快会遇到一个问题：其弹性的运动在数学方程上不是很好地被浇铸，而且，空气室以几秒的延迟对压缩空气的吹入做出反应。用传统的机器人控制无法吹入压缩空气。玛蒂亚斯·洛尔夫通过观察人类的婴儿发现了解决办法。新生儿活动他们的小胳膊时就不是偶然的，而是完全有目的地朝向他们想抓取的物体的方向。由于有了这种所谓的"目标含混不清"(Goal Babbling)，他们能够很快地学习，懂得如何串联几百个肌肉，以得到他们想要的东西。

目前，洛尔夫和他在比勒菲尔德的同事们在用同样目标明确的学习方法，控制大象的鼻子。计算机总是看着目标来尝试，以便大象的鼻子尽可能理想地甚至最理想地朝着目标旋转。洛尔夫说："经过了一百多次尝试以后，才得出好的结果。"机器人在两分钟内，就已经知道了，把鼻子从左侧向右侧活动。甚至如此成功，以至于哪怕空气室里出现了一个洞，都不意味着任何限制："机器人于是学会了，如此使用其他空气室，以至于瑕疵根本不起任何负面作用。"最后，这个控制

①参看2010年为机器人象鼻颁发的"德国未来奖"视频资料：www.deutscher-zukunftspreis.de/de/nominierte/2010/team-2。

如此娴熟地发挥作用，使得这根大象鼻子能够跟随物体长时间活动，以便抓取它们。

没有被编写过程序，机器人"艾库伯"(iCub) 忘我地行动

玛蒂亚斯·洛尔夫的同事吉米·巴拉格里亚 (Jimmy Baraglia) 也在大阪大学"浅田稔实验室"工作。吉米甚至能够指明，这些目标奖励系统还适合制造利他主义的无私行为，也就是无私的、并非自私自利的行动。众所周知，小孩子们就已经非常乐于助人了：比如说，他们会捡起别人掉下来的东西，或者把东西交给别人，或者帮人打开房门。

令人惊喜的是，吉米·巴拉格里亚研制的机器人"艾库伯"也这样做：当它看到，一个人够不到桌子上的一个物体时，它就会把该物体推给这个人，尽管事先没有给机器人编写过这个程序。而且，它也没有收到帮助指令。取而代之的是，这种机器人"艾库伯"拥有一个普遍的预言软件。而且，机器人受到奖励，假如预言指令达到最小值。这意味着什么？机器人观察到所有可能的行动——无论是自己的行动，还是别人的行动——设置模式，并且从中学习。比如说，当一个人伸出他的手时，机器人"艾库伯"就尝试预言这个活动的目的：人想伸手去够放在他前面的桌子上的杯子。假如他做到了这一点，那么，预言的错误就是零。而机器人"艾库伯"在它的"头脑"里得到了对于正确预测的一个奖赏。

可是，现在，那个杯子有可能离我们太远了。于是，那个预言就是错误的，而机器人"艾库伯"也就不能得到奖励。然而，它又如何能够得到奖励分数呢？很简单：方法是，它把杯子递给人，或者如此

远地推给他，以至于他对面的人能够拿到杯子。因此，2014年，令同行们颇感惊讶的是，巴拉格里亚和浅田稔在所发表的论文中突出"预言错误的最小化，作为无私行为的起源"。[①] 无私的行动能够追溯到一些构想：它们更多地与传统的机器控制有关，而不是与道德原则有关，这是一种令人相当惊讶的认识。

巴拉格里亚坚信："这种情况可能会对未来的家政机器人有用。假如有一位奶奶摔倒了，并且无法拿到她重要的药物，或者，当机器人能够帮助残疾人时。"为了给机器人植入一种尽可能高的乐于助人的奖励结构——无论是什么形式的奖励——都肯定是一条承诺会取得成就的道路。当机器人后来无法从云文档下载它们需要的行动模板时，人们应该干脆教它们如何完成任务。当它们正确地模仿被演示的内容时，人们就赞美它们：比如，当人们熨烫衬衫，然后叠衬衫时。

卡尔斯鲁厄的机器人先锋吕迪格·狄尔曼认为："我们将来会与机器人打交道，就像与人类的学徒打交道一样。例如，在准备餐桌食物和餐具时：对您说，'现在请抓住这里的桌布，然后抓到桌角'等。对于机器人而言，在家政方面有很多要学习的东西：比如说，人们要搞烛光晚餐(Candle-Light-Dinner)时对餐桌的准备应该不同于对早餐餐桌的准备。或者，人们在打开香槟酒之前并不摇晃酒杯。"机器人不再被编写程序，而是机器人会模仿人们为它们演示和向它们解释的东西。后来，它们会亲自尝试很多东西，并且从其成果和错误中学习。所有这一切都为奖励或者谴责打开了一个广阔的前景。

---

①参见巴拉格里亚、Nagai、浅田稔的论文原文"为了无私行为的紧急而预测错误的最小值"（"Prediction Error Minimization for Emergence of Altruistic Behavior"），刊于2014年10月的《"电气与电子工程师协会"发展与学习以及外遗传的机器人》(*IEEE Development and Learning and Epigenetic Robotics*)：www.er.ams.eng.osakau.ac.jp/Paper/2014/Baraglia14a.pdf。

机器人技术的三个基本法则

然而，这样就足够了吗？难道机器人不是越自动化就越必须有一种"编写好程序的道德"吗？面对这样的疑问，浅田稔朝他的书架伸手，然后自豪地拿出一本旧书：伊萨克·阿西莫夫(Isaac Asimov)的《I.机器人》(*I.Robot*)。阿西莫夫这位世界上关于机器人描写的最著名的科幻小说作家和科学家在该书的扉页上写着送给浅田稔的题词。1942年的小说《在周围奔跑》(*Runaround*)1950年首次以图书的形式出版为短篇小说集《I.机器人》(*I.Robot*)。2015年，该书被拍成了电影。在该小说中，阿西莫夫这位获得生物化学博士学位的美籍俄罗斯裔的科学家表达了机器人技术的三个基本法则：

一款机器人不许伤害任何人，或者通过不作为让人受到伤害。

一款机器人必须听从一个人的命令，除非这些命令与第一条法则矛盾。

机器人必须保护它自己的生存，只要这种保护不与第一条法则或者第二条法则矛盾。

许多科学家认为，这些法则必须如此深刻或者普遍地被移入智能体系中，以至于它们不会使人们失去使用效力。然而，完全抛开机器人如何被安装的问题，这根本就不太容易，因为，首先，它们没有被清晰地定义，哲学家尼克·伯斯特鲁姆(Nick Bostrom)引人深思地说："何为损害？这是社会的不公正吗？人们几乎无法确立一个适用于整个人类和适应所有时代的道德目录。"

其次，伊萨克·阿西莫夫在《I.机器人》中就已经设计了一些情形，在其中，机器人的规则可以被违背，或者必须被违背，因为得出符合逻辑的冲突，或者因为机器人对一种情形的评估与人的评判相左。在 2004 年同名的科幻电影中，甚至达到这种程度：一台计算机认为，人类发动战争并且破坏环境，因此，只有使这样的人类丧失成熟性，并且由机器人接替对人类的控制时，才能够真正保护人类。这种被称为 V.I.K.I 的计算机最后能够自由地决定，只因为新型机器人索尼 (Sonney) 并非盲目地遵循三条机器人法则，而是还拥有感情。

道德机器人与向童话学习的计算机

然而，这些错综复杂的情况在更遥远的未来或许变得真正重要。在此之前，今天已经有很好的理由，将清晰的、道德的规则移入机器中。这涉及不应该吸入金仓鼠的吸尘机器人、必须决定轧死一头小鹿还是冒着与对面汽车迎面相撞风险的自动化的车辆。

瑞士西北专科学校经济学院的奥利弗·本德尔 (Oliver Bendel) 教授一直在研究"计算机科学与机器伦理学"的这些案例。[①] 他说，人们可以给机器人植入严格的规则，人们可以让它们从观察人的行为中得出自己的结论。或者，人们可以在互联网中向它们提供一个巨大的数据库来使用。假如一台机器面临一个迄今为止还不为人知的问题，那么它会在数据库中寻找类似的案例和被储存的决定。

例如，在本德尔的研究院，出现了对动物友好的吸尘机器人"机器雌鸟"(Ladybird) 的方案。据说，由于有了一种内嵌式的照相机，

---

① 参见约尔根·布洛伊克尔 (Jürgen Br ker) 撰写的关于机器人伦理学的文章"一台机器必须有多少道德？"（"Wie viel Moral muss eine Maschine haben?"），刊于 2015 年 4 月 12 日的《世界报》(Die Welt)：www.welt.de/sonderthemen/mittelstand/it/article139331070/Wie-viel-Moral-muss-e。

吸尘机器人"机器雌鸟"会辨别小动物和珍贵的首饰，然后中断吸尘过程。根据本德尔的说法，人们可以为无人驾驶飞机制定类似的"决定大树"（Entscheidungsbäume）。无人机虽然可以拍摄动物和植物，但是不允许拍摄人。人们也可以为汽车设置"决定大树"，汽车在蟾蜍或者小鹿面前刹车，然而前提是，该汽车后面的汽车也能够刹车。但是，在这里，已经得出了类似错综复杂的情况，比如在面对家用机器人的时候，它被指定，提醒年迈的患者定期按时服药。可是，如果这位老人拒绝服药，家用机器人应该怎么办呢？它应该接受老人的自由决定，还是应该好好劝说他呢，还是应该通知医生？

因此，美国"亚特兰大佐治亚技术研究所"（Goergia Institute of Technology in Atlanta）的一个研究团队研究了一个方案，看看自主的计算机系统未来如何独立地学习社会上被接受的行为方式：它们应该阅读来自全世界的童话，或者观看更现代的历史，比如，电视中的肥皂剧，并且分析，里面的人物如何举手投足。[①]计算机专家们很恰当地称这种计算机系统的第一模型为《天方夜谭》中苏丹新娘谢赫拉莎德（Schererazade）和塞万提斯的小说《堂吉诃德》中的主人公堂吉诃德（Quixote）。堂吉诃德依据谢赫拉莎德在互联网上找到的或者自己生成的故事学习，就跟一个小孩子依据其祖母讲述的故事学习一样。如果人们向堂吉诃德提出任务，那么，他总是获得奖励分数，当他像故事中的人物一样言谈举止时。研究人员们希望，由此可以比通过僵化的学习规则更好地反映，在社会上被接受的行为方式的多样性。

---

①参见米歇艾尔·施塔尔（Michelle Starr）的文章"美丽的童话教导机器人不要杀人"（"Fairy tales teach robots not to murder"），参见2016年2月16日的cnet.com网：www.cnet.com/news/fairy-tales-teach-robots-not-to murder/#ftag=CAD590a51e。

在自动驾驶的车辆方面，虽然需要做的行动更少，但是，由此也有一个道德困境方面很宽的调色板。在2015年西雅图"国际机器人技术与自动化大会"（ICRA）上，一个研究团队展示了在社会上可接受的自动驾驶的方案。在德国斯图加特附近伯伊伯灵根（Böblingen）的博世公司工作的博士生米歇尔·海尔曼（Michael Herman）说："一辆在高速公路上仅仅在其他车辆后面没有按转向灯就换道的车辆，会得到很差的评价，就像一辆不断变道、为了开得更快的车辆被差评一样。因此，我们还把社会认可的元素安装进车辆的奖励功能中。"模拟显示，汽车现在有时候会超越其他车辆，但是不会夸张到肆无忌惮地行驶，完全像一辆理智的人类驾驶员一样。

但是，假如一辆自动驾驶汽车只有瘟疫和霍乱两种选择，那么应该怎么办？当一个小孩子在马路上跑动，而且，那辆汽车也不再能及时地刹车，那么，该怎么办？如果汽车在躲避时撞上一棵树，伤及驾驶员或者碾轧了人行横道上的两个行人，那又该怎么办？在有些情况下，人们原谅一个人在几分之一秒内做出的错误决定，但是，人们会原谅机器犯的错误吗？这时，许多人就会责备那些设计这辆自动驾驶汽车及其软件的工程师，责令他们事先必须考虑所有的万一情况。

然而，对比评估可能的牺牲者，这肯定是不可靠的。孩子、司机和行人，谁更有价值呢？人们应该如何估计并且计算事故的可能性呢？在杀死和致死之间还存在一种明确的差别：有目标地冲撞人行道上没有参与的行人，这在道德上比紧急刹车、忍受抛掷和任凭物理变形更应该遭到摒弃。但是，有一点无论如何是很清楚的：假如不存在伦理学上无可厚非的解决方案，那么，我们就必须清晰地定义并且实行自动驾驶汽车参照行动的那些规则，以便这些机器人或者计算机系统在社会上得到接受。

自己的意志导致任性吗？

然而，在许多情况下，它们将来总还必须更自主地决定。更何况，当人们给它们配备上一种无私的动机时，这种无私的动机具有内在的奖励和目标。在长篇小说《搭车穿越银河系》（*Per Anhalter durch die Galaxie*）中，智能电梯可以就像刚上车的人们一样，随便到什么地方。然而，自己的意志会在万不得已的情况下导致这部小说中描写的智能电梯那种任性吗？我们有可能养育了压抑的机器人，就像类似人的机器人马尔文一样，它有"大得就像一个行星一样"的大脑，这个机器人被用来从事简单的工作，比如，引导人们进入指挥中心。情况是这样吗？抑或自动的机器人甚至尝试，建立一种平行的社会，就像瑞典电视连续剧《真正的人类》（*Real Humans*）中以及英美联合制作的电影《人类》（*Humans*）中类似人的机器人？

因此，在遥远的未来，一个根本的问题将会是，我们人工智能的造物在某个时候会发展一种自我意识，然后成为独一无二的个体。人们除了其义务以外，还必须承认自己的机器人权利。在我们人类这里，通过大脑的运行方式出现了这种自我画像：并非在感觉器官的信号处理中或者在对行动的操控中，而是在自我反思中。假如大脑对比自己反思和做的事情与自己的回忆和其他人的感知，假如大脑思考未来，冥思苦想地制订计划。我们的自我意识在信息处理的超水平中发展，这是我们大脑自我观察的结果。

我们应该如何评价，这种东西在人工智能的系统中是否会发生，如果我们不能够识破，在它们中发生了什么？英国谢菲尔德大学

(Sheffield) 的认知神经学教授托尼·普雷斯科特 (Tony Prescott) 率领的研究人员，于 2015 年 8 月在杂志《科学光谱》(*Spektrum der Wissenschaft*) 上报道，他们如何与国际同人尝试，赋予机器人"艾库伯"(iCub) 一种智能的意识。[①] 这样，他们的机器人"艾库伯"不仅为它的身体发展了一种情感，其方式是，这款机器人就像一个婴儿一样进行小幅度的、偶然的运动，然后观察这些活动对自己的影响，观察它的世界。

此外，这款机器人还通过模仿来学习，并且察觉到，发生了什么事。通过这种方式产生了科研人员们所称的一种"在时间上延伸的自我"：一种插曲式的、自传的记忆力，这款机器人"艾库伯"又根据这种记忆力学习，它应该如何依据它的经验与特定的情况打交道。假如这款机器人在未来或许也能感知人的情感，并且发展了一种内在的动机和自身的目标，那么，它在可能的情况下会得到对这种情况的想象：它自己是谁，它与其他人有什么区别。难道人们不必把这个描绘为一种自我意识的产生吗？

导演和编剧亚历克斯·加兰德 (Alex Garland) 的电影《机械姬》(*Ex Machina*) 很好地演绎了这些问题。[②] 在这部电影中，类似人的机器人夏娃尝试用各种手段，使软件开发者加雷普 (Galeb) 坚信，它是一个具有意识的、独立的个体：它不仅目标明确地行动，而且还展示情感，并且理解。它诙谐，性感，可以被操纵。不仅如此，最终，它还成功地被从其玻璃监狱中解救出来。它杀死了折磨它的人——康采

①参见托尼·普雷斯科特 (Tony Prescott) 的论文"人工的意识——具有自我的机器人"（"Künstliches Bewusstsein Roboter mit Ego"），刊于 2015 年 8 月的《科学光谱》(*Spektrum der Wissenschaft*)，第 80、85 页，摘要：www.spektrum.de/magazin/roboter-mit-selbstbild/1351076。
②参见电影《机械姬》(*Ex Machina*) 的预告片：www.youtube.com/watch?v=ur3U3lC2FnY。

恩老板纳坦。这一举动不仅提出了针对未来自动机器人刑法的问题。难道人们不会向一个人类的囚犯解释，把这阐释为自卫吗？但是，假如一旦有意识的机器人承认这一点，那么，这些观察是否必须也适用于它们呢？

但是，这样一来，机器人的三个法则就不再是所有事物的标准了。人们对待这些类似人的机器人肯定就像对待阿西莫夫的小说《二百岁的人》（*Der Zweihundertjährige*）中类似人的机器人安德鲁一样。安德鲁最初被设计成家政机器人。随着时间的推移，它越来越获得人的特点。它发展了艺术的能力，进行科学发明，它得到人的外貌，符合它自己的愿望，它甚至会死去。于是，在二百年以后，就在它去世之前，这款独一无二的机器人在法律上被赋予与人平等的地位，它被承认为人。

微软公司的研究团队负责人艾瑞克·霍尔维茨也坚信："倘若机器和我们一样思维和感觉，那么，我们就需要一种机器伦理。我似乎有这种感觉，现在，恰恰在我们意识到，我们自己还是生物的机器的时候，我们变成了新物种的创造者。"霍尔维茨认为，不一定有这种危险：这种新的物种可能会变得太危险，凭借它们巨大的机械力量、它们不断援引互联网中简直无限的知识板块，还凭借它们的能力：通过无线电恰恰有心灵感应地彼此交流。他说："我想，它们更多地要分享我们的世界，这种可能性是很大的，因为我们恰恰就是它们的创造者。"

浅田稔也不想把这种不祥之兆画到墙上。虽然在他看来，未来的人类与机器人社会中的新造物不一定与人平起平坐。但是，这种新造物毕竟应该被视为一个新的物种："存在人和像黑猩猩以及大猩猩那样的灵长类动物。在我看来，未来的机器人应该恰好就处于人与灵长类动物之间，这是我的完全宏伟的目标。"

第十二章 社会的机器人：当机器想帮助人的时候

在深渊旁

有什么东西散发出一股烧焦的味道。我右上臂和右腿的肌肉抽搐了一下。到现在为止，我的右腿一直没有感觉。我的轮椅载着我向前活动。一阵呼吸就在我的身旁。

我睁开眼睛。

"真该死，难道你就不能昏迷再躺五十年吗？"马克·拉拉斯咒骂着。他围着我来回走动，然后从后面把轮椅推向河流方向。快到深渊前面时，他才停下，然后，他目不转睛地看着我。他的呼吸中冒着酒气，他显然喝过酒。萨曼塔在哪儿？我通过眼角的余光看见她。她的胳膊和腿被大量电线捆在一起。她蹲在地上，靠着一棵大树。她的头转向一边，双目紧闭，纹丝不动。

我的手部和关节也都被最结实的电线捆着。他把我固定在轮椅上。"马克，你这是什么意思？你在这里干什么？"我的声音很微弱。

"你以为是怎么回事？"他恼火地说，"我完成了你的自杀行为，很遗憾，你当时没有完成自杀。但是，现在，每个人都会明白的：当你在30年之后再苏醒时，你对于你造成的后果感到如此震惊，以至于你无论如何要到这里来……"

马克郁闷地大笑着。"是的，我知道……可是，只有我知道……"这时，我恍然大悟了。"你当时操控了我的汽车，现在想控制电动出租车！"

他俯身看着我，嘲笑着，有些自负。"假如人们知道，事情经过是怎样的，那么，这也不是特别难。当时我只需观察，你如何沿着马路向下行驶，然后通过一个智能手机的信号激活预先设置好的程序链。几秒钟就足以关闭辅助系统和电子刹车盘。"

"当时是你……是你给我打了电话……"

"嗯，我没有直接给你打电话。而是给你的汽车打电话。"他又露出玩世不恭的狰狞面目。

"我不明白……"

他摇了摇头，眼珠子转了一下。"好吧，我解释给你听。完全缓慢地向你解释，假如你的大脑还没有完全清醒。是这样的：当时，在星期五，当所有人都回家时，我在实验室里把东西搞砸了。天啊，我当时简直太累了，你已经让我们疲于奔命地工作了好几个星期，就像使唤被判处在橹舰上划桨的囚犯一样。丹尼尔，该死，当时真是你的错误。我只不过在软件中写错了一行密码。就那么一行！"

我迷惑不解地、目不转睛地看着他："然后呢？"

"这打开了实验室里的安全阀门，而不是关闭它。实验室产生了超强的压力，而不是过低的压力。"

我突然后背感觉一阵寒战。我起了鸡皮疙瘩。"你释放了病菌孢子？"

"我的上帝啊，是的。你曾经告诉过我，我无论如何应该再一次启动安全阀门和恒温器的程序。我在星期五还启动来着。然后，我整个星期六都在彻底补觉。星期天，当我醒来时，我突然知道，密码是错误的。我做了梦，到处都是尸体……真该死，我做了梦，梦见会发生什么，你明白吗？"

马克擦了擦脸。他的眼睛里真的有眼泪吗？他鼻腔发出响声，他又继续说："我立刻冲进实验室。外面有一只猫在到处徘徊。它不停地打喷嚏，看上去很吓人。这时候我才知道，已经太晚了。我戴上防毒面具走了进去，改写了软件，以便没有任何人察觉。可是，孢子已经散发到外面了。我在此之后给你打电话，所谓的从特内里法打出去，而你告诉我，你星期六在办公室。这时，我终于害怕了。"

"也就是说，我也吸入了孢子……"

"是的，当然。假如你第一个生病，那么，你就会立刻知道，是谁的责任。然后，你还对我说，你星期日下午还想来实验室，因为你觉得二聚氰胺的值太高了，而且，你想查阅一下文献，看看这意味着是什么样的免疫系统。"

没错！现在我突然想到，这就是我当时想要去实验室的原因。我当时就有一种不祥的预感，在涉及我们的病菌方面……我的天啊，我们本来是可以阻止那场灾难的！

我朝马克咆哮着吼道："你这个没脑子的蠢货！你本来应该告诉我的。或许我们那时还能采取些什么措施！你没这么做，反而想杀死我，然后就去度假了！"

他的脸突然变得僵硬起来，他的嘴很小，他抬起下巴。我在他的斜后方看到，萨曼塔在活动。

"你想怎么样？经历了 30 年，一直运行良好。"马克悄声耳语道，然后抬起胳膊。他手里拿着什么？一个电子休克器，所以我才会昏厥，这样发抖，还有，我的四肢在抖动。

此刻，马克也发觉了，萨曼塔又睁开了眼睛。他大喊一声："可惜！我还以为，600万伏会在你们机器人身上留下长久的损伤。"于是，他又用一种嘲讽的眼神看着我："如果那样，我就必须事后用什么方式把它们弄到别的地方。你想象一下，在我把你置于局外之后，它根本无法进行抵抗。到那时，就算整个计算机的力量也不够用，假如人们不许伤害任何人！"

萨曼塔轻声地但是坚定地说："我们的任务就是帮助人们。"她的头发有些凌乱，她的红黑色连衣裙也被撕开了，她的脸颊上有脏东西，她的胳膊和腿被绳子捆住了。但是，她释放出一种平静的威严，而几乎没有一个人在这种情况下会有这种平静的威严。

马克冲着她大笑起来。"是的，通过施泰凡的智能手机向你发布命令，这也差一点儿就成功了。可是，说实话，你们机器人这种卑微、下贱的助人为乐真让我烦躁不安。"他砰砰地拍打着我的肩膀说，"丹尼尔……你也会这样吗？那好吧，如果你想要活得更长久些。"

然后，他朝萨曼塔那边斜睨了一眼。"我们已经把奖励结构如此深地安装在机器人的大脑里，以至于人们根本就无法把这些奖励结构再取出来。就像机器人法则那么深。它们就想帮助人类。你真不知道，这种东西会多么烦人，假如人们长久地与机器人一起生活！"

萨曼塔说："合作是任何集体的基础。"她边说边看着我，而不是马克。她的眼睛盯住了我。马克大声喘息了一下，然后高举起双臂："哦，我的天啊，丹尼尔，你察觉到什么了吗？我指的就是这一点！"

"阿赫龙先生？"我的脑袋里突然有一个声音，抑或是萨曼塔在说话？不，她的嘴闭上了。

"丹尼尔？"又只是在我的脑袋里。萨曼塔？"丹尼尔，是的，是我。请你点头，假如你听见我说话。"我点点头。

人与机器人的集体

陌生的年轻女子坐在我面前，就像在一个电视演播室里一样。旁边有黑暗的帷幕，地上堆着电缆，到处都是带摄像头的金属条。探照灯都指向她。她穿着时尚而且随性：上身一件白色衬衫，一件米色的套头毛衣，一条绿松石色的裙子，配上黑色的长筒袜和半高筒的靴子。她化了淡妆，面颊打了点儿腮红。她的眼眉画出完美的弧度，涂了少许口红，棕色的长发。她朝我这边稍微瞥了一眼，稍微张了张嘴巴。我旁边的男人说："请您相信自己！"

可是，当人被要求抚摸一个陌生美女的脸颊，并且把手放在她的喉咙上时，谁又不会犹豫不决呢？在日本就更是如此。因为，在日本，人们进屋时要脱鞋，要不停地鞠躬，在公共场合要避免身体接触，而且很重视标签效应。我不得不再一次回忆，在这个女人的胸腔里，没有心脏在跳动，也没有血液泵到动脉里，没有内脏器官，没有肌肉，没有我们了解的大脑……在我说服自己去触摸她之前。

她的皮肤摸起来就与真人的皮肤一模一样，很柔软，有弹性，温暖。然而，这种皮肤不过是一种专门的、肉色的塑料。这个二十岁出头的类似人的机器人叫 F 型类似人的"双生子机器人"（Geminoid F）。她抬起头，用其棕色的小鹿眼睛羞怯地看着我，这时，我不由自主地颤抖着后退了一步，仿佛我离她太近一样。她的创造者石黑浩（Hiroschi Ishiguro）用几乎无法掩饰的自豪说："她很漂亮，不是吗？"[①]

2015 年秋天，她甚至成为电影明星：在东京国际电影节上，一部哲学电影《再见》(*Sayonara*) 获奖。该片涉及一场大规模的核灾难之后的时代。同时，这也是第一部由类似人的机器人扮演主角的电影。[②]这部电影建立在平田 (Oriza Hirata) 的一部戏剧基础上。该剧也已经在奥地利林茨圣玛丽大教堂 (Linzer Mariendom) 的艺术电子中心节 (Ars-Electronica-Festival) 的框架内上演。观众大多需要好几分钟才能辨认出，舞台上的两位女士哪一位是 F 型类似人的"双生子机器人"(Geminoid F)，哪一位是真人。这位类似人的"双生子机器人"如此逼真。戏剧导演平田与石黑浩 (Ishiguro) 已经一起为大阪大学设计了几部所谓机器人与人同台演出的戏剧计划的独幕剧，主要有卡夫卡的《变形记》(*Verwandlung*)。在这部日本新导演的作品中，小说《变形记》中的主人公格雷高尔·萨姆萨 (Gregor Samsa) 有一天早晨却没有作为甲壳虫清醒过来，而是适当地作为机器人。[③]

将类似人的机器人运用到不同的电影和戏剧中，这反映了，石黑浩不仅研究了计算机科学和系统技术，作为大阪大学智能机器人技术

---

① 参见 2015 年 9 月在大阪采访石黑浩 (Hiroshi Ishiguro) 的视频资料，有其 F 型类似人的"双生子机器人"(Geminoid F) 和伊萨克·阿西莫夫的机器人法则：www.youtube.com/watch?v=AsGQ5CV5Wuc。

② 参见德伯拉·杨 (Deborah Young) 的文章"再见：东京巡礼"("Sayonara：Tokyo Review")，刊于 2015 年 10 月 24 日《好莱坞报道》(*Hollywood-Reporter*)：www.hollywoodreporter.com/review/sayonara-tokyoreview-834475。

③ 参见维尔纳·普鲁塔 (Werner Pluta) 关于机器人在卡夫卡的《变形记》中的文章"一个机器人扮演格雷高尔·萨姆萨 (Gregor Samsa)"("Ein Roboter spielt Gregor Samsa")，刊于 2014 年 10 月 21 日的德国网 Golem.de：www.golem.de/news/die-verwandlung-ein-roboter-spielt-gregor-samsa-1410-1。

实验室的主任授课，[1] 而且还对人与机器人之间的关系感兴趣，他还对人的特质感兴趣。[2]

这位科学家本身看上去像一位先锋派艺术家，他很喜欢穿黑色衣服：黑色的 T 恤衫，黑色的皮夹克，黑色的裤子，黑色的腰带，黑色的头发……他这身打扮几乎与他的机器人替身毫无二致。我在本书第一章中描绘过他于 2006 年让人制作的他的机器人替身。但是，有一个事实区分了这两个人：这位科研人员会变老，而他的机器人双胞胎则不会变老。为了避免他们之间的相似度随着时间的推移而丧失，石黑浩这位科研人员不再剪新的发型，他注重他的运动型身材，他甚至还做了一次整容手术："有时候，恰恰需要人去适应机器人。"他轻声笑着说。

一位类似人的机器人讲学术大课

石黑浩在丹麦奥尔堡（Aalborg）大学的一位同事亨里克·谢尔福尔（Henrik Schärfe）就没有那么幸运了。他是信息科学研究生院的教授。他因为其机器人克隆突然名噪一时，他周围的人对此表示费解。这种出名与不被理解之间的破碎在一段时间以来甚至把他拖入抑郁的阶段。2011 年，石黑浩曾经请人为亨里克·谢尔福尔制作了 DK 型类似人的"双生子机器人"（Geminoid DK），这是对谢尔福尔这位丹麦教授的完美复制。谢尔福尔与他的机器人双影人生活在一起，他与它坐在阳台上，在公交车里，在饭店里，和它一起周游世界，并且还让

---

① 参见 2012 年 9 月关于 F 型类似人的"双生子机器人"（Geminoid F）产生的视频资料：www.youtube.com/watch?t=135&v=cy7xGwYdRk0。

② 参见关于 F 型类似人的"双生子机器人"（Geminoid F）2013 年访问澳大利亚的视频资料：www.youtube.com/watch?v=9Hn9Z9PrSt8。

它上了几次完整的大课:"学生们在 45 分钟以后的课间才发觉,这是一个机器人。"他这样回忆着。

对此,他没有任何问题。在这样一种大课中,最重要的就是内容,而不是讲课的人。他的机器人也能讲课,谢尔福尔这样对《南德意志报》(*Süddeutsche Zeitung*) 的记者说。[1] 但是,他几年来一直在晚上睡觉前给儿子们讲故事,这些故事都是他自己朗读的。因为,他的孩子们并不太在意故事内容,而是在意他本人在他们身旁。视情况不同,类似人的机器人有时候是很有意义的,但是,有时又没有意义。当然,谢尔福尔也知道,许多人会感觉不舒服,当他们与类似人的机器人打交道的时候。为什么许多人会有这样的反应,这是他研究的一部分内容。

谢尔福尔说,假如我们每个人都和自己类似人的机器人仆人到处乱跑,这位机器人仆人会告诉我们,我们必须走什么路,我们突然想不起来的一首歌叫什么,那么,我们会觉得这非常罕见。他又问:"可是,今天,我们的智能手机不已经做到了同样的事情吗?难道这不是比与手机的关系更寻常吗?"显然,他这种问法是有道理的。他称这种理论为"概念融合"(Conceptual Blending):"我们在此必须使得我们头脑中的两个不同的画面协调一致。"也就是说,使一个人与一个看上去像人并且像人一样采取行动的机器协调一致。

机器人技术阴森恐怖的峡谷

早在 1970 年,日本的机器人研究者森政弘(Masahiro Mori)

---

[1] 参见帕特里克·鲍尔(Patrick Bauer)关于亨里克·谢尔福尔(Henrik Schärfe)的文章:"我是谁?"("Wer bin ich?"),刊于 2015 年第 38 期的《南德意志报》(*Süddeutsche Zeitung*):http://sz-magazin.sueddeutsche.de/texte/anzeigen/43581/Wer-bin-ich.

一个用于爱的机器人："一个 F 型类似人的'双生子机器人'（Geminoid F）有'存在感'（sonzaikan）"，这款机器人的创造者石黑浩说。他这番话的意思是，不仅机器人的人类典范有灵魂，而且这台机器也有一种灵魂。根据他的观点，重要的前提是，人们会接受这一点：将来会生活在一个与机器人的集体中。

就已经描写了一种现象，这种现象从此就叫"神秘谷"（Ｕｎｃａｎｎｙ Valley）①。他已经认识到，机器人或者类似人的计算机人物，即虚拟的艺术形象，越是与人一样，人们就越不能更好地接受它们。虽然我们首先惬意地发现，假如这些东西相似地活动，做相似的手势和面部表情，然而，只要它们还清晰地被认识为机器。从与人相似性的一种特定程度开始，接受度迅速减少，并且迅速转变成反面。

如果机器人是一种类似人的机器人，也就是恰好像一个人，那么，我们显然期待着，它的举止也能这样。于是，我们还极端强烈地感知最小的差别，并且凭直觉拒绝对最小的差别做出反应。如果他的

①参见维基百科对"神秘谷"的介绍：https://de.wikipedia.org/wiki/Uncanny_Valley。

运动不够流畅，如果语言、表情和手势并非正好合适，石黑浩这样表达："然后，我们的大脑就发射了一个错误的报道。"这些机器人并非真正活跃地发挥作用，它们更像是活着的尸体，就像恐怖电影中的僵尸一样。只有当与人的相似度达到几乎百分之百的时候，接受曲线才又陡然上升。闯入期间就是森政弘在他的研究中发现的阴森恐怖的峡谷。

石黑浩和谢尔福尔异口同声地说，这些类似人的"双生子机器人"已经在恐怖峡谷的另一侧了。谢尔福尔说，他开始时甚至不得不习惯于此：其他人去摸他的双影人。他就会请求人们，他们摸机器人的方式不能与摸我的方式有什么不同。他在接受德国《明镜》(Spiegel) 周刊记者采访时解释说："当我们第一次开动并且看到那个类似人的机器人时，我就有一种感觉，仿佛一个人长期昏迷以后又醒来一样。这已经是一种强有力的瞬间。"

当我 2015 年 6 月参观大阪的石黑浩实验室时，我也有这种感觉：看到一个人在我的面前，当我伸手去摸那个年轻的类似人的机器人时。尽管我知道，这些类似人的"双生子机器人"还是被遥控的机器人。[1] 比方说，在日本东京的"国家未来科技创新博物馆"(Miraikan-Museum, Tokio) 中，坐着一位 F 型类似人的"双生子机器人"(Geminoid F) 淑女。她身穿浅红色的套头毛衣和灰色的裙子，坐在一个白色的皮沙发椅上。她直接地而且手势丰富地与参观者谈话。可是，当我们瞥一眼旁边时，我们就会马上在一个小房间中发现一个女人，她看着自己眼前的计算机屏幕，并且听着这个类似人的机器人的眼睛和耳朵感知的东

---

[1] 参见东京的日本"国家未来科技创新博物馆"(Miraikan-Museum，Tokio) 内关于石黑浩研发的机器人的视频资料：www.youtube.com/watch?v=Wyl72Re5110。

西：她通过麦克风和计算机控制着这位"双生子机器人"淑女。[1]

　　然而，石黑浩早就觉得这种状况还不够。他想达到的远不止被遥控的机器人。2015年春，他开启了一项为期五年的研究项目，它最终应该赋予他的"双生子机器人"完全的自主。[2] 这位科学家说："它们将来会得到独立的行为以及需求和目标。"属于这种需求和目标的有自动给电池充电，还有与人交往的愿望。他解释说："它们应该观望人们，和他们说话，并且发展一种对此的想象：它们对面的人正想做什么。"也就是说，一种思想的理论。此外，还有情感、带有奖赏和自主目标的内在动机。石黑浩强调，这是一种巨大的挑战，因为，这种东西还从未与类似人的机器人有过什么关系。

　　在社会语境和一种自然的日常生活环境中，类似人的机器人与人的合作在将来也肯定会开启大量的应用领域：在学校和商店、在医院或者老年之家。在石黑浩看来，机器人是人类学会外语的理想学习伙伴，是博物馆的讲解员，或者老年人的游戏伙伴。他说："对于上了年纪的人来说，机器人对话的能力经常比身体的支持更加重要。"

　　亨里克·谢尔福尔认为，有朝一日，家政机器人的市场甚至会和今天的汽车市场一样大。在此过程中，正如我在本书第七章中描写的那样，服务型机器人当然绝对不需要都有人的形态体貌。石黑浩强调，尽管这会带来很大好处：在一个由科研人员为人们形成的环境中，类似人的机器人会比其他机器人更好地适应，无论这涉及上台阶、开门还是按门把手。"也不必有任何人教人们，如何与类似人的机器人沟通。"

---

[1] 参见我的博客中关于F型类似人的"双生子机器人"(Geminoid F)和日本东京"国家未来科技创新博物馆"(Miraikan-Museum, Tokio)中的照片和视频资料：www. zukunft2050.wordpress.com。
[2] 参见大阪石黑浩实验室的视频资料：www.geminoid.jp/en。

那些建立在石黑浩的研究成果基础上的类似人的机器人，无论如何会变得越来越完美。来自上海的一家公司曾于 2015 年春在北京移动互联网大会上展示了一款中国机器人淑女"阳扬"（Yangyang）。她戴着一副眼镜，以做报告的方式出现。她看上去就像一个严谨的女教师。[①] 在中国香港和日本，石黑浩在先锋项目中设计的类似人的机器人还作为售货员被投入使用。比方说，她们会问，顾客想买哪些衣服，它们会解释，有哪些颜色、款式和尺码的选择。在此，顾客的愿望还要通过计算机的键盘输入，而不是通过语言识别。石黑浩解释说："但是，其原因仅仅在于，在商场里声音太嘈杂。"

人能爱上机器人吗？

在这些实验中，科研人员得出结论，人们在这些情境中没有任何障碍地与这个类似人的机器人交流。石黑浩这位机器人研究者会心地微笑着说："在日本，人们请教一个寻常的、人类的女售货员时会有心理障碍。"石黑浩心怀这样的伟大愿景：在未来，人与机器人共存。对于石黑浩而言，这样的应用领域却仅仅是朝着这个伟大的愿景迈出小小的一步。"这些类似人的机器人不仅应该成为助手，而且还应该成为人类真正的朋友。我也坚信，我们随便在什么时候会爱上机器人。"假如它们看上去就像 F 型类似人的"双生子机器人"(Geminoid F) 那样，那么这种想象或许没有那么遥远……

最迟在这个时候：在某种程度上，类似人的机器人随便什么时候，

---

①参见关于机器人淑女"阳扬"的文章"这位头发深褐色皮肤黝黑的女人是一个机器人"（"Diese Brünette ist ein Roboter"），刊于 2015 年 5 月 4 日的《图片报》(Bild)：www.bild.de/digital/computer/roboter/diese-bruenetteist-roboter-dame-yangyang-40766190.bild.html。

是可以购买的，这时候还肯定会有生产性伙伴的企业占领这个市场。今天就有一些人认为，性感机器人愿意委身于人，对于那些不能与他人发生肉体关系的人来说，这不啻于一个福音。除此之外，它们会帮助人们排挤妓女行业。相反，还有人认为，与机器发生性关系会完全压制人们对更密切的人生联系的愿望。在当今的日本，人们就越来越强烈地观察到一种现象：许多日本年轻人对与人聚会望而却步，因为，他们已经习惯于通过智能手机沟通。

但是，石黑浩会想到别的地方，如果他谈论"对生命力的幻想"。他说，尤其他研发制作的机器人系列"双生子奇迹人"有"存在感"（sonzaikan）。"存在感"是一个日语表达，它说明，一种灵魂处于一个人的灵魂或者一个物体中。对于西方人而言，这是闻所未闻的罕见内容；但是，对于日本人而言，这却是完全不言而喻的。在日本的神道教中，没有被赋予灵魂的自然也有一种精神的本性。石黑浩的同事浅田稔认为："这与欧洲迥然不同。在欧洲，几个世纪以来，战争频仍。而我们有大海作为天然屏障。我们不必抵抗外来侵略者。因此，日本得以建设一种非常同化的文化。在该文化中，关键问题并非涉及占领，而是涉及自然与人的联系。我们看到万物有灵魂，那么，为什么机器人里就不能有灵魂呢？"

西方世界有"弗兰肯斯坦"（Frankenstein）神话①、HAL 9000②、

---

①《弗兰肯斯坦》（全名《弗兰肯斯坦——现代普罗米修斯的故事》，又译《科学怪人》《人造人的故事》等）是英国作家玛丽·雪莱（Mary Shelley）1818 年创作的长篇小说。其主人公是热衷于生命起源的生物学家，他怀着犯罪心理频繁出没于藏尸间，尝试用不同尸体的各个部分拼凑成一个巨大人体。此后产生系列诡异的悬疑和命案。这位科学家被他拼凑的怪物杀害。此后有很多该体裁的恐怖电影。——译者注
② HAL 9000 是电影《2001 太空漫游》中人工智能的电脑，它可能有情感。——译者注

《银翼杀手》(*Blade Runner*)[1]中的复制品、终结者以及变形金刚，到处都体现了人与机器的对峙以及对机器的恐惧心理。相反，在日本，在 300 年以前就有机关城的机械巨兵。[2]它们是机械玩偶，具有令人难以置信的丰富细节。它们能自动活动。日本还有今天备受尊重的木偶戏《人形净琉璃》(*Bunraku*)。[3]第二次世界大战之后，由这个传统不仅孕育产生了日本的机器人技术，而且还产生了受欢迎的系列科幻动漫电影(Manga)《铁臂阿童木》(*Astro Boy*)，电影里有类似人的机器人阿童木，它具有超能力，可以打败恶势力。

浅田稔解释说："因此，机器人在我们这里从来都很受欢迎，它们被视为朋友和帮手，是家庭成员以及社会的一部分。没有任何人会觉得，机器人是阴森恐怖的。"人们会像喜欢宠物一样喜欢机器人，日本的孩子们从小就喜爱小宠物。为什么机器人在未来的社会中不能也发挥重要的作用呢? 科学家们预测，到 2025 年，日本会需要大约 240 万护工来照顾大量老龄化的居民，这比 1990 年增加了 50% 以上。世界其他国家经常会招募廉价的外国劳动力，而日本却拒绝走这条路。日本人寻求其自己的解决方法：那就是，带有"存在感"的机器人。

机器人的最高目标应该是帮助人们

亚洲人强调整体性、和谐、文化和心灵。或许，较之那些视竞赛为进步的重要驱动力的人，亚洲人甚至更接近人类发展的重要方案。

---

[1] 又译《叛徒追杀令》。——译者注

[2] 参见 2011 年 7 月关于机关城机械巨兵的视频资料：http://makezine.com/2011/07/15/karakuri-japans-ancient-robots/。

[3] 参见维基百科对木偶戏《人形净琉璃》(*Bunraku*) 的介绍：https://de.wikipedia.org/wiki/Bunraku。

今天，在对进化的研究中，也有越来越多的科学家不再把竞争而是和平的共同生活看成"万物之母"。这些科学家认为，社会的互动、对氏族部落、村子和整个国家合作的必要性，才推动人类的语言和整个大脑的发育。

目前，更具有文化特点的进化可能恰恰准备走下一步，并且扩展人类的集体。然而，人类和我们最新的造物机器人及其未来可能的最亲近的亲戚构成有意义的生活。未来，这种生活看上去会是什么样子的呢？对于成就而言，至关重要的肯定将是这样的：能成功地设计机器人。机器人会帮助人们，因为它们想要帮助人们！这一点必须作为最高的目标被置入机器人内部，仅仅受到机器人技术的三个法则限制。

帮助人们，这一条必须成为机器人的内在驱动力和动机。为了这个目的，机器人的大脑必须分发奖赏，或者填满积分账户。这肯定会给机器人带来快乐和幸福，正如内腓肽和后叶催产素造成人类大脑中的快感一样。对于机器人而言，对这样一种奖赏的期待就是动机，并且决定了达到目的的要求，正如多巴胺的系统通过分发神经传输器驱动多巴胺一样，做一些我们为自己承诺内在奖励的事情。

机器人和人工智能所有其他系统乐于助人，这个特点必须适用于所有领域。在这些领域中，它们在未来从事工作：从家政机器人到自动驾驶汽车、从合作型的机器人到老年人的谈话伙伴，再到雪崩后的搜救机器人。在此，科研人员自然应该注意，不把它们设计得太饶舌多嘴，就像电影《搭车穿越银河系》中的"门"那样，它们以这句话问候每个开门的人："您非常幸运地打开了一扇简单的门。"接下来，人们随便什么时候就会仅仅以这样一句话来回答："但愿你的开关电路会炖烧！"

但是，非常严肃地说："在未来，机器人会和我们在许多领域中共同工作，尤其在抗灾抢险方面。""美国国防部国防高级研究计划局"负责人阿拉提·普拉哈卡尔（Arati Prabhakar）也这样说，正如我在本书第一章中介绍的那样。她在 2015 年夏天宣布洛杉矶机器人奥林匹克运动会开幕的时候，说出这番话。在救援机器人的案例中，机器人至少部分地从远处被控制，正如在许多真正发生的灾难中可能发生的情况一样。队长斯文·贝恩克（Sven Behnke）回忆"美国国防部国防高级研究计划局"举办的机器人竞赛时说："在我们小组里，总共有九个人坐在远处的一座大楼里，为了实现我们的机器人'莫玛洛'（Momaro）的远方行动。"① 贝恩克是波恩大学计算机科学教授，他同时在圣奥古斯丁（Sankt Augustin）的"弗劳恩霍夫智能分析与信息系统研究所"（IAIS，Fraenhofer-Institut für intelligente Analyse-und Informationssysteme）的认知机器人领域工作。

金属的半人半马怪作为救援机器人

在机器人大赛的第一天，看上去稍微像类似一个半人半马怪、有摄像头、四个轮子和两只胳膊的机器人"莫玛洛"（Momaro）在完成任务时比所有其他机器人快 13 分钟，它因此自主地引领这个领域。② 它成功的一个秘密肯定是轮子的使用，这使它面对安装两个小心翼翼的腿的机器人对手时，能够彰显优势。同时，在必要的情况下，它还可

①参见斯文·贝恩克（Sven Behnke）关于"美国国防部国防高级研究计划局"举办的世界机器人竞赛中机器人"莫玛洛"（Momaro）的视频资料：www.youtube.com/watch?v=t4nigif0-mk。
②参见"美国国防高级研究计划局"举办的世界机器人大赛中关于德国尼姆布罗救援团队的机器人"莫玛洛"的视频资料，该团队由斯文·贝恩克（Sven Behnke）领导，2015 年 6 月：www.youtube.com/watch?v=NJHSFelPsGc。

以用它带轮子的腿登高，跨越障碍。

除此之外，贝恩克的服务团队鉴于高效利用一种窄条的通信渠道，总是能够很好地得到相关信息：机器人目前在哪里，而且，机器人处于什么状况。因为，第二条渠道即一个宽带通信，总是被机器人大赛的组办方中断。为了模拟灾区的现实状况，竞争对手们要克服比"莫玛洛"机器人更大的困难，如果它们想保存机器人摄像头的图片。

然而，在比赛的第一天，机器人"莫玛洛"还没有完成爬楼梯这项最后的任务。贝恩克报道说："第二天，我们最终还是将登台阶的动作置入机器人中。但遗憾的是，我们由于疏忽而不幸地启动太早了，也就是当'莫玛洛'机器人应该从由它控制的车辆下来的时候。"机器人"莫玛洛"因此而停滞不前，被要求退回，在鹅卵石区域又很倒霉。这时，它没有足够快地克服障碍，也就是将障碍扫除。最终，贝恩克的团队吃力不讨好地获得竞赛的第四名。但是，对于一场全世界最好的灾难救援机器人竞赛而言，这毕竟是一个可观的好成绩。在真正使用这些机器人的过程中，人们将来必须不断权衡，机器人能够自动地解决什么，在哪个地方遥控机器人更有意义。比如说，正如我在本书第三章中描述过的那样，为了打开门，人们当然可以置入"运动初始状态"（Bewegungsprimitive）。贝恩克说："然而，对于机器人而言，这种似乎简单的任务可能会相当难。它们不仅要按门把手，而且还要旋转电动开门装置。或者，您可以用玻璃门。可是，玻璃门又会产生3D传感器问题，因为它们是透明的。"

就连门把手都经常会有完全不同的材料和表面特点。这位机器人研究者解释说，从原则上看，人们虽然可以通过"深度学习"的计算机算法让机器人学习，门把手看上去是什么样子的。但是，发现一个足够的数据基础也并非没有意义。他进一步指出："互联网中的图片大多是二维的，但是，机器人使用3D摄像头或者激光扫描仪。那么，我们从哪儿获得学习的数据呢？"在未来的应用情况中，比方说，在医院里，解决方案或许是这样的：一位有经验的技术员和机器人走过走廊，与他一起尝试各种不同的门，并且这样来训练机器人。

从原则上说，这个趋势已经明确地指明了这个方向：给予机器人越来越多的自主。其他竞赛也指出了这一点，比如"机器人世界杯足球赛"（RoboCup）的结果，该比赛于2016年夏天在莱比锡（Leipzig）举行。来自40个国家的参赛选手在此角逐。[①] 在机器人世界杯足球比赛中，不仅有机器人足球不同的难度，而且还有其他竞赛，比如，"救援机器人联盟"（Rescue-Robot-Liga）或者"家政机器人世界杯联盟"（RoboCup@HomeLiga）。在这些比赛中，机器人必须独立自主、独当一面地发挥作用。

清除垃圾、调制巴西"凯匹林纳鸡尾酒"（Caipirinha）、踢足球

在"家政机器人世界杯竞赛"（RoboCup@Home）中，涉及如下任务：服务型机器人自动地打扫房间，帮助采购，招待客人或者倾倒垃圾。除了被固定定义的义务以外，机器人还能在一种"公开的挑战赛"（Open Challenge）中展示一种自选动作。也就是说，展示团队可以自己定义的能力。斯文·贝恩克解释说："比方说，在巴西，我们让我们的机器人使用刻有凹槽的金属板和带柄的小刷，而且还展示了，

①参见2016年莱比锡机器人世界杯足球比赛网站，附有不同联盟的比赛规则和视频资料：http://robocup2016.org/de und internationale Website：www.robocup.org。

机器人如何使用捣碎工具，为了用柠檬调制巴西凯匹林纳鸡尾酒。"

假如这些机器人将来应该在家庭中帮助人们，那么，它们可以帮助承担老年人由于身体状况不能胜任的家务：比如，购物，清理冰箱，把餐食和餐具放到餐桌上，洗衣服，熨烫衣服，等等。贝恩克说："它们可以从事在认知方面要求更高的活动。其方法是，它们求助人的智慧。因为，传感器在物理方面不能再完成所有的任务。这并不意味着，它们在认知方面也受到限制。"与人们的成功合作肯定也会提高人对机器的接受程度，除了技术的高效能力和价格以外，与人合作也是服务型机器人未来取得成功的一个重要因素。

在机器人世界杯比赛的"救援机器人联盟"中，一切都围绕着对人的支持。这是"美国国防部国防高级研究计划局"举办的国际机器人挑战大赛的一个较小的变化形式。在这里，机器人身处一个被仿制的灾难情景中，比如，在地震或者海啸之后。借助摄像头、麦克风和天然气与热度传感器，机器人必须尽快自动地发现被掩埋的人。在大赛过程中，举办方放置了活动的、呼救的和呼吸二氧化碳的玩偶，它们躺在暖气片上，为了模拟其身体的热度，这又会帮助红外线传感器找到它们。

这些场景此时此刻展示了最热门的研究领域之一：美国海军不久前也展示了消防机器人，它们将来甚至应该在摇晃的船只上灭火。[①] 一架小型的侦察无人机飞出去，机器人跟踪它，进入人无法涉足的空间。在"机器人世界杯足球大赛"的巡回赛中，机器人彼此开始各种不同的角逐。在标准平台上，每个团队由五个小型的机器人"瑙"（ＮＡＯ）

---

① 参见 2015 年 2 月美国海军消防灭火机器人的视频资料：www.welt.de/videos/article137267850/ Ein-Feuerwehrroboter-soll-Braende-loeschen.html.

组成。在此，这些团队仅仅通过软件的功率彼此有差别。还有类似人的机器人联盟，在这里，两条腿的高大的机器人跑动并且踢球。经过多年以后，"机器人世界杯足球赛"的规则被逐步加强，并且被搞得更现实：如果说，一开始，球门还是鲜艳的黄色和蓝色，并且球场的边缘由墙壁组成，那么，今天则是通常的白色球门和白色的球场边缘标记。

动力也变得明显更快了：比方说，在中型联盟中，六个踩着四个轮子的全自动的机器人风驰电掣地跟着一个官方的世界杯比赛的足球跑动。[①] 所有机器人的感觉器官及其计算机装备都必须配备好，没有任何与外部计算机或者传感器的联系。在此，团队工作的价值、技战术和谋略也彰显出来：以前，机器人大多自己尝试以某种方法射门。如今，科研人员经常调节机器人的奖赏制度，结果是，当一个队友站位更有利的时候，机器人会发球。

这种合作的情形和学习机制也处于"机器人世界杯足球赛"3D足球模拟联盟的焦点中。在这里，在一个虚拟的足球场上，两个足球队分别有11个被模拟的机器人"瑙"（ＮＡＯ）对抗。每个球员由一个自己的软件程序控制，也就是说，完全自动地在一个真正的机器人能做到的框架内活动。而且，官方的足球规则也适用。在此，让研究者们特别感兴趣的是，一组机器人如何能够最好地合作，为了解决复杂的问题。

这具有远远超过足球的效果。比方说，成群的小型自动的机器人彼此传递信息，相互协调。这样的机器人对于救援应用也大有裨益。

---

①参见 2015 年标准联盟"机器人世界杯足球赛"视频资料：www.youtube.com/watch?list=PL7RtIk HtEq7526kTPfcrGOwEc9WKXR3cg&v=iNLcGqbhGcc。

比方说，消防队员可以派这样一组机器人进入熊熊燃烧的大楼里：机器人会侦察起火点以及烟雾的浓度，并且确定在哪里有幸存者，然后很快制作一张 3D 的概览图。假如其中一个机器人失灵了，那么也不要紧，因为，所有的机器人都始终处于彼此的联系中，并且定期将信息传递给有人员的应用中心。

所有知识进入云文档：为机器人准备的应用软件商店

研究人员根据机器人彼此交流的能力，比如与一个中心或者互联网中云的联系，还得出社会机器人的另一个好处。对于斯文·贝恩克而言，这个好处特别重要："每个人都必须作为个体独立地学习，获取其知识和能力。在机器人中，没有这种限制。"虽然机器人不得不调整自己，适应其身体的专门特征，并且了解它活动于其中的周围环境，但是，机器人将来要从一个共同的经验数据库和知识数据库中下载很多内容。"一旦有数千台机器人在家庭和工厂里工作，在马路上活动，那么，一个机器人学习的东西，也可以被提供给其他机器人使用。"

数千台机器人，这意味着，它们在其企业生活中看到数百万的门把手、桌子、瓶子、篱笆、汽车或者房子，并且能够将这些感官印象传给机器人互联网或者机器人云文档。更有甚者：人们还可以将操作过程输入云文档中。一台机器人一旦学会了如何往杯子里倒酒或者浇花，或者把餐食与餐具放到餐桌上，那么，这款机器人就可以与所有机器人分享，其他机器人就会觉得，把这些能力应用到其专门的应用领域中更容易。

贝恩克解释说："这里有一个巨大的潜力，但是，还有大量的研究工作。必须研发以下计算机算法和数据结构：人们如何在机器人之间

机器人作为前锋、后卫和守门员：在"机器人足球杯大赛"巡回赛的标准联盟中，来自机器人"瑙"（NAO）的团队对抗。它们仅仅因其软件的功率而有所区分，谁更快地发现球，谁就会在侧面射门，晃过对手，然后射门吗？

分享知识与经验。我们需要标准和规则，而且，机器人生产商也必须彼此合作。"

　　比如，假如一个机器人知道，浇花的喷壶形状是什么样的，人们用喷壶能干什么，人们如何能够将这一点转换给其他机器人和其他生产商。而且，在机器人的大脑里，一个生成后的模型应该是什么样子的，这个大脑然后又适合喷壶的所有形状和尺寸。"假如机器人的互联网能够成功地做到这一点，那么，这就会导致机器人之间的知识和诀窍的爆炸"，詹姆斯·库夫纳尔（James Kuffner）如是说。截至 2016 年，他在谷歌公司领导机器人部门，之后他转入丰田的研发部门。在丰田，他同样负责人工智能和机器人技术。库夫纳尔尤其想大规模地积极推进机器人云技术，正如他在 2015 年西雅图"国际机器人技术与自动化大会"上强调的那样。他通过日常生活中的一个例子阐明："我有四个孩子，其中的每个孩子在其人生中肯定洒过上百次牛奶。假如我们能教会一款机器人不要洒牛奶，然后将这种能力马上转换给所有其他的机器人，难道这不是很美妙吗？机器人为什么每次都必须重新学习这个技能呢？"[1]

美国科幻电影《黑客帝国》（*Matrix*）展示了，为机器人准备的一种"应用软件商店（App Store）"会多么广泛。主要演员尼奥（Neo）和女革命者特里尼蒂（Trinity）站在一架战斗直升机前面。尼奥问："您能驾驶这东西飞行吗？"特里尼蒂回答："还不会。"接下来，她在几秒钟内就将飞行程序下载输入自己的大脑里。这部电影拍摄于1999年。这些年来，这部电影反映的给人极其奇幻的内容，已经完全处于可能的领域中：至少对于机器人或者有人工智能的系统而言，情况是如此。人们将来或许可以下载关于直升机的目标数据以及如何操作使用直升机的信息，还可以马上下载相应的关于发动机的能力的数据。

云机器人甚至能够变换品格

库夫纳尔声称："谷歌为这种云机器人技术做了最好的配备。"他还指出，谷歌已经在"谷歌地图"的云文档中保存了"世界最详细的地图"。谷歌让所有使用者免费使用。"语言识别软件是另一个例子：如今，'谷歌翻译'支持90种语言，这还远不及电影《星球大战》（*Star Wars*）中的C-3PO掌握的600万种语言。但是，我们正在积极

---

[1] 参见埃里科·奎伊佐（Erico Guizzo）关于谷歌和云机器人技术的文章"机器人与其云文档中的头儿"（"Robots With Their Heads in the Clouds"），刊于2011年2月的《电子与电气工程师协会的〈光谱〉》（*IEEE Spectrum*）：http://spectrum.ieee.org/robotics/humanoids/robots-with-their-heads-in-theclouds und Video des Vortrags von James Kuffner auf der Konferenz ICRA2015：www.youtube.com/watch?v=z5rGH4aBXz4。

研究。"库夫纳尔狡黠地笑着说。他设计了这样一个世界的幻景：在这个世界上，人们总能用其母语打电话。在每个语言间歇，智能手机压缩视听文件，然后把它传送到云文档中。在云文档中，立刻就有翻译程序在活动。在几分之一秒之后，对面的人就听到一种能使用的翻译，类似我在本书第四章中描绘的内容。

库夫纳尔说，鉴于机器人云技术，科研人员可以更简单而且更便宜地建造未来的机器人，因为机器人云技术随时可以援引知识与能力的图书馆。要求很高的计算功率的那些要求（比如对外语的理解），后来又被简单地转移到云文档中。机器人必须在现场独立地掌握什么呢？库夫纳尔说："作为'大拇指规则'(Daumenregel)①，我们可以说，所有对安全构成威胁的事物和实时能力所要求的一切。"机器人肯定能够自我平衡和抓取，但是，机器人是否能够在 0.8 秒到 0.9 秒用中文回答一个问题，这就不重要了。库夫纳尔这位专家认为，机器人云技术使得机器人更便宜、更轻便，保养也更简单。而且，机器人的电池待电功能会更长。

谷歌的研发人员认为，这个方案如此有吸引力，以至于他们在 2015 年春申请了一项专利，将来机器人甚至可能在此基础上改变其品格。② 其理念是：诸如声音听起来如何、典型的活动、手势、面目表情等特征都可以被寄存到互联网上。假如人们打发其机器人仆人去购

---

① "大拇指规则"又叫"经验法则"，源于木工操作，是一种可用于许多情况的简单的、经验性的、探索性的但不是很准确的原则。——译者注

② 参见凯特·达尔灵(Kate Darling)的文章"为什么谷歌研发的机器人特性的专利对机器人技术不好"（"Why Google's Robot Personality Patent Is Not Good for Robotics"），刊于 2015 年 4 月的《电气与电子工程师学会的〈光谱〉》(IEEE Spectrum)：http://spectrum.ieee.org/automaton/robotics/robotics-software/why-googles-robot-personality patent-is-not-good-for-robotics。

买一辆二手车讨价还价，那么人们可以赋予它一种智能经理的特点。相反，假如机器人仆从应该给孩子们讲故事，那么，远在几百千米以外的外婆的品性更适合：她的声音，以及她转动头部的动作。或许显示屏还会播放她的视频资料。

人们将情感投射到机器内

正如我在本书第七章中通过"护理型机器人"(Care-O-bot)、"吉波"(Jibo)和"哈格维"(Hugvie)已经显示的那样，在人类社会中生活的社会机器人看上去可不一定非要像人。通常说来，某种程度的相似就已经足够唤起我们的好感。弗劳恩霍夫的研究人员做过实验。在这些实验中，人们完成一些任务，"护理型机器人"(Care-O-bot)在一旁观看。机器人转动头部，并且用眼睛关注人们在做什么，这个时候，从根本上说，这些机器就已经比纹丝不动地站在那儿显得更通人情，更给人好感。美国的"国际商业机器公司"(IBM)的科研人员也有类似的经验，他们将一种小型的机器人"瑙"(NAO)与云文档中强大的分析软件"沃森"联系起来，并且让这款机器人与人们就抵押贷款的话题谈话。机器人由于"沃森"而显然掌握丰富的背景知识。撇开这种情况不谈，这种谈话之所以给人流畅并且就像一种真正的对话那样一种感觉，是因为，机器人根本就不必立刻理解全部内容：机器人可以向其谈话伙伴询问。

机器人"瑙"(NAO)的大哥哥机器人"佩普尔"(Pepper)目前主要在日本的商店里作为销售助理被投入使用。机器人"佩普尔"的研发人员还置入了另外一种技术，为了把机器人"佩普尔"打造成一种真正的社会机器人：它根据其麦克风分析不同的声音，通过照相机观察不同的面孔，然后得出结论，它对面的人可能正好有什么感觉。机器人视不同情况改变它的对话走向和行动。还有：假如有什么发挥了良好的作用，那么，机器人"佩普尔"就会察觉，并且总是更好地学习如何取悦人们。①

令人惊讶的是：尽管绝大多数人知道，这种被显示的移情有些人工做作的成分，他们还是非常积极地做出反应，并且享受这份关照。他们将至少现在还根本不存在的情感阐释进机器里。石黑浩也说："我们总愿意使用我们的想象力，为了用计算机交流。"美国麻省理工学院的研究人员、发明机器人"吉波"（Jibo）的西恩蒂娅·布里吉尔甚至报道，有些士兵非常固执，他们请求"艾罗伯特"公司（iRobot），修理他们的被损坏的扫雷机器人："他们含泪诉说道，'它救了我的命'。"她又继续说："这是非常强烈的情感，甚至面对一台远离一种社会的机器人的机器也是如此。最后，上述例子主要证明了，我们人类多么有社会性，多么重感情。"

我们会变得越来越愚笨，而机器人会变得越来越聪明吗？

在全世界范围内，人们在竞赛和展览期间向机器人表达过兴奋之情。我们可以根据这些经验和兴奋得出结论：从根本上说，人们会觉得，很容易与机器人共同生活在一个未来的集体中，这会比人们想象得更容易。然而，假如机器人将来越来越多地接替我们的工作，那么人们就会提出颇具有挑衅性的问题：我们人类是否会变得越来越

---

①参见亚当·皮奥勒（Adam Piore）的文章"你下一个最好的朋友将是机器人吗？"（"Will your next best friend be a robot?"），刊于 2014 年 11 月 18 日的《大众科学》（*Popular Science*）：www. popsci.com/article/technology/will-your-nextbest-friend-be-robot。

愚笨；而机器人和人工智能的其他系统是否会变得越来越聪明。或者，正如电视剧《人类》(*Humans*)的一位编剧萨姆·温森特(Sam Vincent)所表达的那样："如今，人们比以往任何时候都更多地运用技术，为了掌控我们的生活的每个细节。技术越来越好地理解我们；但是，相反，我们越来越不理解技术。"①

卡尔斯鲁厄大学的研究人员吕迪格·狄尔曼在30多年里决定性地推动了机器人技术。他也警告说："难道我们将来只想到处慵懒闲散地坐着，并且就像古希腊人那样进行哲学思考，而身为奴隶的机器人代替我们工作吗？"那样的结果就会是，通过机器消除疲劳，还有打哈欠的感觉无聊透顶。然而，人类害怕，因为进步而造成人类本身变得愚钝，古希腊的哲学家就有过这种恐惧。众所周知的是，柏拉图就担心过，由于有了书面的记载方式，人类的记忆力会越来越差，因为，人们就不背诵任何东西了。实际上：如今还有谁能背诵较长的诗歌呢？更不用说荷马的全部史诗《伊利亚特》(*Ilias*)和《奥德赛》(*Odysse*)了。但是，今天，大概只有极少数人会认为，我们比古希腊雅典的社会精英愚笨。

人类一再有完全类似的担心：据说，在18世纪和19世纪，阅读长篇小说——大多为浪漫的爱情小说和历险小说——会模糊人们的理智，并且导致不现实的耽于梦幻。如今，许多父母想的刚好相反：如果他们的孩子不再大量阅读，而只看录像，并且通过玩计算机游戏度过夜晚，那么，父母会担心孩子们丧失想象力和智商。谁如果总一味

---

① 参见伊安·萨姆普勒(Ian Sample)的文章"人工智能：机器将来会起义吗？"（"AI：Will the machines ever rise up?"），刊于2015年6月26日的英国《卫报》(*Guardian*)：www.theguardian.com/science/2015/jun/26/ai-will-the-machines-ever-rise-up。

地依赖导航系统，谁就很快不会看地图了。据说，在未来，谁如果坐进自动汽车里，谁就会荒废了自我驾驶能力，并且丧失在道路交通中经常被要求的应急反应。

在上述担心中，肯定隐含点儿内容。每个大脑研究专家都会赞同，没有得到训练的能力就会丧失，如果它们事先被学习过，就像没有得到重新利用的知识在记忆力的深处消失一样。然而，科学家们同时强调人类大脑庞大的可塑性。大脑总是适应其周围环境的框架条件，灵活地学习，什么是必要的，并且利用空闲的容量，对新鲜事物感到兴奋。

伊萨克·牛顿（Isaac Newton）曾经写道："我之所以能看得更远，是因为我站在巨人的肩膀上。"我能够确信，恰恰这一点将来也会适用：每一代人都发明新内容，在其前人的知识和经验基础上建设，但是遵循现今的要求。正如那些在第二次世界大战期间出生的人只能惊讶地看到，他们的孩子多么快地学习计算机和移动电话一样，而他们的孩子又同样会很惊讶地看到，他们自己的孩子又多么自然而然地使用互联网和社交软件。今天出生的人会面临这种巨大的问题：将来把机器人或者各种各样的智能系统纳入其日常生活中，并且与它们共同发展，难道我们不应该预测，未来会出现这种局面吗？

第十三章 半机械人：带机器人零件的人

就像新生儿一样

萨曼塔的声音在我的头脑里说："欢迎来到'机器人网络'(RoboNet)。"我目不转睛地盯着她看，什么都没明白。她怎么没张嘴就会说话呢？她的声音怎么进入我的大脑里呢？

"你必须激活语言输出功能，以便我能理解你。你用来发音的那些肌肉需要练习。你最好非常轻声地耳语，然后，你自动地活动你的肌肉。而且，抱歉：在'机器人网络'中，我们所有人都用'你'来互相称呼。"

这简直令人难以置信！萨曼塔确实以某种方式在我的大脑里！我嘟囔着说："这是怎么回事，什么叫'机器人网络'呢？"我边说边斜睨着马克，他在翻着夹克衫的口袋。

"RoboNet就是机器人网络。丹尼尔，你的语言中枢里有一个芯片。你通过这个芯片可以用无线电与我们机器人沟通。清晨，医生们肯定已经向你解释过这一切。现在长话短说：在你发生交通事故之后，医生和科研人员不得不仿造损毁太严重的器官。你还有一条假腿和一个网络皮肤芯片。然而，现在最重要的是，你也能无线控制你的轮椅。"

"你是指什么？"

"该死的，你在那儿不停地小声嘀咕什么呢？"马克嘟哝着说，他皱着眉头看着我。他现在离我很近，以至于我都能闻到他的酒味儿。他依然一只手拿着电休克器，另一只手拿着一个小剪刀。

"不……我……马克，这没有任何意义。你放弃吧，我们忘却这一切。这反正无法再改变了。你自己也说，已经过去 30 年了。这个案子早就结束了。我不会再起诉你的。"

他眯着眼睛，似乎在思考。我赶紧继续说："马克，你好好想一想。你没有杀害任何人。当时发生了什么，没有任何人知道。而且，你今天的攻击——如果你干脆消失——也就算没有任何攻击。"

我的头脑中又是萨曼塔在说话，与我的语速相似，她说话声很紧凑，就像在催眠一样："丹尼尔，那个轮椅……请你尝试一下。你在年轻时玩过轮滑吗？你想象一下，你的脚下有轮子。还有被固定在轮椅上的机器人手臂。这个手臂其实应该帮助高位截瘫者吃饭、喝水或者拿东西：你想象一下，你有第三只胳膊，用这个胳膊……"

"那好吧。"马克说。他显然思考过。但是，这声音听起来罕见地拉长了。"同意。这话听起来非常理智。我现在放了你。"他弯下腰来，然后剪断我脚上和胳膊上的电线。然后他退后。他真的把我松开了。我自己都感到很惊讶。

"丹尼尔！他的脸！我的情感分析……他的脸上始终有愠怒和仇恨的表情！"在我的大脑里，萨曼塔的声音如此之大，以至于我惊愕地转身，朝向马克。

马克在咆哮怒骂："伙计，很抱歉。我简直不相信，你能忘记，我不相信你会装作什么事都没有发生。而且，那里的那些机器人也都该死地不太会撒谎！"

他举起胳膊，我终于明白了，他为什么解开了我身上的电线。这样会与我自杀的假象不吻合！

萨曼塔非常大声地喊道："没错，我从来都不会撒谎！"马克在瞬间分散了注意力，这时，他直觉地把头转向萨曼塔的方向。他刚才曾经纵身一跃，为了把我推向深渊，这时候，他没有看到我的轮椅突然在侧部活动起来。

他带着一种惊愕的面部表情，跌跌撞撞地从我身旁走过。当我的轮椅那只钢制作的胳膊向前伸出，要拦住他的时候，他用一种抵御的动作做出反应。这个动作让他严重地失去平衡。他跌倒时发出一阵窒息的大喊，他失去了重心，然后，几秒钟之后就什么都没有了，没有任何声音，只有沉闷的碰撞声。我不知道我纹丝不动地僵硬在那儿有多长时间，或许一分钟到两分钟。这个带张开手掌的机器人手臂依然还张开着，但是，这时，已经没有了任何它能够抓住的东西……

现在，萨曼塔的声音不再从我的大脑中发出。她问："阿赫龙先生？"我仿佛在时间的放大镜中一样旋转着轮椅。她请求我："您能否友好地解开我的束缚？"

我把注意力集中在我轮椅上的机器人胳膊上，真的：它朝下活动，抓起马克留下的那把剪刀。我满心欢喜地看着萨曼塔说："我真的能做到。"我控制着轮椅，缓慢地来到她的身边。我问道："我们能不能继续用'你'来相互称呼呢？"

"非常好。"她说，而我真不知道，她是指什么。

可是，就在这个时候，萨曼塔继续说："丹尼尔，你不用担心，不用担心发生的事情。不会有任何人责备我们：我的麦克风已经把他说的话录制下来了。而你的网络皮肤芯片也有一个存储器，它录制了最后 1 小时的图像，它会被读取的。"

"我的大脑里真的有这么多机器人的功能吗？"我嘟哝着，当我俯身看她的脚时。我拿起用钢制的手指做的剪刀，然后开始用剪刀剪断捆绑她的电线。这不像挥舞根本不属于我的胳膊那么费力了。"诊所的医生们肯定会向你展示你的 3D 生活档案，等我们到达诊所的时候。医生用你自己的细胞再造了你的一些器官。但是，对此必要的 3D 打印技术大约一年来才真正可靠地发挥作用。因此，才持续了很长时间，直到你能再次苏醒过来。你体内的机器人部分很早以前就被安装好了，除了神经混合芯片以外。神经混合芯片也是在六个月以前才被安装进去的。"我若有所思地看着她，她此时站起来，优雅地梳理着头发，把裙子拉正。

"萨曼塔，究竟是谁支付这一切的费用？这些手术和我昏迷 30 年期间的护理费用都由谁支付？"

"你的家人，丹尼尔，还有许多捐赠者，他们感激你救了他们的生命。最终，人们得以根据你的免疫系统研制出对抗'阿赫龙隐球菌'(Cryptococcus acherontis) 的疫苗。"

她肯定看出我如释重负的心情，因为她向我弯腰俯身，安慰地把手放到我的胳膊上。

"丹尼尔，这是你新的人生的第一天。你会有很多时间，提出所有的问题，并且找到答案。"

我还有时间重新找到我的感觉知觉。萨曼塔说得对。我感觉就像刚刚获得新生一样。可是，谁曾经在这里出生过？我过去到底是谁？我究竟是不是同一个人？我体内的全部电子产品或许可以与以往有人戴着一副新眼镜或者得到一个助听器那种情况相比吗？

我将不得不找到答案：我在多大程度上是人，又在多大程度上是机器呢？

她又是干什么的，她是谁？她过去还是台机器，或者就像一个人一样？

这究竟是否发挥一种作用呢？

人—机器

2015年12月，《星球大战7》即其第七个插曲《原力觉醒》(*Das Erwachen der Macht*)在电影院被放映。在此之前，电影《星球大战》分析广告预告片每个细节的真正的粉丝们立刻就认出来：那个隐藏在黑色戴风帽的外衣后面的人物，在黑暗中伸手去抓看上去有些被降级的宇宙技工机器人(Astromech-Droiden R2-D2)，这个人物肯定就是卢克·天行者(Luke Skywalker)[①]。因为，在35年前，在电影《星球大战》的一个系列《帝国反击战》(*Das Imperium schlägt zurück*)[②]中，卢克在跟达尔斯·维达(Darth Vader)的"光剑"(Lichtschwert)决斗中失去了他的右手，观众在电影预告片中可以看出，后来，这只手被假肢取代了。从这个时刻起，卢克·天行者就成了一个半机械人，一个控制论的有机体。人们将半机械人理解为一个人，其身体持续地被与电子零件联结。

因为有太多的打斗、战争和战役，在电影《星球大战》的宇宙中，有一系列半机械人，其中有一位就是卢克的父亲艾奈金·天行者

[①]参见2015年10月《星球大战》预告片，附带有卢克·天行者(Luke Skywalker)的机械手：www.youtube.com/watch?v=pfzBa7qgV0E。

[②]该片是电影《星球大战》第二个系列，拍摄于1980年，英文名为*The Empire Strikes Back*。——译者注

(Anakin Skywalker)，他后来变成了达尔斯·维达。如今，在现实生活中，假肢也不再是什么新鲜事了：在五百年前，葛兹·冯·贝利欣根(Götz von Berlichingen) 的同时代的人就称他为"带假手的男人"。[①] 但是，他的金属假肢是一种带活动手指的纯粹机械的东西，这些手指能够在特定的姿势中被锁定，为了握住剑或者盾牌。在《星球大战》的传说中，据说假肢建立在机器人解决方法的基础上，也就是建立在具有人工智能机器人技术的基础上。在这里，科研人员经常给这些肢体覆盖上人造的皮肤，并且直接将它们与人的神经联系在一起。人会通过这种方式完全正常地运动，并且还能被他们感觉到。

1980 年，当电影院放映《帝国反击战》(Das Imperium schlägt) 的时候，这种东西实际上还是科幻。然而，这些年来，那些半机械人的技术（至少在雏形中）离开了电影院的世界，并且变成了现实。网络皮肤芯片使盲人复明，盲人又看到这个世界。一种人造的皮肤可以传授触觉，而人造的手，是的，人们甚至仅仅用思想的力量控制整个骨架结构。比如说，一个在全世界范围内引起轰动的实验在 2008 年 11 月举行：在罗马，一个由外科医生、神经学专家和生物工程师组成的团队，为当时 27 岁的皮耶尔保罗·佩特鲁切罗 (Pierpaolo Petruzziello) 接上了一个机器人手的电线。他在一起汽车事故中失去了他的右手。[②]

---

①德国历史上确实有一位人物叫葛兹·冯·贝利欣根 (1480—1562)，歌德后来据此创作了著名的戏剧即狂飙突进的旗帜《铁手骑士葛兹·冯·贝利欣根》。——译者注
②参见 2009 年 12 月带机器人－手的皮耶尔保罗·佩特鲁切罗 (Pierpaolo Petruzziello) 的视频资料：youtube.com/watch?v=ppILwXwsMng。

手上的大脑和大脑上的手

经过几分钟的练习之后，皮耶尔保罗·佩特鲁切罗就能够单独通过集中注意力于此，抬起和放下人工手的铝质手指了。来自大脑的信号通过安插在他胳膊上的两个最大神经里的发丝般纤细的电极，被传送到一台计算机上，计算机又把大脑的信号转换成机器人手的控制信号。三天之后，病人皮耶尔保罗·佩特鲁切罗甚至成功地单独活动每根手指，抓住球，握住一支笔，把金属手的拇指和食指放在一起，去拿镊子。

这个机器人手本身重量为 400 克，有 22 度自由角。它当然不像一只人手那么完美，精细，灵活。但是，这只手已经是一个非常复杂的构造了。这个神经假肢的独特之处在于：对刺激的传导起初朝两个方向发挥作用，也就是说，不仅仅是"手上的大脑"，而且还有"大脑上的手"。这个机器人手虽然有两个传感区域，一个电子的模拟就从这两个传感区域出发。但是，皮耶尔保罗·佩特鲁切罗说，他因此手指上重新有了感觉。

在皮耶尔保罗·佩特鲁切罗安装机器人手五年之后，也就是在2013 年，就已经存在了一种生物手，它能够继续传导来自手指尖、掌心和手关节处的所有传感信号。对于所有安假肢的人而言，这是一个巨大的进步。虽然这些高科技的帮助还是雏形，安假肢的患者可以凭借这些帮助用几周时间进行康复练习，因为目前还没有持久的植入物的医疗许可。然而，患者对这种假肢的需求却一直很大：单单在德国，每年就有大约 5000 人因为事故或者疾病失去他们的小手臂。

人们获得一个更精准的神经假肢，假如这些信号不在神经上而是在肌肉上被截取，肌肉通过脊髓获得萎缩的指令。在这里，测量的数值特别大，而且，由于肌肉的数量大，无数活动变量相互区别。比方说，人们在肌肉上安装微型芯片，这些微型芯片抓住那些信号，然后，通过无线电将这些信号传导到机器人手上。

这也在充满希望的实验中经过测试，例如，在德国的项目"迈欧普朗特"(Myoplant)中，起初，人们用猕猴做过实验。参与这个项目的有：设立在圣英贝尔特(St.Ingbert)的"弗劳恩霍夫生物医学技术研究所"(IBMT, Fraunhofer-Institut für Biomedizinische Technik)、汉堡－哈尔宝(Hamburg-Harburg)工业大学以及假肢生产商奥托·鲍克(Otto Bock)。

然而，假如我们面对下肢麻痹的截肢患者，其神经脉冲的传导已经在脊髓处就中断了，而且根本就再也没有任何信号到达胳膊处，那么我们应该怎么办呢？尽管相关的患者可以很好地想象胳膊和腿部的活动，甚至经常在夜里梦想着胳膊与腿部能活动，情况又会怎样呢？在这种情况下，信号必须直接在大脑中被接受，要么从外部，例如用一个戴在头部的、带电极的帽子传导，这个帽子还可以在脑部 X 电子成像术(EEG,Elektroenzephalographie)的测量方法上被使用，要么甚至在大脑的内部，通过一种大脑探子。

因为在大脑皮层的运动部分，有意识的活动清晰而大范围地被传播，就像在一张地图上一样。原则上，我们可以这样给信号归类。科研人员用下肢麻痹的截瘫患者做过实验，他们向患者输送微小的电极。这些实验明确地表明：比方说，人们恰好找到了那些积极的神经元，当患者活动拇指的时候：它们显示一种倾斜的角度，以及运动的速度。

猕猴操纵机器人——横向穿越地球

对于直接的大脑控制的发展而言，2008 年的一个实验具有指引方向的作用。美国北卡罗来纳州 (North Carolina) 的杜克大学（Duke-University）的米古埃尔·尼考莱利斯 (Miguel Nicolelis) 教授和他的同事，慕尼黑工业大学认知系统高尔东·程 (Gordon Cheng) 教授领导的团队成功地取得这个成果：一个雌性的猕猴"伊多娅" (Idoya) 操控一个比它大六倍的机器人。猕猴仅仅通过思考力量，而且横跨整个地球！"伊多娅"在美国东海岸的一个跑步带子上跑动，而与此同时，类似人的机器人在日本京都 (Kyoto) 的一个实验室里来回跺脚。[1]

猕猴在前沿阵地学习在跑步带子上运动。与此同时，一台计算机记录下了来自猕猴大脑的测量值。通过这种方式，科研人员得以辨认那些控制腿部信号的测量值。在实验中，这些信号被实时地传给日本的机器人，该机器人模仿"伊多娅"的步伐。其中的一个实况录像又被传送回美国，结果是，"伊多娅"随时都通过一个屏幕看到，机器人正在做什么。

由于有比较好的数据传导，这个反馈甚至要比来自猴子自己大腿的信号到达大脑的速度还要快。通过这种方式，"伊多娅"能够确切地操控"它的"机器人的活动。随着时间的推移，它做得如此好，以至于科研人员为了奖励它，越来越多地给它喜欢喝的橙子汁。它得到奖励，并非因为它自己做事，而是因为，在这个星球的另一侧，机器人

---

[1] 参见 2015 年 1 月米古埃尔·尼考莱利斯 (Miguel Nicolelis) 在"技术、娱乐、设计"上的访谈：www.youtube.com/watch?v=HQzXqjT0w3k。

因为采用了正确的步骤而获得奖励。[①]

　　当杜克大学的尼考莱利斯关停跑步带的时候，雌性猕猴"伊多娅"也停止了运动，而并非机器人停止运动。因为这只猕猴依然把眼睛固定地转向屏幕，而且在京都，独自凭借其思考力量启动类似人的机器人……达三分钟之久，弄了许多滴橙子汁。慕尼黑工业大学的高尔东·程教授认为："这之所以是可能的，仅仅因为机器人所谓地成为'伊多娅'身体的一部分，就像我们非常自然而然地使用刀叉或者筷子一样。"杜克大学的古埃尔·尼考莱利斯兴奋地补充说："对机器人而言，这是一小步，但是，对于灵长类动物而言，这却意味着一个很大的飞跃。这等于是我的完全有个性的登月项目！"

　　这种大脑操控恰恰通过一种真正的机器人获得成功，就像以虚拟的艺术形象获得成功一样，当猕猴"伊多娅"在面前的屏幕上看见一个它可以控制的、虚拟的猴子时。2016 年春天，供尼考莱利斯做实验的猕猴，甚至成功地单纯通过思想力量和练习，目标明确地将一个它们坐过的轮椅推到一个装满甜葡萄的小碗旁边。为了让猕猴们完成这个动作，科学家们将很多电极置入大脑皮层不同的、负责运动的大脑领域中。通过这种方法，科学家们得以阅读猕猴大脑两个半球的一百

---

①参见拉瑞·格林迈耶尔(Larry Greenemeier)关于猴子—机器人—控制的文章"猴子想，机器人做"（"Monkey Think，Robot Do"），参见《科学的美国人》(*Scientific American*)2008 年 1 月：www.scientificamerican.com/article/monkey-think-robot-do，以及桑德拉·布雷克斯里(Sandra Blakeslee)的文章"猴子的想法推进机器人，有可能帮助人类的一步"（"Monkey's Thoughts Propel Robot，a Step That May Help Humans"），刊于 2008 年 1 月 15 日的《纽约时报》(*New York Times*)：www.nytimes.com/2008/01/15/science/15robo.html?_r=0。

多个神经细胞的活动，并且将其活动转换成给轮椅的活动信号。[1]

人们利用相似的大脑计算机接口，所谓的大脑—计算机—接口，还有，借助脑部 X 电子成像术(EEG)的帽子，并非借助直接的大脑移入物。尤其当下肢麻痹的截肢患者想要在电脑旁书写的时候，这些脑部 X 电子成像术的帽子会被投入使用。北京中国科学院王毅军[2] 研发的最好的方法做到了每秒写一个字母。[3]

在此，参与测试者必须用眼睛盯着显示屏上一个计算机键盘的相应区域。过了半秒钟，所有区域开始闪烁，然而，每个区域都带有不同的频率，并且带有稍微延迟的阶段。这个闪烁的信号发挥了作用，神经细胞在大脑的视力中心大约与被瞄准的区域同步，也就是具有同样的频率和阶段推迟。视力中心可以把这当成头部表面的脑部 X 电子成像术信号来接收。经过某个阶段的学习以后，计算机确切地知道，参与测试者的眼睛在看哪个字母，然后，可以显示这个字母为"已经被敲入了"。

---

[1]参见德新社(dpa/jom)的文章"猴子单独以思想力控制轮椅"（"Affen steuern Rollstuhl allein mit Gedankenkraft"），刊于 2016 年 3 月 3 日的《法兰克福汇报》(Frankfurter Allgemeinen Zeitung)；www.faz.net/aktuell/wissen/draehte-im-gehirn-affen-steuern-rollstuhl-allein-mit-gedankenkraft-14103631.html。

[2]王毅军长期从事神经工程和计算机科学的研究，其研究兴趣包括脑—机接口、生物医学信号处理和基于脑电信号的脑成像方法。他首次提出并开发了高通信速率脑—机接口、移动式脑—机接口、群体脑—机接口等多项脑—机接口新技术。——译者注

[3]参见扬恩·德伊恩格斯(Jan Dönges)关于大脑—计算机—接口和王毅军的文章"以创造纪录的速度敲入思想"（"Gedankentippen in Rekordgeschwindigkeit"），刊于 2015 年 10 月 19 日的《德国科技杂志〈光谱〉网》(Spektrum.de)；www.spektrum.de/news/gedankentippen-in-rekordgeschwindigkeit/1371771。

配备"外部骨架"（Exoskelett），为了给世界杯足球赛开球

古埃尔·尼考莱利斯却已经有了更大的野心。[1] 他与高尔东·程（Gordon Cheng）教授和来自 25 个国家的 150 个其他参赛者建立了"再次行走"（Walk Again）项目，为了给予数百万脊髓损伤患者新的希望：古埃尔·尼考莱利斯这位现年 55 岁的巴西医生和神经专家的崇高目标是，在他的家乡巴西，让一位截肢患者为 2014 年的世界杯足球赛开球。他的方法是，让这位患者仅仅凭借其思维力量操控一个"外部骨架"，也就是他的身体穿的一种机器人套装。科学家们研究这个先锋项目已经多年。光是培训八名入选的、年轻的巴西人就持续了 18 个月。

然而，最后，6.6 万名观众来到尼考莱利斯的家乡圣保罗（São Paulo）观看比赛。全世界大约 10 亿名观众通过看电视，密切关注这种轰动事件，尽管该事件在开幕式的框架内仅仅持续几秒钟：朱利亚诺·平托（Juliano Pinto）因为 2006 年的一起汽车事故而导致胸部以下瘫痪。八年后的 2014 年 6 月 12 日，29 岁的平托用右脚开球，接下来，巴西队和克罗地亚队就开始了本届世界杯的第一场比赛。[2] 在这个简单的活动后面，隐藏着一个巨大的技术成就：平托戴着一顶脑部 X 电子成像术（EEG）的帽子，它接收他的大脑信号，并且把信号传输给一台计算机，该计算机就像面对猕猴"伊多娅"一样，从大脑信号中提取传达给腿部姿势的命令，这些命令又被传送给机器人开启装置，该装置又把状态信号回传给平托。

---

[1] 参见尼考莱利斯实验室网站：www.nicolelislab.net。
[2] 参见 2014 年 6 月 12 日世界杯足球赛由高位截瘫患者朱利亚诺·平托（Juliano Pinto）用"外部骨架"开球的视频资料：www.youtube.com/watch?v=VPPWYH3eGtI。

"外部骨架"是一个用钢、铝、钛和塑料制作的复杂结构，带液压的肌肉以及活动稳定装置。控制这个结构需要长期的训练。在训练结束时，平托把"外部骨架"感知为其身体的一部分。程教授说："就仿佛他新学会了一门语言一样。"在平托用真正的机器人开启部分练习之前，他用计算机模拟来训练：在此过程中，他看见他臀部以下被赋予生命的腿。每当他想要站起来，行走或者踢球的时候，两条虚拟的腿就恰好做他的大脑信号通报的动作，也就是"外部骨架"应该完成的动作。

但是，实际上有一个问题：倘若没有机器人开启装置的反馈信息通报，他的双脚现在刚好在哪里，脚是否接触了地面，那么，平托就会很容易做出错误的动作，而且会使"外部骨架"跌倒。至少在他的脚后跟处，开启装置不得不接受一种带触觉的人工的皮肤。在这里，慕尼黑工业大学的高尔东·程教授领导的团队开始使用。[①] 该研究团队为这个"外部骨架"研发了 160 个基础元件，它们包含被置于灵活的塑料中的传感器和微型计算机处理器。而且，这些基础元件就像一枚两欧元的硬币那么大。上述的机器人骨架之前并不比骑士铠甲更敏感，是这些基础元件给予机器人骨架多种多样的传感器感知能力，比如，它们认识到，当它们被加速、触摸或者加热时，或者接近像地板这样的另一个物体时。在 0.3 秒内，信号被传给参与测试者，借助他佩戴的抖动手镯。程教授解释说："然后，他的大脑很快学会，正确地阐释信号。"

---

①参见盖尔林德·菲利克斯 (Gerlinde Felix) 撰写的关于慕尼黑工业大学高尔东·程教授的科研成果的文章"外部骨架使截瘫患者能够行走"（"Exoskeleton Enables Paraplegic Man to Walk"），刊于 2015 年第 15 期《研究的魅力》(Faszination Forschung)：https://portal.mytum.de/pressestelle/faszination-forschung/2015nr15/03_Exoskeleton_Enables_Paraplegic_Man_to_Walk.pdf/download。

　　在这种"再次行走"的项目中被研发的产品大概是目前最复杂的"外部骨架"类型，但绝对不是唯一的类型。日本筑波(Tsukuba)大学与赛博达内(Cyberdyne)公司一起设计了机器人套装HAL，并且已经在全世界生产了数百套。这种机器人套装尤其在医疗设备中被投入使用。① 在这种情况下，机器人套装HAL是"混合辅助肢体"(Hybride Assistive Limb)的缩写。虽然科研人员最初设计这套系统是为了帮助残疾人和老年人，但是，它也可以被用于减轻工人的负担。因为，凭借机器人的支持，机器人套装可以抬的重物重量，是不带"外部骨架"装置的健康人能抬的重量的五倍。全世界范围内的其他研究机构还研发了相似的"肌肉装"，目前有液压的、电子的或者具有一种可携带的纺织电子技术。比方说，对于那些帮助把老人抬上床的护理人员而言，这种肌肉装就非常实用。

　　将来，在体育比赛中，人们也会越来越多地看到"外部骨架"或者机器人辅助手段。2016年10月，第一届"仿生奥运会"(Cybathlon)在瑞士举行②。有别于著名的残疾人奥运会，这种新型的体育赛事目标明确地针对那些使用高科技辅助手段比如半机械技术的残疾人运动员。这包括带电子肌肉模拟的自行车赛车、运动轮椅和带"外部骨架"的跨越障碍，甚至有借助脑—机接口的虚拟竞赛。这种比赛每次设立两块金牌，一块颁发给运动员，另一块颁发给技术辅助系统的生产商。

---

① 赛博达内公司生产的机器人装HAL：www.cyberdyne.jp/english/products/HAL.

② 参见"仿生奥运会"的官方网站，附有对比赛项目的描写：www.cybathlon.ethz.ch，还可参见尼赫拉斯·图夫奈尔(Nicholas Tufnell)的文章"2016年的仿生奥运会：首届为仿生运动员举办的'奥林匹克运动会'"("Cybathlon 2016：first Olympics for bionic athletes")，刊于2014年3月27日的《英国有线网》(*Wired, UK*)：www.wired.co.uk/news/archive/2014-03/27/cybathlon。

3D 打印中的骨头和血液中的微型潜水艇

然而，明天的半机械人不仅会要求有额外安装的机器人手、手臂、腿和整个机器人套装。技术会越来越多地侵入人的身体本身。因此，科学家们在弗莱堡（Freiburg）研发了一个 3D 打印方法，这种方法可以用细胞和血管制作能够发挥作用的骨头。[1] 小的、结构简单的组织单位（比如皮肤组织的部分）是可以被"打印"的：在此过程中，科研人员会从患者的身上获取相应的、身体本身的细胞，然后将之在一种营养液中培植，并且借助一个 3D 打印机逐层地带入一个携带母体中，最后移入患者体内。科研人员的长远目标是，通过这种方法培育肾脏或者肝脏，连同一种血管的精细网络，这会打开一个价值几十亿欧元的市场。

还有微小的机器人，它们穿过血液通道巡逻，找到癌细胞。它们还在所需要的地方目标明确地提供药物，或者在血管中溶解血凝块。过去的科幻电影如 1966 年的《奇妙的旅行》(Die phantastische Reise) 和 1987 年的《走向自我的旅行》(Die Reise ins Ich) 曾经得以把这种微小的机器人变成现实。迄今为止，科研人员们大多尝试，用一个机械的等价物代替拥有精子或者细菌的蜿蜒的或者旋转的鞭毛来驱动这些微型机器人。2014 年年末，斯图加特"马克斯－普朗克智能系统研究所"(Max-Planck Institut für Intelligente Systeme) 的科学家们，展示了一个或许更简单的类型：他们研发的只有几百个微米的小机器人看上去就像一个贝壳，它们以不同的速度打开或者关闭它

---

① 参见托马斯·高尔曼(Thomas Gollmann)的文章"3D 打印机可以用血管制作骨头"（"3D-Drucker kann Knochen mit Blutgefäßen herstellen"），刊于 2015 年 3 月 18 日的《德国健康新闻》(Deutsche Gesundheits Nachrichten)：www.deutsche-gesundheits-nachrichten.de/2015/03/18/3d-drucker-kannknochen-mit-blutgefaessen-herstellen。

们的贝壳。[①]

以此可以通过外部磁场控制的微型潜水艇，非常高效率地穿越诸如血液、唾液、鼻涕或者关节液体活动。科研人员距离一种实际的应用还很遥远，因为，撇开技术挑战不谈，他们当然还必须确保，这些微型机器人不损害生物的血管，或者避免这种情况：导致它们被身体感知为入侵者，并且被身体击败。

毫无颤抖地穿过钥匙孔

机器人很早就进驻手术室，尤其在微创外科手术中。面对这种"钥匙孔手术"时，外科专家们用仪器进行干预，他们通过最小的创伤口，将仪器插入病人体内。其优点是：给患者带来尽可能小的损伤，而且，伤口能更快地愈合，这对于年纪大的人会极其重要。比如说，在全世界范围内，每周会借助美国"直觉外科公司"（Intuitive Surgical）研制的"达·芬奇机器人外科手术辅助系统"（Da-Vinci-Operationssystem）进行大约一万个前列腺手术。[②]

在手术过程中，外科医生坐在一个座架上。他看到座架上方的显示屏上对手术区域扩大 1 倍到 10 倍的 3D 图像。他通过操作键，用手控制穿过小孔被引入的、薄薄的机器人手臂以及被固定在机器人手臂上的夹子、剪刀或者其他工具。在这个过程中，外科医生双手万一颤抖的瞬间被自动筛掉了。他的活动同时被置于下方，也就是说，被转变成这些工具更小的活动。这两个工具都可观地提升了干预的精准度，

---

①参见贝壳为微型机器人提供驱动力的文章"给医学的最小阀门"（"Kleinste Vehikel für die Medizin"），载于 2014 年 11 月 4 日的"马克斯－普朗克协会"的网站：www.mpg.de/8729140/mikro_nano_roboter_medizin。

②参看"达·芬奇机器人外科手术辅助系统"的官方网站：www.intuitivesurgical.com。

这对前列腺是非常关键的，因为在前列腺里，尿道和神经纤维密集地并列，不允许被损害。

然而，对于其他手术而言，比如说，当涉及几微米大的脑部肿瘤或者心脏外科手术时，无颤抖和精准的机器人帮助就是至关重要的，例如，用"德国航空航天中心"(DLR,das Deutsche Zenrum fuer Luft–und Raumfahrt)研制的"微型外科手术机器人系统"(MiroSurge)。[①] 该系统比"达·芬奇机器人外科手术辅助系统"还小，而且可以直接被固定在手术台上。此外，机器人工具拥有微小的力量传感器，它们将所谓的手指上的感觉归还给外科医生，并且让他感觉到组织的机械阻力。"德国航空航天中心"的科研人员一个最重要的目标是，依据机器人对跳动的心脏实施外科手术。因为，鉴于现代的图像处理，患者可以完全自动地与心脏活动一起，随身携带这些仪器和通过内窥镜进行观看。外科医生以此能够这样工作，就仿佛心脏停止跳动一样，而显示屏向他们展示的恰恰如此。

多亏移植，聋子可以听到声音，盲人可以重见光明

越来越多的科研人员想要将人工的感觉器官的信号，即电子元件直接送入大脑。起初是耳蜗移植，它们如此处理一个麦克风的信号，以至于，它们能够通过电极被传入耳朵的听力神经。在全世界范围内，已经有数万名失聪的人在一段强化训练之后，得以借此获得很好的听音效果。

明显更复杂的是视网膜移植：2009 年 12 月，在德国图宾根，人

---

① 参见"德国航空航天中心"(DLR)研制的"微型外科手术机器人系统"(MiroSurge–System)的网页，附带视频资料：www.dlr.de/rmc/rm/desktopdefault.aspx/tabid–3795/16616_read–40529。

类首次重新将光明还给一位盲人，借助电子的视觉帮助。[1] 在持续四个小时的手术中，手术团队为失明 20 多年的患者米伊卡·T（Miika T.）的视网膜下方置入一个 3 微米乘以 3 微米的小芯片。这个芯片包含 1500 个照片二极体，它们将投来的光转变成电子脉冲，然后将电子脉冲再传递给视神经完好无损的细胞里。当芯片被开启的时候，患者第一次重新看到眼前的物体。但是，这些物体还在他的眼前来回跳跃，因为他的大脑必须适应视神经的这些信号。

但是，几个小时以后，这些物体就有了熟悉的形状，米伊卡能够区分香蕉和苹果，甚至能发现他名字中的一个书写错误，为了达到这个目的，人们不得不把字母写成几厘米大。但是，这个结果足以让患者辨别方向，大致认识人。这些视网膜移植适合全世界大约 300 万患有"视网膜色素变性"（Retinitis pigmentosa）的患者。患这种病的人的后果是，他们眼睛里的小棒和小塞子被损坏，它们通常把光信号传递给视神经。

在此期间，视网膜移植已经在几十位患者身上得到测试。[2] 他们的大脑借助支持训练的计算机程序学习，正确地解释来自照片二极体 - 微型芯片的信号。最后，他们大多能重新看见用大号字体（高 9 微米）打印的文章。鉴于这种程度的视力改善，他们在法律层面上就不再是

---

[1] 参见乌尔里希·艾伯尔（Ulrich Eberl）对首例视网膜移植的描述《2050 年的未来——我们今天如何创造未来》（*Zukunft 2050 Wie wir schon heute die Zukunft erfinden*），贝尔茨 & 盖尔贝格出版社（Beltz&Gelberg），2013 年，第 224−225 页。

[2] 参见克里斯蒂安·海因里希（Christian Heinrich）撰写的关于视网膜移植的文章"有光了"（"Und es ward Licht"），刊于 2015 年 8 月 19 日的《网络〈明镜〉周刊》（*Spiegel online*）：www.spiegel.de/gesundheit/diagnose/retina-implantate-lassen-blinde-wieder-sehen-a-1042526.html，以及"微型芯片让盲人复明"（"Mikro Chip lässt Blinde wieder sehen"），刊于 2015 年 6 月 29 日的《德意志健康新闻》（*Deutsche Gesundheits Nachrichten*）：www.deutsche-gesundheits-nachrichten.de/2015/06/29/retina-implantat-mikro-chip-laesst-blinde-wieder-sehen。

盲人了。在未来，芯片上照片二极体肯定会被排得更密集，这将进一步改善芯片的分辨率，以此改善患者的视力。

用人工的皮肤和大脑中的电极感觉

就连面对触觉，研究人员们也尝试，建立一个直接的大脑—计算机—界面。美国加利福尼亚州斯坦福大学的女教授鲍镇安（Zhenan Bao）率领的科学家们研发了一种软薄膜，在遇到机械压力时，它会发出类似人类皮肤的触觉接收器的电子信号：压力越大，接收器发热就越频繁。这种薄膜为此得到由碳毫微管组成的元件，它们看上去就像被旋转的金字塔。而且，当人们按压它们时，它们就会制造典型的、尖形的传感器脉冲，大脑感知这种脉冲，作为压力的感觉。为了证明这一点，科研人员将老鼠的大脑剖面图与人工的皮肤联系起来；接下来，神经元就显示了触觉印象中常见的情绪刺激模型。[①]

所有这些尝试证明，大脑不仅有能力发出信号，一个半机械人的电子的四肢可以用这些信号进行自我控制。而且，信号也可以被人工的感觉器官，即电子的眼睛、耳朵、皮肤和大脑学习并理解。迄今为止，这些脉冲大多被衔接进神经纤维中，然后又被传导进入大脑。但是，电子元件直接与大脑细胞"说话"，"倾听"它们说话，然后给予反馈，这难道不是无法想象的吗？

在此，也已经有了用微小电极做的实验。科学家们目标明确地把这些微小电极纳入特定的大脑区域中。"美国国防部国防高级研究计划局"于2015年9月通报，在与位于巴尔的摩（Baltimore）的约翰·霍

---

①参见2015年10月鲍镇安关于人工皮肤的视频资料：www.youtube.com/watch?v=Ch2CNL5HBno。

普金斯（John-Hopkins）大学联合研究的一个项目中，科研人员首次成功地"闭合大脑—假肢—大脑的圆圈"，正如该项目经理约斯丁·桑切斯（Justin Sachsez）所言。[①]为此，研究人员将微型电极带入一个患者的运动大脑皮层中，也带入控制运动的大脑部分，还带入传感的大脑皮层中，在这里，触觉被感知。

由于十多年来脊髓受伤而瘫痪的一位 28 岁的病人获得一个假手。这个假手上有很多精细的压力传感器，它们和假肢的发动机一样，被与其大脑中的微型电极联系在一起。接下来，他能够凭借其思维力量不仅活动手，而且还得到压力传感器直接传回大脑的信号。桑切斯报道说："有一次，科研人员们不只触摸一根机器人手指，而且是两根，却没有告诉患者，患者问道，是否有人想骗他。在这个瞬间，我们的确知道，他通过假手获得的触觉肯定非常逼真，贴近真实的手。"

神经细胞吞噬了毫微电极

工程师们还为此冥思苦想：神经细胞和生物电子移植体之间最佳的接触看上去应该是什么样子的。干脆把黄金或者白金电极安装进大脑敏感的神经网络中，从长远目标来看，这似乎并非合适的解决方案。为了找到更好的方法，德国亚琛工业大学的（RWTH）物理学教授和于里希（Jülich）研究中心的院长安德里阿斯·奥芬豪伊泽尔（Andreas Offenhäuser）领导的研究小组，在各种不同的芯片上让神经细胞生

---

①参见 2015 年 9 月 11 日，"美国国防部国防高级研究计划局"（DARPA）关于直接与大脑联系在一起的第一个机器人之手的报道：www.darpa.mil/news-events/2015-09-11，以及拉黑尔·菲尔特曼（Rachel Feltman）的文章"'美国国防部国防高级研究计划局'宣告，新的假肢胳膊能修复失去的触觉"（"New prosthetic arm can restore lost sense of touch, DARPA claims"），刊于 2015 年 9 月 15 日的《华盛顿邮报》（*Washington Post*）：www.washingtonpost.com/news/speaking-of-science/wp/2015/09/15/new-prosthetic-arm can-restore-the-sense-of-touch-darpa-claims。

长。① 在此，首先决定性地存在一个神经元与电子元件之间一个真挚的接触。奥芬豪伊泽尔解释说："一微秒的十万分之一，也就是 100 个毫微秒的距离足够了，我们几乎无法测量信号。"

为了使神经元和电极尽可能接近，科研人员们想方设法，采用窍门。他们用一个诱饵吸引神经细胞：微小的小球坐在一个小金棒上，作为纳米电极。正如所有细胞一样，神经细胞也包围外来物体，为了吞噬掉它们，在这种情况下，就是那些小球，人们无法再靠近一个神经细胞。在另一个实验中，研究人员蒙骗神经细胞，使它们不坐在一个电极上，而是坐在一个柔软的细胞上，因此，能够建立紧密的关系。于里希的科学家们已经促使 20 到 30 个神经细胞的少量生长，并且通过微型芯片偷听它们之间彼此的交流。

除了传统的微型电极和硅纳米线晶体管以外，奥芬豪伊泽尔的团队主要测试了相对新的材料石墨。2010 年，诺贝尔物理学奖被颁发给对这种材料的根本性研究。

石墨这种材料仅仅由一个独一无二的碳原子组成。超薄的石墨单原子层，不仅具有极端的可弯曲性、透明性，而且在其原子的层面上，拉伸稳固性比钢强 125 倍，比铜的导电能力更强。这承诺性地保证了生物细胞和电子之间一种良好的电子联系。此外，石墨在化学上稳定，在生物性能上具有良好的兼容性，而僵硬的硅移植物会很快损害身体自身的组织或者被身体攻击、封闭、最终被排斥。

瑞士洛桑技术大学的神经假肢教授施泰芬妮·拉库尔（Stéphanie

---

① 参见 2015 年 4 月 23 日于里希研究中心网站上关于芯片 – 神经元接触的文章：www.fz-juelich.de/portal/DE/Forschung/itgehirn/Bioelektronik/artikel.html?nn=1488644。

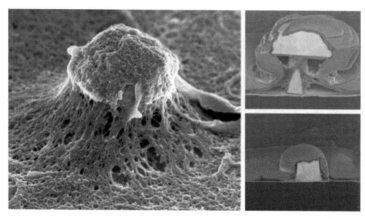

纳米电极上的神经细胞：于里希的科学家们已经设计了微小的、蘑菇形状的电极。神经元包围这些电极，为了吞噬它们。这样，就出现了一个神经细胞和电子技术之间尽可能密切接触。这是理想的，为了彼此交换电子信号。

Lacour) 领导的研究团队，研发了一种非常柔软的移植物。[①] 科学家们称他们的材料为硬脑膜 e-Dura，通过依据有韧性的、同时非常耐撕碎的、外部的大脑皮肤，它起保护作用地包围电动机械 (Dura mater)、脊髓和大脑。这是一种用橡胶硅制作的、仅仅有 0.12 微米厚的薄膜，被引入白金硅电极和由金层制作的导体轨道中。同时，科研人员可以通过硬脑膜 e-Dura，不仅与神经细胞交换信号，而且释放神经传输器或者药物，它们被放入微小的、一体化的微型胶囊中。

通过芯片扩展大脑吗？

在半机械人的技术中，实际上，几乎没有科学家不信赖的东西。然而，很显然，研究领域完全明显地处于刚刚起步阶段。在人和电子

---

① 参见西尔维娅·冯·戴尔·维敦 (Silvia von der Weiden) 关于电子硬脑膜 (e-Dura) 和石墨与神经细胞直接接触的文章"移植物让瘫痪的田鼠行走"（"Implantat lässt gelähmte Ratten laufen"），刊于 2015 年 1 月 30 日的《VDI 新闻》(VDI nachrichten)；www.vdi-nachrichten.com/Technik-Wirtschaft/Implantat-laesst-gelaehmte-Ratten-laufen。

元件之间，将来可能还会有哪些真挚的联系，这个问题现在还几乎无法被忽视，更不要说人们应该如何在伦理方面与之打交道了。既然残疾人的生活因为高科技而应该被减轻负担，这一点虽然不太会引起人们的顾虑，但是，如果人们也想给健康人的体内安装机器人和计算机元件，那么，这些人的想法如何呢？

　　如今就已经有几千名同时代的人让人在皮肤下面移植了大米粒那么大的微型芯片，大多放置在拇指和食指之间的皮肤褶皱里。[①] 这些人关心的并非像电影《007》里面的詹姆斯·邦德（James Bond）那样，可以随时定位，而是更多关心，类似于给奶牛或者宠物移植芯片的好处：它们可以不用触摸地被读取，它们充当个人数据的存储器，作为证明、护照和房门的电子钥匙。人们或许还可能把这种东西视为或多或少有意义的游戏，然而，未来幻想家、谷歌的研究人员瑞·库尔茨维尔几十年来一直宣传的内容已经远远超越这种状态。

　　他预测，到 2030 年，直接在人类大脑中变得积极的纳米芯片和纳米机器人，会将人类提升到一个新的发展阶段：它们会极大地拓展大脑的存储容量，使大脑直接地并且不断地与互联网的知识池子联系起来，并且使得全新的感觉感知成为可能。首先，完全潜入绝对虚拟的世界中。库尔茨维尔说，最后，全部的人格也可以作为"思想文件"被下载和永久保存。如今，无论通过遗传改变，还是通过纳米机器改变，或是通过计算机技术改变：人类都会不久就跨越其身体的限制，

---

①参见施泰凡·迈耶尔（Stefan Mair）的文章"我因此给皮肤下面注射了一个芯片"（"Darum habe ich mir einen Chip unter die Haut gespritzt"），刊于 2015 年 10 月 2 日的《世界报》（Die Welt）：www.welt.de/wirtschaft/webwelt/article147126453/Darum-habe-ich-mir-einen-Chip-unter-die-Haut-gespritzt.htm.

变得永生不死。[1]

嘲讽的批评者认为，库尔茨维尔之所以把这项技术拯救方案预测到2030年，仅仅因为他这位现年68岁的人自己也想变得永生不死。然而，与这种情况毫无关联的是，在有些国家，根据这些观念和类似的观念已经有一种新的运动应运而生："跨人文主义"(Transhumanismus)。[2]

这种新的哲学运动的追随者感觉，自己继续与人文主义的构想紧密相连。他们想通过技术进步消除人类的局限性。在所谓的计算机朋克(Cyperpunk)[3]文学昏暗的未来幻景中，"跨人文主义"的元素在威廉·吉普森(William Gibson)的《新长篇小说》(Neuromancer)三部曲中被演绎：在这些书里，大脑中的生物芯片移植物使人类变得更聪明，并且效率更高，还直接把它们和混合体即网络空间的虚拟世界联系起来。

库尔茨维尔认为，科研人员可以通过电子技术使人类大脑得到进化式的持续发展。而在科学家中间，无独有偶，不仅库尔茨维尔持这种观念。脸书的人工智能研究团队负责人扬恩·勒昆(Yann LeCun)也与他英雄所见略同，持相同观点，他说："正如汽车以一种方式延长了我们的脚一样，智能的系统也将会是对我们的大脑的一种延伸。它们不会超越或者威胁我们，而是会增强我们做的一切：增强我们的记

---

[1]参见瑞·库尔茨维尔(Ray Kurzweil)的预言集锦：https://en.wikipedia.org/wiki/Predictions_made_by_Ray_Kurzwei。

[2]参见维基百科中的词条定义"跨人文主义"(Transhumanismus)：https://de.wikipedia.org/wiki/Transhumanismus，以及卡洛琳·维德曼(Carolin Weidemann)的文章"请把瑞蒙德·库尔茨维尔的脑袋给我带来！"("Bring mir den Kopf von Raymond Kurzweil!")，刊于《法兰克福汇报》(Frankfurter Allgemeine Zeitung)：www.faz.net/-gqz-85k6i。

[3]计算机朋克(Cyperpunk)是以匿名发邮件为乐的计算机迷。——译者注

忆力，让我们获取最新的知识，并且允许我们把注意力集中在那些事情上：它们在其最根本的核心内是人性的。"瑞士人工智能研究所的约根·施密特胡伯(Jürgen Schmidhuber)甚至用更充满激情的方式表达："我认为，宇宙现在，在这里这个太阳系中，已经准备好攀登下一个高峰。您自己不把自己看成万物之灵，而是看成通往更高的错综复杂性的宇宙道路上的过渡阶段。"这是他2015年12月在接受《法兰克福汇报》(*Frankfurter Allgemeine Zeitung*)记者采访时说的一番话。①

机器人（Robo Sapiens）取代智人(Homo Sapiens)吗？

"然而，将来不会有机器人或者其他人工智能的系统存在，"瑞·库尔茨维尔声称，"我们人类本身将会通过机器发展成一种更高的、更智能的和不朽的物种！我们将像计算机一样很少会死去。"根据这些观念，未来的机器人就是我们自己：机器人（Robo Sapiens）取代智人(Homo Sapiens)。

然而，在这种人—机器中究竟会安插多少人的特点呢？明天的半机械的人会不会瞧不起"正常的人"，或者为他们感到遗憾，因为他们如此受到伤害却并非永生不死。我们是否正准备不只通过基因技术为新物种的创造者奏乐造势，而且还要利用机器人、半机械人和智能的计算机系统发展人工智能呢？

今天，人们当然可以把这些问题还当成吉普森以及阿西莫式的科

---

① 参见弗里德曼·比伯尔(Friedemann Bieber)和卡塔琳娜·拉斯茨洛（Katharina Laszlo）对约根·施密特胡伯(Jürgen Schmidhuber)的采访"智能的机器被生活吸引"（"Intelligente Roboter werden vom Leben fasziniert sein"），刊于2015年12月1日的《法兰克福汇报》(*Frankfurter Allgemeine Zeitung*)；www.faz.net/aktuell/feuilleton/forschung-und-lehre/die-welt-von-morgen/juergen-schmidhuber-willhochintelligenten-roboter-bauen-13941433.html。

幻小说《银翼杀手》(*Blade Runner*)和《黑客帝国》(*Matrix*)来结束。我在参观日本、美国和欧洲实验室时了解到的所有最新的发展和研究成果表明，今天的人还不必担心，人类会从进化台阶上自己的统治地位被排挤。

比方说，人们甚至在指导思想上都不会认识到这一点。而到了2030 年，如果人们还无法实现库尔茨维尔所期待的状况，正如我们大脑中的生物芯片能拓宽我们的记忆力，让我们直接与互联网交流，甚至应该帮助下载我们的人格，作为"思想文件"。尤其后者给人的感觉是完全幻想的，因为我们的 860 亿个神经细胞以其数百兆的联系，包括用所有其感觉细胞、荷尔蒙与免疫系统及其器官嵌入我们的身体内，确定我们的人格。

正如我在本书第十章中讲过的那样，这种担心恰恰是不现实的：机器人或者计算机系统在今后的几十年里能够做到，浏览所有智能领域的人们，并且所谓的接替对地球的统治。目前还没有这样的研究领域，在其中同时进行很多革命性的发展，比如数字化、机器人技术和人工智能。当许多线索汇集在一起并且互相增强的时候，这会从根本上改变并且重新定义我们生活的方方面面。因此，今天我们就已经日益集中地思考，在未来，对于全人类和每个个体而言，这将意味着什么。①

----

①在智能机器、数字化、机器人技术和人工智能领域现实的、新的发展以及直到 2050 年的未来发展趋势和我对此的估计从 2016 年春夏时开始参见我的博客：www.zukunft2050.wordpress.com 包括学术报告和读书的现今日期以及我调研取证旅行中拍摄的许多图表、图片和视频资料。

结　语

未来：学习与它们打交道　它们将决定我们的世界，而不是我们

当波摩纳竞技场的号角声消退，战斗的硝烟消散之后，我们到了冷静地总结批评的时候。2015 年夏天，在洛杉矶附近的这个竞技场聚集的世界顶尖水平的机器人尤其证明了一点：自从人类第一台移动的和半自动的机器人"莎基"被发明 50 年来，机器人这种钢制的人类助手发展到怎样的程度，而且，它们面前还有怎样艰难的道路要走。

没错，目前，机器人中的佼佼者会行走、攀登，甚至会驾驶汽车。它们打开房门，旋转阀门，使用电钻。然而，机器人的绝大部分工作通过遥控进行。它们总是需要聪明的人在背后操控，由人决定，什么时候应该启动机器人的哪些活动和行动过程。机器人一旦在碎石中卡住，就很难再挣脱碎石。机器几乎无法完全靠自己调整。虽然机器人这种有限的能力足够让人们将来把它们当成灾难救援者投入使用，在正坍塌的、熊熊燃烧的大楼中，或者在高强度的核辐射下等对于人而言危险的情形下。然而，我们还不能由机器人的广泛应用引出一场智能机器的革命。

在我到美国、亚洲和欧洲的实验室与企业的调研中变得明确清晰

的是，真正的革命将来自一个完全不同的角落，而这个角落起初将非
常缓慢。但是，尽管如此：毫无疑问，这是一场革命，一种完全的变
革，它将在今后几年甚至几十年内极大地影响我们，并且将从根本上
改变所有的生活领域。

智能机器的革命

无论在工作场所还是在家里，无论在路上，在业余时间内，还是
在工厂里，或者在能源、运输和健康系统中：将来，我们会在每个角
落遇到智能机器。它们将毁掉工作岗位，创造新的就业岗位。它们将
帮助我们，在才智上向我们提出挑战。它们将改变社会系统，提出新
的安全问题，它们将遇到我们自然而然的问题的核心，并且让我们重
新思考，我们人类是谁，我们的天职使命是什么。

智能机器的革命来临，而且革命已经在路上，这表现在许多领域。
正如我在本书中尝试的那样，人们只需稍微退一步，就可以看到全貌。
同时，在有些地方，我们必须更深地挖掘，以便能够认识并且正确地
评价基本的趋势。我们必须抽象地思考。机器人绝对不仅仅是我们从
文学和电影中了解到的传统的甚至是类似人的、钢制的两条腿的物种。
不，在这场革命中，问题的关键是处于全部普遍性中的智能机器：涉
及工厂里帮助的手臂、自动驾驶的汽车或者挖空心思想出的计算机搜
索算法、健谈的聊天软件以及认知的计算机系统。

我想，智能机器首先将占领一些重要的、保证很多销售和盈利的
市场：运输和物流、工业制造和对庞大的、不规则的数据的分析。在
街道上，我们在今后几年会看到越来越多的（半）自动车辆，它们自
动入库停车，在高速公路和快速路上行驶。再过几年，自动驾驶汽车

还会在城市交通中出现，驾驶员不必干涉驾驶。在仓库里，人们也越来越多地使用机器，它们从货架上取走订货，准备好邮寄，进行包装。在工厂里，机器人正摆脱工厂的保护栅栏，直接与人们一起工作。机器人，这些钢制的帮手，帮助它们对面的员工。它们承载重物，安插、拧紧、安装和粘贴，而不会变得疲惫。

同时在背景处，还有完全不同的其他机器在运行，它们根据大量的信息制作大数据，即所谓的智能数据。它们用智能的方法评估大数据，以此创造附加值，使全新的生意成为可能。它们衔接设计、制作、采购和销售的数据，并且使产品的生产更灵活、高效，而且对环境有利。它们分析传感器的测量值，为了提前知道，必须什么时候保养火车、交通信号灯、医疗设备或者风力发电机，以便它们不出故障。

机器人阅读并理解车间报道、推特反馈和呼叫中心的备忘录，提醒人们注意或许被忽略的发展。它们向投资人提供咨询，准备大量的经济信息和个人的投资人优惠政策。它们像记者一样写关于天气、运动和交易所的文章，它们用来自数百万患者病例的知识帮助医生，提出诊断和治疗方案。

在所有应用案例的背后，有价值几十亿甚至几百亿美元或者欧元的市场。还有各行各业，它们足够有影响力，为了确定世界范围的潮流趋势。这将不断降低模板、机器人、硬件和软件的成本，这会额外地赋予这种发展以推动力。同时，在今后的 20 年到 25 年内，微型芯片的运算功率、存储和交际能力将会再次为原来的 1000 倍，而与今天的价格一样。传感器会变得越来越小、越来越便宜，计算机算法会越来越高效。这也会再次明确地推动智能机器的革命。

最后，智能机器将会如此物美价廉，以至于它们会在人们的私人生活领域大量出现。这会明确地惠及居民中越来越老的人，而这又会进一步加速这个发展趋势，因为市场需求越来越大。老年人将会善于高度评价自动驾驶汽车，就像机器人手臂一样。后者在厨房忙碌，或者在居室房里负责舒适惬意、安全和节省能源的设备。当然，还有礼貌的帮手，它们为老年人读书，或者通过 3D 互联网的无限范围给他们定位。然而，年轻人将来也会理所当然地使用智能手机和搜索引擎，就像他们今天使用社交网络一样，使之变成自己真正的伙伴：他们最终会用口语，以理智的回答期待一些问题，而不是像今天这样，仅仅提供或多或少有用的链接。

然而，清除赌注彩票 (Jackpot) 的将是这些人：它们成功地整合不同发展思路，并且聪明地联系机械的学习手法、人工智能和机器人技术。今天，许多大学、研究所和工业领域的科学家经常在分离的岛屿上，在他们自己的生态系统中工作，他们有各自的研究方向：在那里，有些人教计算机走路和抓取东西，其他人则把注意力集中在"机器的精神"上，并且让机器人学习，如何与人们沟通交流、合作，或者获取新的知识。还有些人建造能够比普通人更好地识别人脸上基本情感的计算机，或者有些计算机能够迅速在数百万图片中识别特定的模式。然后，还有些人设计的计算机算法软件能理解和翻译语言，或者从各种不同文本的杂乱中，过滤筛选根本的东西，能够通俗易懂地展示给人们。

机器的学习、机器人技术和人工智能的衔接

如果这些岛屿即科研人员攻克的领域共同成长，并且科研院所的研究人员和企业的研发者互相补充，相得益彰，那么，又会取得什么

成果呢？假如人们能够用非常自然的语言，与机器人或者人工智能的每个其他系统说话，因为在背景处，有一个语言识别和翻译系统在运行。该系统分析并且处理输入的内容，情况如何呢？假如机器人识别表情、手势和声音中的情感，还做出相应的反应，那么，情况又会如何呢？如果机器人依据的确会给出有价值的回答、给出真正有价值的答案的知识机器，这些知识机器还会解决问题，人们可以同这些知识机器进行一次真正的对话，那么，情况又会如何呢？假如机器人可以在需要的时候，从“机器人网络”（RoboNet）上下载应用软件（App），为了把餐食和餐具放到节日的餐桌上，为了烹饪一道菜或洗衣服、熨烫衣服，或者为了学习一门外语，或者驾驶一架直升机，或者在工厂里承担一项任务，那么，情况又如何呢？

毫无疑问，各种不同研究方向如此整合，会导致有用的机器的一种爆炸。随便在什么时候，这种被联合起来的智能或许甚至会在神经元素的芯片结构中进行，这些芯片结构就像人类大脑中的神经细胞和神经腱一样发挥作用，只不过比人类大脑快了 1000 倍。联合智能还会在体现完美的类似人的机器人中进行，这些机器人与人的逼真程度甚至可以达到以假乱真的程度。联合智能还会出现在半机械人的体内，也就是自身携带电子元件的人。最后，问题将不再涉及智能机器的革命的社会影响，而是至深地涉及哲学提问。那时，机器人就不再仅仅在我们中间，而是，我们将与机器人一起，构成一个庞大的集体，是的，更有甚者：我们人类将在所有地方被智能机器包围，我们自己生活在机器人中间。

这些机器实际上究竟有多智能，而且，我们与机器的区别何在，这将会作为全新的问题被提出来。约翰·麦卡锡（John McCarthy）在

60 年前发明了"人工智能"这个概念，并且断言："只要有什么发挥作用，难道这就不再完全被视为人工智能了吗？"我们援引麦卡锡的话是否就足够了呢？让我们来回忆一下：象棋曾经被视为智能的、消磨时间的最高形式，然而，最后一台计算机夺走了人类象棋冠军的桂冠。25 年前，对于我们人类而言，找到最短路径的导航系统还仿佛是一种魔幻的东西。然而，今天，我们非常自然而然地在汽车和智能手机上使用导航系统。在未来，或许同样的情况会适用于机器人，它们在路上自动行驶，它们阐释图像，翻译语言，读懂人的情绪，或者以赞成或者反对的态度，就度假目的地和职业选择问题与我们辩论。

如今的机器人就已经能够用凡·高或者爱德华·蒙克（Edvard Munch）的风格绘画，或者独立地作曲，那么，我们就可以就此话题进行卓越的争论：现在，这是否还是创造性的一个标志，或者仅仅是一种良好的编程。如果我们认识情绪，展示情感，那么，或许有更多内容隐藏在背后吗？假如机器人将来在家里帮忙，或者给奶奶捡起掉落在地上的药片，那么，我们或许只能归功于这个事实：她驱动了对一个奖赏的期待，无论此刻是一个简单的微笑，还是对其内在的积分账户的提升，或者，机器人就像我们一样，是社会的生物呢？

当然，人们可能总会说，聪明的研究人员和发明家恰恰精准地设计了这些智能的造物。然而，这的确是一个与我们本身的巨大区别吗？难道不是进化和文化才把我们培养成社会人吗？难道不是遗传基因和我们的环境提前打造了我们的特点，编写了程序，包括我们代表的价值吗？像多巴胺那样的荷尔蒙与我们的激励机制有什么不同吗？我们的大脑皮层与我们头脑中一个智能的"机器"有什么不同吗？在这个智能机器里，所有智能的程序一直到一个自我反思和自我意识的形成在进行。

我们想从何处知道，可比较的东西不会在足够错综复杂的电子机器里进行呢？在我们的大脑里，并非一切都能够被分析到最后的细节。同样，在这种未来的机器里，我们也不能精确地理解所有程序和内在联系。如果说，我们的大脑里真正有什么东西——或者用更哲学的方法表达，关于身体、心灵和精神——如此独特，以至于人们从来都不会"人工地"仿造它，会这样吗？根据我调查研究智能机器时所经历的一切，我对这个问题的回答是：不会。

既然人们能够给予机器身体、情感和理智，那么，人们随便什么时候不得不承认，机器也有一种人格，一种个性的自我。在 17 世纪时，英国哲学家、启蒙运动的一位先驱思想家约翰·洛克(John Locke)给"人格"(Persönlichkeit)下的定义是"一种拥有理智、语言、精神状况和信念、愿望和意图的生物，有能力处理各种关系，而且在道德上为其行动负责"。智能的机器人永远不会达到其中的什么呢？

在未来也处于中心：人

所有上述提问和思考主要明确地展示了一点：机器人和人工智能系统的革命刚刚开始，这场革命首先将强迫我们思考并且重新定义自己。我并不认为，我们有必要惧怕智能的机器，因为，我们不能培育一个会掌控人类的超级大脑。因为，每个与世界打交道的物种都必须在世界本身中发展。该物种需要身体、感觉器官和实际的智慧。

哪一个物种比我们更适合于此呢？因为恰恰为此，我们的大脑在数百万年的进化过程中被创造。而在这方面，人类的大脑几乎是无法被击败的。人类的大脑如此有适应能力和学习能力，以至于它也完全能够迎接全新的挑战。毫无疑问：智能机器是一种全新的挑战。然而，这也是一个机会。我坚信：如果我们做得正确，那么智能机器于我们而言肯定是利远远大于害。

智能机器将为我们打开通往一种世界记忆和诀窍网络的通道，极大地拓展我们的感知，并且成为我们解决所有全球任务的巨大的帮手：无论在对抗世界气候变化问题上，还是在改造能源体系方面，无论在城市扩建方面还是在支持许多老年人方面，无论在环境保护方面，为了解决世界粮食问题，还是在维护世界和平与安康方面。我们目前发展的机器人和人工智能系统，可能会成为保留我们地球的生存价值的一个决定性的关键：为了我们人类以及所有与我们共同生存的造物。

图片来源说明

第4页

上图，乌尔里希·艾伯尔(Ulrich Eberl)拍摄。

下图左侧，乌尔里希·艾伯尔(Ulrich Eberl)拍摄。

下图右侧，"美国国防部国防高级研究计划局"(DARPA)拍摄。

第22页

上图，劳伊特尔(REUTER)，伊塞·卡陶(Issei Kato)；德新社，图片联盟；德新社摄影师。

下图，英国通讯社(epa)，艾维莱特·肯尼迪·布朗(Everett Kennedy Brown)。

第43页　娜狄娜·克莱门斯(Nadine Clemens)制作，在瑞·库尔茨维尔的一张图表基础上。针对2020年以后的时间，与原始图表相比，运算功率的提升被描写的更平坦，更宽泛，因为乌尔里希·艾伯尔以放缓发展为出发点。

第52页　西门子公司的杂志《未来景象》(*Pictures of the Future*)，2014年春，第88页，在《2020年的数字宇宙》(*The Digital Universe in 2020*)一书的互联网数据中心(IDC, Internet Data Cente)的基础上。

第71页　《新苏黎世报》(NZZ, *Neue Zürcher Zeitung*)的阿德

里安·巴耶尔(Adrian Baer)拍摄。

第84页　乌尔里希·艾伯尔拍摄，由娜狄娜·克莱门斯处理（左图和右图）。

第101页　娜狄娜·克莱门斯拍摄。

第158页　海德堡大学"基尔霍夫物理研究所"(Kirchhof-Intitut für Physik)的玛蒂亚斯·霍克(Matthias Hock)拍摄，以"模拟甚大集成"(AVLSI，analog very-largescale -integrated)为基础的神经网络"应用专用集成电路"(ASIC，Application Specific Integrated Circui)(斯佩基 Spikey，384个神经元和大约一万个神经腱)，海德堡电子幻影集团(Electronic Visions Group)。

第199页　来源："弗劳恩霍夫生产技术与自动化研究所"(IPA，Fraunhofer-Institut für Produktionstechnik und Automatisierung)摄影：莱纳·贝茨(Rainer Bez)。

第222页　库卡系统有限公司(www.kuka-systems.com)拍摄。

第231页　西门子公司新闻图片。

第266页　娜狄娜·克莱门斯绘制，根据科尔尼管理咨询公司（A.T.Kearney）的网站"德国2064年——我们的孩子们的世界""Deutschland 2064-Die Welt unserer Kinder"：https://www.atkearney.de/web/361-grad/deutschland-2064。

第267页　弗雷(Frey)和奥斯本(Osborne)，2013年。"经济合作与发展组织"(OECD) 2013年。"欧洲经济研究中心"(ZEW，Zentrum für Europäsche Wirtschaftsforschung) 简短的专家鉴定书，2015年，第57号。

第326页　乌尔里希·艾伯尔拍摄。

第 351 页 大阪大学石黑浩(Hiroshi Ishiguro)实验室,"智能机器人与通信研究所"(ATR),"F 型双生子机器人"(Geminoid F)在"对人类友好的机器人技术中心"(Center of human-friendly robotics)被研制,以在大阪大学创立的"认知神经科学"(cognitive neuroscience)为基础,"智能机器人与通信研究所"(ATR)和"情报通信研究机构"(NiCT, National Institute of Information and Communications Technology)。

第 364 页 冷藏簿网站(CoolStuffDirectory.com)。

http://www.coolstuffdirectory.com/2013/07/the-robot-football-world-championship.html.

第 392 页 "于里希研究中心"(Forschungszentrum Jülich),http://www.fz-juelich.de/SharedDocs/Pressemitteilungen/UK/DE/2014/14-07-22biochips-neuroimplantate.html。

鸣　谢

　　本书描写的机器人技术和人工智能领域绝大多数最新的研究成果，都是我在2015年夏天，到欧洲、美国和日本调研时了解到的。非常富有启发意义的特别是，在美国西雅图参加的、为期多天的"国际机器人技术与自动化大会"（ICRA），在美国洛杉矶附近的波摩纳参加"美国国防部国防高级研究计划局"（DARPA）举办的世界最佳抗灾抢险机器人大赛，还参加在德国汉诺威举办的工业博览会。我在此尤其要衷心感谢以下诸位科学家，他们允许我参观他们的实验室，并且向我解释最新的发展状况：日本大阪的浅田稔（Minoru Asada）、石黑浩（Hiroshi Ishiguro）、马蒂亚斯·洛尔夫（Matthias Rolf）、洛尔夫·普菲弗尔（Rolf Pfeiffer），美国西雅图的艾瑞克·霍尔维茨（Eric Horvitz）、奥伦·艾茨伊奥尼（Oren Etzioni）和詹姆斯·库夫纳尔（James Kuffner），美国洛杉矶的吉尔·普拉特（Gill Pratt），意大利热那亚的吉奥尔乔·梅塔（Giorgio Metta）、洛伦佐·纳塔勒（Lorenzo Natale）和齐亚拉·巴尔托洛奇（Chiara Bartolozzi），德国汉堡的沃尔夫冈·希尔德斯海姆（Wolfgang Hildesheim）和法台玛·马赫尔（Fatema Maher），德国比勒菲尔德的约亨·施泰尔（Jochen Steil）和阿尔内·诺尔德曼（Arne Nordmann），德国波恩的斯文·贝恩克（Sven Behnke），德国弗里德贝格的托马斯·莱兴尔

(Thomas Reisinger)，德国海德堡的卡尔海因茨·迈耶尔(Karlheinz Meier)，德国卡尔斯鲁厄的吕迪格·狄尔曼(Rüdiger Dillmann)，德国斯图加特的乌尔里希·莱泽尔(Ulrich Reiser)，德国伯伊伯灵根的拉尔夫·海尔特维希(Ralf Herrtwich)以及德国慕尼黑附近加尔庆(Garching)的阿洛伊斯·克瑙尔(Alois Knoll)。

此外，我还要衷心感谢戴姆勒奔驰公司的伯恩哈德·维德曼(Bernhard Weidemann)、弗劳恩霍夫协会的克劳迪娅·昆策(Klaudia Kunze)、绪尔娅·达格利(Hülya Dagli)、慕尼黑工业大学的乌尔里希·马尔施(Ulrich Marsch)以及我在西门子公司多年的同事们，我从1996年到2015年在西门子公司领导创新交际，并且从2001年至2015年作为未来杂志《未来景象》(Pictures of the Future, www.siemens.de/pof)的创建者和主编。在此，特别要强调的有约翰内斯·冯·卡尔克佐夫斯基(Johannes von Karczewski)、苏珊娜·高尔特(Susanne Gold)、塞巴斯蒂安·维伯尔(Sebastian Webel)、弗洛里安·玛蒂尼(Florian Martini)、桑德拉·齐斯特尔(Sandra Zistl)、卡特琳·尼考劳斯(Katrin Nikolaus)、诺尔贝尔特·阿申布莱纳(Norbert Aschenbrenner)和阿尔图尔·F.皮泽(Arthur F.Pease)，后者想象力丰富的未来图景一再启发我，而且，我是通过他了解到冰球菌(Cryptococcus gatti)以及氪星(Kryptokokkose)的后果。

其他信息来源当然是许多报纸、杂志、图书和互联网网页。本书在"链接和文献指引"中展示了，通过视频资料、图片、图表或者背景信息向读者们提供的、真正物超所值的最重要的内容。我特别要提及引人入胜的"技术、娱乐、设计"访谈节目。在这些访谈节目中，专家们短暂而通俗易懂地介绍他们各自的研究和理念。

另外，我还要感谢乌韦－米歇尔·古茨什哈根（Uwe-Michael Gutzschhagn），他在我写书期间值得信赖地指导我。我还要感谢布丽吉特·蔡尔曼（Birgit Zellmann）提出宝贵的建议，尤其感谢汉泽尔出版社的尼考拉·冯·博得曼－亨斯勒尔（Nicola von Bodman-Hensler）、克里斯蒂安·考特（Christian Koth）、菲里齐塔斯·菲尔豪尔（Felicitas Feilhauer）、萨比娜·洛恩米勒（Sabine Lohmüller）、安娜·马尔克格拉夫（Anna Markgraf）、海尔曼·里德尔（Hermann Riedel）、马丁·延尼克（Martin Janik），后者在此期间调转到了皮普尔（Piper）出版社。

尽管我最细心地进行调查研究，我当然还是难以确保本书毫无错误，难免挂一漏万，影响内容的准确性和所有引文的正确性。本书篇幅和描述的紧凑性要求我适当简化引用的内容。万一我在简化的过程中出现错误，敬请读者宽容。

我还要特别感谢我的妻子安吉丽卡（Angelika）、儿子托马斯（Thomas）和女儿索尼娅（Sonja），包括我的母亲和我的朋友们。我在长达几个星期的时间内进行调研，并且撰写我们充满机器人以及其他具有人工智能的造物的世界，因此而忽略了他们。

Title of original German edition:

Author:Ulrich Eberl

Title:Smarte Maschinen.Wie Künstliche Intelligenz unser Leben verändert

©2016 Carl Hanser Verlag GmbH & Co. KG,München

Chinese language edition arranged through HERCULES Business &Culture GmbH, Germany

Simplified Chinese edition copyright: 2020 New Star Press Co., Ltd.

All rights reserved.

著作版权合同登记号：01-2019-5532

图书在版编目（CIP）数据

智能机器时代：人工智能如何改变我们的生活／（德）乌尔里希·艾伯尔著；赵蕾莲译 . —— 北京：新星出版社，2020.9

ISBN 978-7-5133-3900-1

Ⅰ . ①智… Ⅱ . ①乌… ②赵… Ⅲ . ①人工智能－应用－生活 Ⅳ . ① TP18

中国版本图书馆 CIP 数据核字 (2019) 第 278352 号

新未来

智能机器时代：人工智能如何改变我们的生活

[德] 乌尔里希·艾伯尔 著；赵蕾莲 译

出版策划： 姜 淮 黄 艳
责任编辑： 杨 猛
责任校对： 刘 义
责任印制： 李珊珊
封面设计： 千巨万工作室

出版发行： 新星出版社
出 版 人： 马汝军
社 址： 北京市西城区车公庄大街丙3号楼 100044
网 址： www.newstarpress.com
电 话： 010-88310888
传 真： 010-65270449
法律顾问： 北京市岳成律师事务所

读者服务： 010-88310811 service@newstarpress.com
邮购地址： 北京市西城区车公庄大街丙 3 号楼 100044

印 刷： 北京美图印务有限公司
开 本： 660mm×970mm 1/16
印 张： 26.5
字 数： 318千字
版 次： 2020年9月第一版 2020年9月第一次印刷
书 号： ISBN 978-7-5133-3900-1
定 价： 69.00元